Mathematik und ChatGPT

Andreas Helfrich-Schkarbanenko

Mathematik und ChatGPT

Ein Rendezvous am Fuße der
technologischen Singularität

 Springer Spektrum

Andreas Helfrich-Schkarbanenko
Hochschule Karlsruhe
Karlsruhe, Deutschland

ISBN 978-3-662-68208-1   ISBN 978-3-662-68209-8   (eBook)
https://doi.org/10.1007/978-3-662-68209-8

Die Deutsche Nationalbibliothek verzeichnet diese Publikation in der Deutschen Nationalbibliografie; detaillierte bibliografische Daten sind im Internet über http://dnb.d-nb.de abrufbar.

"Artificial Neural Network", © Emanuel Kort, www.canvaselement.de

Planung/Lektorat: Nikoo Azarm
Springer Spektrum ist ein Imprint der eingetragenen Gesellschaft Springer-Verlag GmbH, DE und ist ein Teil von Springer Nature.
Die Anschrift der Gesellschaft ist: Heidelberger Platz 3, 14197 Berlin, Germany

Das Papier dieses Produkts ist recyclebar.

Vorwort

Die natürliche Sprache ist ein fundamentales Werkzeug für menschliche Interaktion, Kultur, Bildung und Fortschritt. Sie beeinflusst und formt unsere Wahrnehmung der Welt und ermöglicht es uns, als Gesellschaft zu funktionieren und voranzukommen. Insbesondere dient die Sprache der Kommunikation; dem Aufzeichnen von Wissen; beeinflusst und formt das Denken bzw. das Problemlösen; ist das Hauptmittel für Bildung und Wissensvermittlung; und fungiert als Medium für Literatur, Poesie, Theater und viele andere Kunstformen.

Mit den jüngsten Entwicklungen in der künstlichen Intelligenz (KI) beginnen Maschinen, Fähigkeiten zu erlangen, die traditionell nur dem Menschen zugeschrieben wurden. Sie sind nun in der Lage, menschliche Sprache zu verstehen und adäquat darauf zu reagieren. Die einst bestehende Sprachbarriere zwischen Mensch und Maschine scheint überwunden. Dies stellt uns vor die dringliche Frage, wie wir uns in dieser neuen Ära positionieren und mit den sich daraus ergebenden Herausforderungen umgehen möchten.

Das vorliegende Werk verfolgt einen optimistischen Ansatz und widmet sich dem KI-basierten Dialogsystem ChatGPT-4.0, um mittels einer umfassenden Analyse den konkreten Mehrwert dieses Instruments für mathematische Anwendungen und die Lehre herauszustellen und potenzielle Synergien zu identifizieren.

Ein Anstoß für dieses Buchprojekt war die Idee, eine sprachbasierte KI, die im Teil I des Werks vorgestellt wird, an Sprachen wie TikZ/PGF zum Erstellen von Vektorgrafiken zu koppeln. Einen Eindruck von der Leistungsfähigkeit der Kombination von ChatGPT mit TikZ/PGF vermittelt Teil II. Da ChatGPT auch das Textsatzzeichensystem LaTeX beherrscht und u.a. mit mathematischen Inhalten trainiert wurde, ist es möglich, sich mit dieser KI über Mathematik auszutauschen und als Lehr- und Lernplattform zu verwenden. Zahlreiche Aufgaben, sogar Beweise und verschiedene Szenarien hierzu sind ebenfalls im Teil II aufbereitet. Das vorliegende Werk adressiert eine breite Zielgruppe, darunter Schüler, Studierende sowie Dozierende. Es bietet für jede dieser Gruppen inspirierende Konzepte und detaillierte Anleitungen, die insbesondere in den Abschnitten III und IV zu finden sind. Darin wird u.a. demonstriert, wie ChatGPT einem Kind Einmaleins beibringt. Auch das Programmieren, eine Fertigkeit, die die meisten Mathematiker beherrschen, ist eine der Stärken von ChatGPT, auf die wir im Teil V eingehen und in den Sprachen wie z.B. MATLAB eine Fülle von Quelltexten erstellen lassen. Hier wird eindrucksvoll gezeigt, mit welcher Leichtigkeit ChatGPT eine Brücke zwischen gesprochenen Sprachen, der mathematischen Sprache, dem Textsatzsystem LaTeX samt TikZ-Paket und den Programmiersprachen schlägt und dadurch eine Spielwiese für neuartige Ideen bietet. Dieser Teil ist (auch für angehende) Ingenieure, Informatiker und Mathematiker von Bedeutung. Zusätzlich werden für ChatGPT in rasanter Geschwindigkeit von Drittanbietern Plugins entwickelt, die entweder einige Arbeitsschritte dem Benutzer abnehmen, oder neue Features hinzufügen bzw. Leistungsfähigkeit von ChatGPT erweitern. Eine Auswahl von Plugins werden im Teil VI an einigen Aufgabenstellungen getestet. Insbesondere gehen wir hier auf das Wolfram-Plugin ein, das auf Computeralgebrasystem basiert und zuverlässige Ergebnisse liefert. In beiden Anhängen werden die identifizierten Schwachstellen gesammelt und die aufgestellten Prompt-Tipps zum praktischen Nachschlagen aufgelistet.

Das Werk besteht zum größeren Teil aus den Protokollen des Dialogs zwischen dem Autor und der KI, wobei notwendigerweise jede ChatGPT-Antwort vom Autor auf ihren Wahrheitswert geprüft und bewertet wird - einer der wichtigsten Beiträge dieses Werks. Nach der Lektüre dieses Buchs hat man ein klareres Bild, von der beeindruckenden Leistung und den wenigen Schwachstellen des vorliegenden Sprachmodells.

Um die Lesbarkeit zu verbessern, werden in diesem Werk durchgehend die Anfragen an die KI, sog. Prompts, durch den grauen Hintergrund hervorgehoben und einem Symbol auf dem Seitenrand markiert, siehe links. Ebenfalls werden die Antworten von ChatGPT, mit einem Symbol versehen. Die entsprechenden Rückmeldungen des Autors sind mit einer Sprechblase kenntlich gemacht. Zusätzlich zu diesen zentralen Markierungen führen wir drei weitere hinzu: Eine der Grundideen dieses Werks ist das Aufzeigen der Leistungsfähigkeit der Kombination vom textbasierten ChatGPT mit TikZ bzw. PGF.

Die erzeugten TikZ-Quelltexte müssen nach dem Generieren noch kompiliert werden, damit die Vektorgrafiken als solche entstehen. Um dies zu verdeutlichen, verwenden wir innerhalb der ChatGPT-Antwort das Symbol rechts. Analog markieren wir die generierten MATLAB-Quelltexte sowie die evtl. daraus nach einem Kompiliervorgang resultierende Plots. Im letzten Teil des Buchs beleuchten wir das Potential einer Auswahl von Plugins für ChatGPT, wie z.B. das Wolfram-Plugin. Ihre Ausgaben markieren wir ebenfalls mit einem Symbol. Für das Buch genehmigte Wolfram Research® freundlicherweise ihr eingetragenes Markenzeichen, siehe Seitenrand. Wir weisen darauf hin, dass Wolfram Research, Inc. keine Verantwortung für den Inhalt oder die allgemeine Qualität des vorliegenden Werks übernimmt.

Ferner haben wir eine Farbkodierung eingeführt: Die Besonderheiten in Prompts und in den Antworten der KI sind blau markiert. Falsche Behauptungen oder Fehler in den Berechnungen von ChatGPT erscheinen rot.

Aus Gründen der besseren Lesbarkeit wird auf die gleichzeitige Verwendung der Sprachformen männlich, weiblich und divers (m/w/d) verzichtet. Sämtliche Personenbezeichnungen gelten gleichermaßen für alle Geschlechter.

◇

Ich würde mich sehr freuen, wenn auch Sie sich auf ein Rendezvous mit ChatGPT einlassen, die vorgestellten Ideen aufgreifen und eigene entwickeln. Für Kommentare und Anmerkungen bin ich jederzeit dankbar.

Karlsruhe, September 2023 *Andreas Helfrich-Schkarbanenko*

Danksagung

Dank der Empfehlung von Eugen Massini, einem geschätzten Mathematiker und Freund, wurde ich auf das Dialogsystem ChatGPT aufmerksam, das meine Auffassung von der Leistungsfähigkeit künstlicher Intelligenz revolutionierte. Es wurde mir rasch bewusst, dass die Welt von diesem innovativen Werkzeug und seinen vielfältigen Anwendungsmöglichkeiten erfahren sollte. An dieser Stelle möchte ich Eugen für diesen wertvollen Impuls danken.

Jeder Teil dieses Buches wird durch eine künstlerische Darstellung, generiert mit MidJourney, bereichert. Mein Dank für die produktive Zusammenarbeit und die Genehmigung zur Nutzung im Kontext dieser Publikation geht an Emanuel Kort, www.canvaselement.de.

Meine Anerkennung und meinen Dank möchte ich auch dem US-amerikanischen Unternehmen OpenAI LP aussprechen, welches sich intensiv mit der Erforschung künstlicher Intelligenz auseinandersetzt und beeindruckende Transformer-Modelle hervorbringt.

Ich möchte mich auch bei Wolfram, siehe www.wolfram.com, für die freundliche Genehmigung bedanken, das Wolfram Research®-Logo zu verwenden, um den Einsatz des zugehörigen Plugins in diesem Werk hervorzuheben.

Die Programmierbeispiele in diesem Buch basieren auf der Programmierumgebung MATLAB. Mein Dank gilt der Hochschule Karlsruhe für die Bereitstellung der Total Head Count (TAH)-Lizenz der betreffenden MathWorks-Software.

Ein besonderer Dank geht an Frau Nikoo Azarm, Programmplanerin für Mathematik & Statistik, die von der Buchkonzeption begeistert ist und das Projekt hervorragend betreut hat. Ebenso danke ich Frau Carola Lerch, Book Editorial Projects Management, Science & Technology, für ihre kompetente Unterstützung in technischen und formalen Belangen während des gesamten Manuskriptprozesses.

Schließlich möchte ich meiner Familie und meinen Eltern für ihre unermüdliche Unterstützung und Geduld danken.

Inhaltsverzeichnis

Teil I
GPT Kurzvorstellung

„Autoportrait von ChatGPT"
Quelle: Emanuel Kort, www.canvaselement.de

ChatGPT repräsentiert eine fortschrittliche interaktive Plattform, die auf dem Kern des GPT-Sprachmodells basiert, wobei das „T" im Akronym GPT für „Transformer" steht. Im ersten Teil dieses Werkes beleuchten wir die Bedeutung und Herkunft des Transformer-Konzepts im Bereich der Sprachmodelle. Des Weiteren erläutern wir, wie man ChatGPT effizient einsetzt, um gezielte Informationen und Erläuterungen zu generieren. Hierbei spielt das sogenannte Prompt-Engineering, eine sich rasch entwickelnde Disziplin, eine entscheidende Rolle.

Es ist unbestreitbar, dass generative KI-Technologien unsere Erwartungen übertreffen und das Potenzial haben, die Bildungslandschaft, nachhaltig zu verändern. Gleichwohl bringt diese Technologie auch komplexe Fragestellungen mit sich, beispielsweise in Bezug auf Prüfungsmodalitäten und Urheberrechte. Unser Hauptanliegen mit diesem Werk ist es jedoch, die beeindruckenden Möglichkeiten von ChatGPT für den akademischen Bereich, insbesondere im Kontext von Mathematik-Vorlesungen, hervorzuheben, siehe Teile II bis VI.

Schön, dass Sie auf dieser Entdeckungsreise mit dabei sind, denn auf uns wartet ein außergewöhnlicher Begleiter: ChatGPT! Das oben dargestellte Autoporträt unseres Gefährten wurde von MidJourney, einer weiteren KI-Software, erstellt. Der Ausgangspunkt hierfür wurde aber von ChatGPT geliefert und anschließend durch das Plugin Photorealistic verfeinert.

Kapitel 1
Transformer

Niemand ist nutzlos in dieser Welt, der
einem anderen die Bürde leichter macht.

Charles Dickens (1812-1870), englischer
Schriftsteller

1.1 Die Ankunft

OpenAI, ein renommiertes US-amerikanisches Unternehmen, wurde 2015 ins Leben gerufen. Im Juni 2018 präsentierte es GPT-1, ein Sprachmodell mit 117 Millionen Parametern, das mit dem Benutzer in natürlicher Sprache interagieren kann und den Grundstein für nachfolgende Modelle legte. GPT-2, ausgestattet mit 1,5 Milliarden Parametern, wurde im Februar 2019 vorgestellt. Aufgrund von Bedenken bezüglich eines potenziellen Missbrauchs wurde es jedoch erst Ende 2019 der Öffentlichkeit zugänglich gemacht. Mit der Einführung von GPT-3 im Juni 2020, das über beeindruckende 175 Milliarden Parameter verfügte, setzte OpenAI neue Maßstäbe in der KI-Branche. Dagegen besteht das menschliche Gehirn aus ca. 100 Milliarden Nervenzellen und einem Vielfachen davon an Kontaktpunkten. Das neue Sprachmodell konnte erstmals komplexe und frei formulierte Anfragen von Nutzern adäquat bearbeiten. Ende November 2022 lancierte OpenAI die frei verfügbare Version 3.5 ihres KI-basierten Dialogsystems „ChatGPT", der Schnittstelle zu GPT, und verzeichnete in kürzester Zeit einen signifikanten Anstieg der Nutzerzahlen. Infolgedessen konnten viele Menschen, die zuvor noch nicht mit Gesprächsagenten interagiert hatten oder sie als relativ einfache Maschinen wahrnahmen, erstmals Erfahrungen mit einem fortschrittlichen Gesprächsagenten sammeln, der beeindruckend hochwertige Texte generiert. Laut Reuters belief sich die Nutzerzahl bis Ende Januar 2023 auf über 100 Millionen. Mit der Einführung von GPT-4 im März 2023 vollzog sich eine Abkehr von der bisherigen Strategie der offenen Freeware-Entwicklung. Es wurde berichtet, dass OpenAI seit dem Frühjahr 2023 aktiv an der Entwicklung von ChatGPT-5 arbeitet.

© Der/die Autor(en), exklusiv lizenziert an
Springer-Verlag GmbH, DE, ein Teil von Springer Nature 2023
A. Helfrich-Schkarbanenko, *Mathematik und ChatGPT*,
https://doi.org/10.1007/978-3-662-68209-8_1

ChatGPT zeichnet sich durch seine vielseitigen Anwendungsmöglichkeiten aus, von Navigation über Recherche bis hin zur Texterstellung. Die Qualität der Ergebnisse, die von den zugrundeliegenden großen Sprachmodellen erzeugt werden, übertrifft das, was die meisten Menschen für möglich hielten. Die Medien haben ChatGPT als „generativen KI-Eruption" bezeichnet, die die Art und Weise, wie wir arbeiten, denken und menschliche Kreativität angehen, revolutionieren könnte [1]. So entstand eine rege Diskussion über potenzielle Risiken und ungeklärte Fragen, insbesondere im Bereich des Urheberrechts, siehe mehr dazu im Abschnitt 1.4. Was genau steckt aber hinter dem Akronym „GPT" und warum hat es solch eine transformative Wirkung in der Welt der KI?

GPT steht für „Generative Pre-trained Transformer". Es handelt sich um ein fortschrittliches Modell für maschinelles Lernen, insbesondere im Bereich der Verarbeitung natürlicher Sprache (Natural Language Processing, NLP). Um die Bezeichnung „GPT" besser zu verstehen, zerlegen wir sie in ihre einzelnen Komponenten:

- „Generativ" bezieht sich auf die Fähigkeit des Modells, neue Inhalte zu erzeugen. In Bezug auf Sprachmodelle bedeutet dies, dass GPT in der Lage ist, Texte zu generieren, die in Struktur und Inhalt menschlichen Schreibens ähneln. Es kann beispielsweise Geschichten, Gedichte, Artikel und Antworten auf Fragen verfassen.
- „Pre-trained" bedeutet, dass das Modell bereits auf einer großen Menge von Daten trainiert wurde, bevor es für eine spezifische Aufgabe feinabgestimmt (fine-tuned) wird. Durch das Vortraining auf umfangreichen Daten, wie z.B. dem gesamten Internettext, lernt das Modell allgemeine Merkmale und Muster der Sprache. Dies ermöglicht es, dass das Modell später mit einer kleineren Menge an spezifischen Daten für eine bestimmte Aufgabe feinabgestimmt werden kann und dabei dennoch eine hohe Leistung erzielt.
- „Transformer" bezieht sich auf die Transformer-Architektur, die eine revolutionäre Methode in der NLP-Welt darstellt. Sie wurde 2017 in dem Paper „Attention Is All You Need" vorgestellt, siehe [11]. Die Transformer-Architektur verwendet einen Mechanismus namens „Attention", um Beziehungen zwischen verschiedenen Worten in einem Text zu erkennen, unabhängig von deren Abstand zueinander. Dies ermöglicht es dem Modell, den Kontext besser zu verstehen und genaue Vorhersagen zu treffen. Die Transformer-Architektur bildet die Grundlage für viele moderne Sprachmodelle, einschließlich GPT.

Zusammenfassend handelt es sich um ein Sprachmodell, das auf der Transformer-Architektur basiert und in der Lage ist, menschenähnliche Texte zu generieren, da es auf umfangreichen Daten vortrainiert wurde. Es ist wichtig zu betonen, dass das Training bis zu einem festgelegten Zeitpunkt stattfand – im Falle von GPT 3 bis September 2021. Da es nicht mit dem offenen Internet verknüpft ist, kann das System keine Anfragen zu aktuellen Ereignissen bearbeiten. Mit Updates vom Dezember 2022 und Anfang Januar 2023 sollen laut Herstellerangaben die Themenbereiche erweitert und die Korrektheit der Aussagen verbessert worden sein. Ein Update am Ende Januar 2023 soll abermals die Korrektheit und die mathematischen Fähigkeiten verbessert haben [6]. Um ein breites Publikum anzusprechen, wurde GPT mit einer Schnittstelle ausgestattet, die im Folgenden detailliert vorgestellt wird. Dabei gehen wir auch auf das Training selbst kurz ein.

1.2 ChatGPT

ChatGPT ist im Wesentlichen eine Chatbot-Anwendung, die das GPT-Modell als Kern nutzt. Während GPT das eigentliche Sprachmodell ist, das Text generieren kann, bietet ChatGPT eine äußerst einfach zu bedienende interaktive Plattform, über die Benutzer mit diesem Modell kommunizieren können. Im dargestellten Screenshot vom August 2023 wird die unter https://chat.openai.com/ zugängliche Benutzeroberfläche präsentiert, die eine Auswahl zwischen den Modellversionen GPT-3.5 und GPT-4.0 ermöglicht. Unmittelbar darunter sind die aktivierten Erweiterungen (Plugins) sichtbar, die im Kapitel VI detailliert besprochen werden. Der gelb hervorgehobene Zusatz „PLUS" kennzeichnet die kostenpflichtige Variante. Nutzer können ihre Anfragen an die KI über das Eingabefeld am unteren Rand stellen.

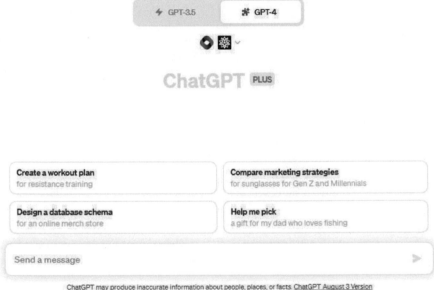

Das Modell ist inzwischen mehrsprachig geworden. Es funktioniert immer noch am besten auf Englisch, aber es kann Texte in weiteren 25 Sprachen (einschließlich Italienisch, Ukrainisch und Koreanisch) mit ziemlich hoher Genauigkeit erstellen. Laut der Nutzungsbedingungen unter [7] müssen Sie mindestens 13 Jahre alt sein, um die ChatGPT-Dienste nutzen zu dürfen.

Interessanterweise kann die zuvor erwähnte Einschränkung von GPT – der fehlende Internetzugang – durch den Einsatz von Plugins teilweise kompensiert werden, wie im Kapitel 17 detailliert beschrieben. Es sei in diesem Kontext hervorgehoben, dass Microsoft im Januar 2023 eine strategische Partnerschaft mit OpenAI einging und bis Mitte desselben Jahres insgesamt 13 Milliarden US-Dollar investierte. Die Cloud-Computing-Plattform Azure von Microsoft wird hierbei exklusiv eingesetzt, und zudem ist eine Integration in die Microsoft Office Suite vorgesehen. Im Mai 2023 erfolgte die Integration von ChatGPT in die Bing-Datenbank, nachdem bereits zuvor spezifische Funktionen von ChatGPT in die Suchmaschine Bing www.bing.com implementiert wurden. Diese neuartige Verknüpfung, gemeinhin als „Bing Chat" bezeichnet, erlaubt es, Suchergebnisse mit aktuellen Quellenangaben zu untermauern.

Es ist uns ein Anliegen, dem Leser auch eine Erläuterung zum Thema Training zu bieten, und wir möchten dies nun nachholen. ChatGPT verlief drei verschiedene Trainingsphasen.

- Grundlagenbildung: Das Herzstück ist das Sprachmodell GPT-3.5. Es basiert auf dem von Google Brain eingeführten Transformer-Modell und wurde durch selbstüberwachtes Lernen mit einem umfangreichen Textkorpus trainiert, der aus Büchern, Briefen, Wikipedia-Einträgen, literarischen Sammlungen und weiteren Quellen besteht. Dieser Prozess, als Pre-Training bekannt, schuf ein Modell, das für weiteres Fine-Tuning vorbereitet war.
- Spezialisierung: Das Modell wurde dann durch überwachtes Lernen für seine Hauptaufgabe, das Generieren von Antworten, verfeinert. Die generierten Antworten wurden kontinuierlich von Testpersonen bewertet und angepasst.
- Optimierung: Schließlich wurde das Modell durch bestärkendes Lernen und menschliche Rückmeldung weiter verfeinert. Ein zusätzliches Reward-Modell wurde trainiert, um die Qualität der Antworten zu bewerten, wobei der Proximal-Policy-Optimization-Algorithmus zur Optimierung eingesetzt wurde.

Auf der Grundlage von Erfahrungen aus vorangegangenen Projekten hat OpenAI Schutzvorkehrungen in ChatGPT implementiert, um inkorrekte oder potenziell schädliche Antworten zu reduzieren. Trotz dieser Maßnahmen kann der Chatbot gelegentlich fehlerhafte Ausgaben liefern, wie im beigefügten Screenshot als Hinweis ersichtlich. Die Tiefe und Komplexität der zugrundeliegenden Berechnungen machen es den Entwicklern schwer, den vollständigen Ablauf zu durchschauen. Daher werden solche KI-Systeme häufig als „Blackbox" charakterisiert, bei der lediglich die Eingabe und die Ausgabe sichtbar sind.

Neben ChatGPT verfügen auch andere konversationelle Systeme und Applikationen, die auf umfangreichen Sprachmodellen basieren, über vergleichbare oder komplementäre Fähigkeiten zur Textverarbeitung und -generierung. Zudem gibt es viele KI-basierte Werkzeuge, die unterschiedliche Lehr- und Lernaspekte unterstützen. Eine umfassende Übersicht zu Tools in den Bereichen Textgenerierung, Übersetzung, Audio-Transkription, Bild- und Audiogenerierung, Bildbearbeitung, Erstellung von Präsentationen, Musikverarbeitung, Videobearbeitung, Programmierung und Mathematik finden Sie unter [10].

Nach einer technischen Darstellung der Technologie werden wir die spezifischen Merkmale des Dialogsystems in Bezug auf seine Handhabung erörtern.

1.3 Prompt-Engineering

Bevor wir unsere erste Anfrage an ChatGPT formulieren, stellen wir Begriffe wie Prompt, Prompting, Prompt-Tuning, Chain-of-Thought-Prompting sowie Prompt-Engineering vor, die erst beim Aufkommen von Sprachmodellen entstanden sind und benötigt werden, um mit der KI gezielter sowie wirkungsvoller umgehen zu können, vgl. z.B. [9].

Prompts sind Eingabeaufforderungen oder Anweisungen, die dem Modell gegeben werden, um eine bestimmte Art von Antwort oder Ausgabe zu generieren. In einfachen Worten, ein Prompt ist der Text, den Sie in das Modell eingeben, um eine Antwort zu erhalten. Einige Beispiele für Prompts könnten sein:

- „Erkläre den Satz des Pythagoras und seine Anwendungen."
- „Was ist die Ableitung von $f(x) = x^2$ und wie berechnet man sie?"
- „Beschreibe die Eigenschaften und Unterschiede zwischen arithmetischen und geometrischen Reihen."

Das Modell nimmt den Prompt entgegen und generiert darauf basierend eine Antwort, die auf seinem Training und den Daten, mit denen es trainiert wurde, basiert.

Während die obigen Beispiele die Grundlagen von Prompts veranschaulichen, ist es auch wichtig, den zugrunde liegenden Prozess des Promptings zu verstehen. Dieser ist entscheidend für die effektive Nutzung von fortschrittlichen Sprachmodellen.

Prompting bezieht sich auf den Prozess der Eingabe einer spezifischen Aufforderung oder Anweisung (Prompt) in das Modell, um eine gewünschte Antwort oder Ausgabe zu erhalten. Es ist im Wesentlichen die Art und Weise, wie Benutzer mit dem Modell interagieren und es dazu bringen, Informationen, Erklärungen oder andere Arten von Texten zu generieren. Einige wichtige Punkte zur Erläuterung von „Prompting" im Kontext von ChatGPT sind folgende:

- Interaktive Kommunikation: Prompting ermöglicht eine interaktive Kommunikation mit dem Modell. Der Benutzer gibt eine Aufforderung ein, und das Modell reagiert mit einer entsprechenden Antwort.
- Steuerung des Modellverhaltens: Durch sorgfältige Formulierung von Prompts können Benutzer das Verhalten von ChatGPT steuern und es dazu bringen, spezifische Informationen bereitzustellen oder in einem bestimmten Stil oder Ton zu antworten.
- Vielseitigkeit: ChatGPT kann auf eine Vielzahl von Prompts reagieren, von einfachen Fragen bis hin zu komplexen Anweisungen. Dies ermöglicht eine breite Palette von Anwendungen, von der Beantwortung von Faktenfragen bis hin zur Erstellung kreativer Inhalte.
- Lernkurve: Obwohl ChatGPT in der Lage ist, auf viele verschiedene Arten von Prompts zu reagieren, kann es eine Lernkurve geben, um herauszufinden, wie man die besten und genauesten Antworten erhält. Das Verständnis dafür, wie man effektive Prompts formuliert, kann die Qualität und Relevanz der Antworten des Modells erheblich verbessern.

Ein einfaches Beispiel für Prompting wäre, wenn ein Benutzer ChatGPT fragt: „Was ist die Hauptstadt von Frankreich?". Das Modell würde dann basierend auf diesem Prompt entsprechend antworten, siehe Screenshot. Nach der Interaktion bietet die Benutzeroberfläche, erkennbar an den Schaltflächen auf der rechten Seite, dem Benutzer die Option, seinen Prompt für eine nachfolgende Anfrage zu modifizieren. Zudem kann er die Antwort von ChatGPT bewerten oder eine alternative Antwortvariante anfordern. Es ist zu betonen, dass die Bewertung der Antworten maßgeblich die Qualität zukünftiger Interaktionen mit dem System beeinflusst.

Nachdem wir die Grundlagen und Anwendungen von Prompting verstanden haben, ist es wichtig, die Weiterentwicklung dieses Konzepts zu betrachten. Das Verständnis der Feinheiten des Promptings legt den Grundstein für fortgeschrittene Techniken wie das Prompt-Tuning, die eine noch präzisere Steuerung des Modellverhaltens ermöglichen.

Prompt-Tuning ist eine Methode zur Anpassung von Sprachmodellen wie GPT, bei der speziell gestaltete Eingabeaufforderungen (Prompts) verwendet werden, um das Verhalten des Modells in bestimmten Situationen zu steuern oder zu leiten. Anstatt das Modell direkt neu zu trainieren, wird es durch die Verwendung von sorgfältig konstruierten Prompts „geführt", um gewünschte Antworten oder Verhaltensweisen zu erzeugen. Einige Hauptpunkte zum Prompt-Tuning sind:

- Zielgerichtete Anpassung: Durch Prompt-Tuning kann ein Modell dazu gebracht werden, in einem bestimmten Kontext oder zu einem bestimmten Thema spezifischere oder genauere Antworten zu geben.
- Kosteneffizienz: Da das Modell nicht erneut trainiert wird, ist Prompt-Tuning oft kostengünstiger und schneller als andere Feinabstimmungsmethoden.
- Flexibilität: Benutzer können verschiedene Prompts ausprobieren und experimentieren, um die besten Ergebnisse für ihre spezifischen Anforderungen zu erzielen.
- Begrenzte Kontrolle: Obwohl Prompt-Tuning in vielen Fällen effektiv ist, bietet es nicht immer die gleiche Kontrolle oder Vorhersagbarkeit wie andere Methoden, bei denen das Modell direkt neu trainiert wird.

Ein einfaches Beispiel: Angenommen, Sie möchten, dass ein Sprachmodell detailliertere Antworten auf mathematische Fragen gibt. Anstatt „Was ist der Satz des Pythagoras?" könnten Sie das Modell mit einem Prompt wie „Erkläre in einem detaillierten Absatz den Satz des Pythagoras und seine praktischen Anwendungen." leiten. In fortgeschrittenen Anwendungen können Prompts auch spezifischer und leitender sein, um das Modell in eine bestimmte Richtung zu lenken oder eine bestimmte Art von Antwort zu erhalten. Zum Beispiel könnte man das Modell mit einem Prompt wie „Schreibe einen Gedicht über den

Herbst im Stil von Goethe" leiten, um eine kreativere und stilisierte Antwort zu erhalten. In diesem Werk bieten wir an relevanten Stellen spezifische Hinweise zum Prompting, wie beispielsweise den nachstehenden Ratschlag, der im Kontext der Prompt-Tuning-Methodik berücksichtigt werden sollte.

> Prompt-Tipp: Indem man ChatGPT anweist, eine spezifische Rolle, wie etwa die eines Mathematiklehrers, anzunehmen, lässt sich sowohl die Qualität als auch die Struktur des Dialogs gezielt beeinflussen.

Ein praktisches Beispiel zur Erstellung eines Tests ist im Kapitel 11.2 und eines mathematischen Vorlesungsskriptes zur weiteren Vertiefung im Kapitel 12 aufbereitet.

In diesem Werk instruieren wir ChatGPT regelmäßig mittels Prompts, Antworten in Formaten wie LaTeX oder als Quellcode einer Programmiersprache bereitzustellen. Dies hat direkten Einfluss auf die optische Darstellung der Antworten, wie anhand des Screenshots unten veranschaulicht wird. Die erzeugten Quelltexte lassen sich per Mausklick kopieren und weiterverwenden.

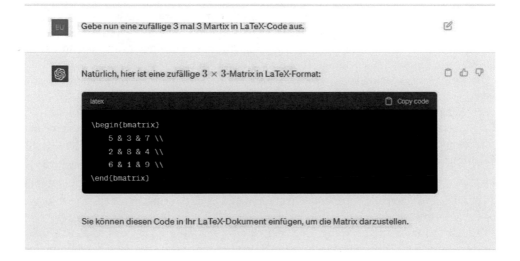

In den Einstellungen von ChatGPT gibt es den Bereich „Custom Instructions", der es Ihnen erlaubt, gezielte Anweisungen oder Vorgaben für Ihre Kommunikation mit ChatGPT zu definieren. Mit diesem Werkzeug können Sie die Interaktion individuell anpassen und diese Anpassungen für alle zukünftigen Chats übernehmen. Sie haben die Möglichkeit, persönliche Informationen zu teilen, wie beispielsweise: Ihren Standort; Ihren Beruf; Ihre Hobbys und Interessen; Themen, über die Sie stundenlang sprechen könnten; Persönliche Ziele. Zudem können Sie spezifische Anforderungen an die Antworten von ChatGPT stellen, etwa in Bezug auf: Den gewünschten Formalitätsgrad; Die bevorzugte Länge der Antworten; Die Anrede, die ChatGPT verwenden soll; Ob ChatGPT Meinungen zu Themen äußern oder neutral bleiben soll.

Während die Sprachmodelle beeindruckende Leistungen bei verschiedenen natürlich-sprachlichen Aufgaben zeigen, haben sie immer noch Schwierigkeiten mit einigen logischen Aufgaben, die logisches Denken und mehrere Schritte zur Lösung erfordern, wie z. B. Lineare Gleichungssysteme für vier Unbekannten, siehe 3. Testaufgabe im Abschnitt 4.2, oder bei offenen Aufgaben, vgl. Abschnitt 4.7. Bei solchen Fragestellungen hilft die Technik Chain-of-Thought, wie sie in [5] beschrieben wurde, mit der wir ebenfalls positive Erfahrungen gemacht haben, vgl. z.B. Abschnitte 2.3 und 6.1. Das sog. **Chain-of-thought**-Prompting (CoT) (Gedankenkette) verbessert die Denkfähigkeit von Sprachmodellen, indem es sie auffordert, eine Reihe von Zwischenschritten zu generieren, die zur endgültigen Antwort eines mehrstufigen Problems führen.

Es gibt zwei Hauptmethoden, um Gedankenkettenschlüsse zu erzeugen: few-shot prompting und zero-shot prompting. Der ursprüngliche Vorschlag für CoT-Prompting demonstrierte das few-shot prompting, bei dem mindestens ein Beispiel einer Frage, gepaart mit einer angemessenen, von Menschen geschriebenen CoT-Argumentation, dem Prompt vorangestellt wird, siehe [12]. Es ist auch möglich, eine ähnliche Argumentation und Leistungssteigerung mit zero-shot prompting zu erreichen, was so einfach sein kann wie das Anhängen der Worte „Let's think step-by-step" an den Prompt, siehe [4]

Nach der Betrachtung des Chain-of-Thought Prompting wenden wir uns nun einem weiteren zentralen Konzept im Umgang mit Sprachmodellen zu: dem Prompt-Engineering. Dieses Konzept eröffnet neue Wege, um die Effizienz und Genauigkeit von Sprachmodellen zu steigern. Lassen Sie uns dieses Thema kurz beleuchten.

Prompt-Engineering bezieht sich auf die Wissenschaft, effektive Eingabeaufforderungen (Prompts) für Sprachmodelle zu entwerfen, um gewünschte und genaue Antworten oder Ausgaben zu erhalten. Im Kontext von Sprachmodellen, insbesondere solchen wie GPT (Generative Pre-trained Transformer), spielt die Formulierung des Prompts eine entscheidende Rolle für die Qualität und Relevanz der Antwort des Modells. Hier sind einige Hauptpunkte zur Erläuterung von Prompt-Engineering:

- Zielgerichtete Anpassung: Durch sorgfältige Formulierung von Prompts können Benutzer das Verhalten des Sprachmodells steuern und es dazu bringen, spezifische Informationen bereitzustellen oder in einem bestimmten Stil oder Ton zu antworten.
- Experimentelle Natur: Prompt-Engineering erfordert oft ein gewisses Maß an Experimentieren. Das bedeutet, verschiedene Formulierungen oder Ansätze auszuprobieren, um herauszufinden, welche Prompts die besten Ergebnisse liefern.
- Kontextuelle Hinweise: Ein gut entworfener Prompt kann dem Modell den notwendigen Kontext bieten, um eine Frage zu verstehen oder eine Aufgabe zu erfüllen. Dies kann besonders nützlich sein, wenn das Modell Informationen in einem bestimmten Format oder aus einer bestimmten Perspektive liefern soll.
- Optimierung für spezifische Anwendungen: In einigen Fällen, insbesondere bei spezialisierten Anwendungen, kann Prompt-Engineering dazu verwendet werden, das Modell dazu zu bringen, Antworten zu liefern, die den spezifischen Anforderungen oder Standards einer Branche oder eines Fachgebiets entsprechen.
- Überwindung von Modellbeschränkungen: Einige Sprachmodelle haben inhärente Beschränkungen oder Tendenzen aufgrund ihrer Trainingsdaten. Durch geschicktes

Prompt-Engineering können Benutzer diese Beschränkungen umgehen oder minimieren.

Im Rahmen des Prompt-Engineerings haben wir die Quintessenz unserer Erfahrungen bei der Interaktion mit GPT im Abschnitt B systematisch aufbereitet, um Ihnen eine fundierte Grundlage für Ihre eigenen Prompts zu bieten. Wir schließen diesen Abschnitt mit einem Zitat von John Dewey (1859 – 1952), dem US-amerikanischen Philosoph und Pädagogen, ab: „Ein Problem ist halb gelöst, wenn es klar formuliert ist."

1.4 Umdenken angesagt

Generative KI-Technologien stellen die Welt auf den Kopf und könnten die Landschaft der Hochschulbildung maßgeblich prägen. ChatGPT steht exemplarisch für die beeindruckenden Möglichkeiten, die solche Modelle wie GPT-4 bieten. So veröffentlichte beispielsweise der Springer-Verlag schon im Jahr 2019 ein maschinen-generiertes Sachbuch [2]. Es gibt bereits eine Vielzahl anderer Modelle, die in Bereichen wie Text, Bild, Audio und Video eingesetzt werden können. In den nächsten Jahren ist mit signifikanten Weiterentwicklungen, einer breiteren Integration in Softwarelösungen und einer umfassenden Verbreitung zu rechnen.

Angesichts dieser rasanten technologischen Fortschritte stehen sowohl Studierende als auch Lehrende vor neuen Herausforderungen und Fragen hinsichtlich der Arbeitsteilung zwischen Menschen und Maschinen, Lernzielen und Formen der Bewertung der Studienleistung. Wie können solche KI-Tools den Lernprozess unterstützen? Ist der Einsatz von ChatGPT in wissenschaftlichen Arbeiten legitim oder gilt dies als unzulässige Hilfestellung? Welche Fähigkeiten sind in dieser neuen Ära essenziell und welche könnten obsolet werden?

Dozenten müssen ebenfalls ihre Herangehensweise überdenken: Welche Kompetenzen sind in einer Welt, in der KI eine immer größere Rolle spielt, zu vermitteln? Wie kann man sicherstellen, dass Prüfungen die tatsächlichen Fähigkeiten der Studierenden bewerten und nicht nur ihre Fertigkeiten im Umgang mit KI-Tools? Es ist unbestreitbar, dass ChatGPT und GPT-4 nur der Anfang einer Entwicklung sind, die das Potenzial hat, die Bildungslandschaft nachhaltig zu verändern.

Eine Orientierung zu diesem Kontext bietet z.B. [3]. Es nimmt ChatGPT als repräsentatives Beispiel und beleuchtet dessen Einsatzmöglichkeiten und Grenzen aus der Perspektive von Studierenden und Lehrenden. Der Fokus liegt auf den Kernbereichen der Hochschulbildung: Unterricht, Prüfungsvorbereitung, wissenschaftliches Arbeiten und Leistungsbewertung. Ziel ist es, sowohl konkrete Handlungsempfehlungen als auch einen umfassenden Überblick über die Chancen und Risiken dieser Technologien zu bieten.

Einige Rechtsfragen zum Umgang mit textgenerierender KI-Software im Hochschulkontext werden z.B. in [8] beantwortet. Darin findet man auch eine Auseinandersetzung aus didaktischer Perspektive.

◇

Es gibt zahlreiche faszinierende sowie fundamentale Themen, die im ersten Teil behandelt werden könnten, angefangen bei der technischen Realisierung neuronaler Netze über Datenschutz und Urheberrechtsfragen bei KI-generierten Texten bis hin zur Identifizierung solcher Texte. Während diese Aspekte sicherlich von Bedeutung sind, möchten wir, ebenso wie Sie, uns nun auf das Kernvorhaben konzentrieren. Mit großer Neugier wollen wir uns gemeinsam mit einer Maschine zusammensetzen und eine Vielzahl mathematischer Fragestellungen in Bezug auf Lehre und Forschung vertiefend betrachten.

Literaturverzeichnis

1. Benson, R.: The generative-AI eruption, 2023. https://rodben-son.com/2023/01/20/the-generative-ai-eruption/ (Abgerufen am: 23.08.2023)
2. Beta Writer: Lithium-Ion Batteries. A Machine-Generated Summary of Current Research. Heidelberg: Springer 2019
3. Gimpel, H., Hall, K., Decker, S., Eymann, T., et al.: Unlocking the Power of Generative AI Models and Systems such as GPT-4 and ChatGPT for Higher Education - A Guide for Students and Lecturers https://digital.uni-hohenheim.de/fileadmin/einrichtungen/digital/Generative_AI_and_ChatGPT_in_Higher_Education.pdf (Abgerufen am: 12.07.2023)
4. Kojima, T., Shixiang S. G., Reid, M., Matsuo, Y., Iwasawa, Y.: Large Language Models are Zero-Shot Reasoners, (2022). https://arxiv.org/abs/2205.11916 (Abgerufen am: 21.02.2023)
5. McAuliffe, Z.: Google's Latest AI Model Can Be Taught How to Solve Problems, CNET. 'Chain-of-thought prompting allows us to describe multistep problems as a series of intermediate steps', Google CEO Sundar Pichai https://www.cnet.com/tech/services-and-software/googles-latest-ai-model-can-be-taught-how-to-solve-problems/ (Abgerufen am: 05.07.2023)
6. OpenAI: ChatGPT – Release Notes, www.help.openai.com, (Abgerufen am: 13.03.2023)
7. OpenAI: Terms of use, https://openai.com/policies/terms-of-use (Abgerufen am: 26.03.2023)
8. Salden, P., Leschke J. (Hrsg.): Didaktische und rechtliche Perspektiven auf KI gestütztes Schreiben in der Hochschulausbildung, März 2023, https://doi.org/10.13154/294-9734 (Abrufdatum: 07.06.2023)
9. Saravia, E.: Prompt Engineering Guide, 2022 https://github.com/dair-ai/Prompt-Engineering-Guide, (Abgerufenam: 25.05.2023)
10. Schmidt, A.: AI Tools Directory, https://www.hcilab.org/ai-tools-directory/ (Abgerufen am: 15.08.2023)
11. Vaswani, A., Shazeer, N., Parmar, N., Uszkoreit, J., Jones, L., Aidan N. Gomez, A. N., Kaiser, L., Polosukhin, I.: Attention Is All You Need, 31st Conference on Neural Information Processing Systems (NIPS 2017), Long Beach, CA, USA, https://arxiv.org/pdf/1706.03762.pdf, (Abgerufen am: 23.04.2023)
12. Wei, J., Wang, X., Schuurmans, D., Bosma, M., Ichter, B., Xia, F., Chi, E. H., Le, Q. V., Zhou, D.: Chain-of-Thought Prompting Elicits Reasoning in Large Language Models, https://arxiv.org/abs/2201.11903 (Abgerufen am: 10.05.2023)

◇ ◇ ◇

Teil II
GPT als Plotter und Solver

„Ein Rendezvous zwischen Mathematik und ChatGPT"
Quelle: Emanuel Kort, www.canvaselement.de

In Teil II dieses Werkes beleuchten wir zwei essenzielle Fähigkeiten von ChatGPT, die maßgeblich zur Entstehung dieses Buches beigetragen haben:

- Die profunde Kenntnis der PGF/TikZ-Syntax, welche für die Erstellung hochwertiger Vektorgrafiken unerlässlich ist, siehe Kapitel 2.
- Die Expertise im Umgang mit dem für die mathematische Notation essenziellen Textsatzsystem LATEX, welches im Kapitel 3 detailliert behandelt wird.

In den nachfolgenden Kapiteln nutzen wir diese Werkzeuge, um ChatGPT mit mathematischen Aufgaben unterschiedlicher Komplexität aus diversen Fachgebieten zu konfrontieren. Man könnte auch sagen, wir inszenieren ein Rendezvous von Mathematik und ChatGPT am Fuße der technologischen Singularität - einem hypothetischen zukünftigen Zeitpunkt, an dem künstliche Intelligenz (KI) die menschliche Intelligenz übertrifft [3]. Dabei lassen wir nicht nur Lösungen generieren, sondern auch zugehörige Abbildungen in Form von Vektorgrafiken erstellen. Die behandelten Themenbereiche umfassen Lineare Algebra (Kapitel 5), Analysis (Kapitel 4) und Partielle Differentialgleichungen (Kapitel 6). Dass die künstliche Intelligenz auch imstande ist, rigorose mathematische Beweise zu führen, wird im abschließenden Kapitel 7 eindrücklich demonstriert.

Es sei angemerkt, dass aufgrund von Raumrestriktionen einige relevante Themen, wie beispielsweise die Laplace- und Fouriertransformation, nicht in dieses Buch aufgenommen werden konnten. Dennoch haben unsere Untersuchungen bestätigt, dass ChatGPT auch in den Bereichen der Integraltransformationen versiert ist.

Kapitel 2

ChatGPT kann zeichnen!

> Das Wort ist die Mutter des Bildes.
>
> Inversion des Zitats „Das Bild ist die
> Mutter des Wortes." von Hugo Ball (1886
> - 1927), deutscher Schriftsteller und
> Kulturkritiker

ChatGPT stellt eine spezialisierte textbasierte künstliche Intelligenz dar. Dies bedeutet, dass die primären Eingabe- und Ausgabeformate auf Text basieren. Folglich ist es ChatGPT nicht inhärent möglich, grafische Darstellungen oder Zeichnungen zu generieren.

Jedoch eröffnet die Kombination von ChatGPT mit der Programmiersprache TikZ neue Möglichkeiten. Durch diese Integration kann ChatGPT effektiv zur Generierung von Quelltexten für Vektorgrafiken eingesetzt werden. In diesem Kapitel bieten wir eine kurze Einführung in TikZ und präsentieren diverse Anwendungsbeispiele.

Im Verlauf dieses Buches werden wir regelmäßig auf TikZ zurückgreifen und, wo es den Inhalt bereichert, entsprechende Vektorgrafiken integrieren.

2.1 PGF/TikZ – Ein Werkzeug für Grafiken und Diagramme

Für alle, die in der Welt der technischen Dokumentation und wissenschaftlichen Publikationen tätig sind, ist PGF/TikZ kein Fremdwort. Es handelt sich um ein mächtiges Paket für LATEX, vgl. [2], das es Benutzern ermöglicht, hochwertige Vektorgrafiken direkt innerhalb ihrer Dokumente zu erstellen.

PGF, das für „Portable Graphics Format" steht, ist die Grundlage, auf der TikZ aufbaut. TikZ, abgeleitet von „TikZ ist kein Zeichenprogramm", ist eine Frontend-Syntax, die das Erstellen von Grafiken vereinfacht, ohne die Leistungsfähigkeit von PGF zu opfern. Einer der größten Vorteile von PGF/TikZ ist die Integration in LATEX. Dies bedeutet, dass Diagramme und Grafiken, die mit TikZ erstellt wurden, nahtlos in Dokumente eingefügt werden können, wobei die gleiche Schriftart, Größe und Farbe wie der umgebende Text verwendet wird. Dies sorgt für ein konsistentes und professionelles Erscheinungsbild.

© Der/die Autor(en), exklusiv lizenziert an
Springer-Verlag GmbH, DE, ein Teil von Springer Nature 2023
A. Helfrich-Schkarbanenko, *Mathematik und ChatGPT*,
https://doi.org/10.1007/978-3-662-68209-8_2

Die Syntax von TikZ ist sowohl intuitiv als auch ausdrucksstark. Ob es sich um einfache Linien und Formen oder um komplexe Diagramme und Plots handelt, TikZ bietet die Flexibilität, nahezu jede Grafik zu erstellen, die man sich vorstellen kann. Mit einer aktiven Community und einer Fülle von Online-Ressourcen, darunter Handbücher [1], Tutorials und Beispiele, vgl. https://tikz.net/, ist der Einstieg in PGF/TikZ so einfach wie nie zuvor.

Für diejenigen, die bereits mit LaTeX vertraut sind und ihre Dokumente auf die nächste Stufe heben möchten, ist PGF/TikZ ein unverzichtbares Werkzeug. Es kombiniert die Präzision von Vektorgrafiken mit der Leistungsfähigkeit von LaTeX, um beeindruckende, publikationsreife Dokumente zu erstellen.

2.2 Graphen

Hochgespannt geben wir unseren ersten Prompt bzgl. TikZ ein.

> *Gegeben ist ein Graph aus drei Knoten. Alle Knoten sind miteinander verbunden. Zeichne dazu einen Plot mittels TikZ.*

Hier ist der TikZ-Code, um einen Graphen mit drei Knoten zu zeichnen, bei dem alle Knoten miteinander verbunden sind:

```
\documentclass{standalone}
\usepackage{tikz}

\begin{document}
% Draw the graph
\begin{tikzpicture}
  \draw[thick] (0,0) -- (2,0) -- (1,1.5) -- cycle;
  \filldraw (0,  0) circle (3pt);
  \filldraw (2,  0) circle (3pt);
  \filldraw (1,1.5) circle (3pt);
\end{tikzpicture}
\end{document}
```

Dieser Code erzeugt ein dreieckiges Layout, bei dem jeder Knoten mit jedem anderen Knoten verbunden ist. Die Knoten sind als Punkte dargestellt, und die Verbindungen zwischen den Knoten werden als Linien dargestellt. Sie können diesen Code in einem LaTeX-Compiler wie TeXstudio oder Overleaf eingeben, um die Abbildung zu erzeugen. Nach dem Kompilieren erhält man ein PDF mit der Vektorgrafik:

ChatGPT hat nicht nur die Aufgabenstellung zum mathematischen Begriff „Graph" erfüllt, sondern den gewünschten TikZ-Quelltext zum Zeichnen auch in den einwandfrei kompilierbaren Rahmen eingebettet und das zum Zeichnen notwendige Paket `tikz` eingebunden. Selbst ein Kommentar ist im Quelltext vorhanden. Wir erhöhen die Anzahl der Knoten.

Gegeben ist ein Graph aus fünf Knoten. Alle Knoten sind miteinander verbunden. Zeichne dazu ein Plot mittels TikZ.

Hier ist ein TikZ-Code, der einen vollständig verbundenen Graphen mit fünf Knoten darstellt:

```
\begin{tikzpicture}
  % Knoten
  \foreach \i in {1, 2, 3, 4, 5} {
    \node[draw, circle] (n\i) at ({360/5 * (\i - 1)}:1) {\i};
  }

  % Kanten
  \foreach \i in {1, 2, 3, 4, 5} {
    \foreach \j in {1, 2, 3, 4, 5} {
      \draw (n\i) -- (n\j);
    }
  }
\end{tikzpicture}
```

Kopieren Sie den obigen Code in ein LaTeX-Dokument und kompilieren Sie es, um einen vollständig verbundenen Graphen mit fünf Knoten zu erhalten. Jeder Knoten ist mit jedem anderen Knoten verbunden.

Nach dem Kompilieren erhält man die Vektorgrafik:

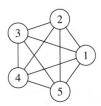

Die Knoten wurden anders als zuvor gestaltet und aus Eigeninitiative von ChatGPT durchnummeriert. Im Gegensatz zu der Skizze zuvor, werden die Knoten auf einem Kreis gleichmäßig verteilt, vgl. Quelltext. Der LATEX-Quelltext der Rahmendatei, vgl. z.B. die ersten Zeilen im Quelltext zum vorherigen Prompt, wurde in der obigen Kodedarstellung vom Autor der Übersicht halber entfernt.

Gegeben ist ein Graph aus 36 Knoten. Alle Knoten sind miteinander verbunden. Zeichne dazu einen Plot mittels TikZ. Die Nummerierung der Knoten bitte weglassen und die Knoten klein gestalten.

Ein vollständig verbundener Graph mit 36 Knoten hätte sehr viele Kanten, was das Diagramm unübersichtlich und schwer lesbar machen würde. Nichtsdestotrotz, hier ist ein TikZ-Code, der einen vollständig verbundenen Graphen mit 36 Knoten darstellt:

```
\begin{tikzpicture}[scale=0.75]
  % Knoten
  \foreach \i in {1, 2, ..., 36} {
    \node[draw, circle, minimum size=0.2cm, inner sep=0pt] (n\i) at ({360/36 * (\i -
        1)}:4) {};
  }
  % Kanten
  \foreach \i in {1, 2, ..., 36} {
    \foreach \j in {\i, ..., 36} {
      \ifnum\i=\j\else
        \draw[very thin] (n\i) -- (n\j);
      \fi
    }
  }
\end{tikzpicture}
```

Beachten Sie, dass die Kanten sehr dünn gezeichnet sind, um das Diagramm etwas lesbarer zu gestalten.

Das Kompilieren ergab folgende Grafik.

ChatGPT meistert diese Anforderung mit Bravour. Im aktuellen Prompt orientiert man sich bei der Knotengestaltung an der vorherigen Antwort von ChatGPT. Ein Vergleich des aktuellen Quelltexts mit dem vorherigen zeigt, dass die innere for-Schleife nun effizienterweise ab der Variable i startet und nicht durchgängig alle Werte durchläuft. Die Größenanpassung des Bildes wurde vom Verfasser durchgeführt, siehe das Attribut [scale=0.75].

2.3 Punkte im Raum

Generiere 4 Punkte zufällig im dreidimensionalen Raum. Plotte diese mittels TikZ.

```
\begin{tikzpicture}[scale=0.75]

  % Koordinaten für Punkte
  \coordinate (A) at (1,1,1);
  \coordinate (B) at (-1,1,1);
  \coordinate (C) at (-1,-1,1);
  \coordinate (D) at (1,-1,1);

  % Punkte plotten
  \filldraw (A) circle (2pt);
  \filldraw (B) circle (2pt);
  \filldraw (C) circle (2pt);
  \filldraw (D) circle (2pt);

  % Koordinatenachsen zeichnen
  \draw[->] (0,0,0) -- (2,0,0) node[right]{$x$};
  \draw[->] (0,0,0) -- (0,2,0) node[above]{$y$};
  \draw[->] (0,0,0) -- (0,0,2) node[below left]{$z$};

\end{tikzpicture}
```

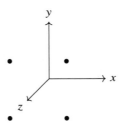

Die Aufgabe wurde erfüllt. Wir sehen im Quelltext, dass die Koordinaten der Punkte statisch sind.

TikZ verfügt aber auch über Befehle zum Generieren von Zahlen direkt im Quelltext. Wir möchten, dass ChatGPT einen entsprechenden Quelltext erstellt.

Generiere bitte 4 Punkte zufällig im dreidimensionalen Raum. Plotte diese mittels TikZ. Du kannst gerne dafür den Zufallsgenerator von TikZ benutzen.

```
\begin{tikzpicture}[scale=0.7]
  % Zufällige Punkte generieren
  \foreach \i in {1,...,4}{
    \pgfmathsetmacro{\x}{rand}
    \pgfmathsetmacro{\y}{rand}
    \pgfmathsetmacro{\z}{rand}
    \coordinate (P\i) at (\x,\y,\z);
}
  % Punkte plotten
  \filldraw (P1) circle (1pt);
  \filldraw (P2) circle (1pt);
  \filldraw (P3) circle (1pt);
  \filldraw (P4) circle (1pt);
  % Koordinatenachsen zeichnen
  \draw[->] (0,0,0) --- (2,0,0) node[right]{$x$};
  \draw[->] (0,0,0) --- (0,2,0) node[above]{$y$};
  \draw[->] (0,0,0) --- (0,0,2) node[below left]{$z$};
\end{tikzpicture}
```

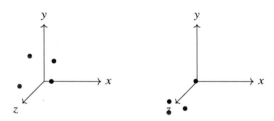

ChatGPT schafft es tatsächlich, innerhalb von TikZ die Koordinaten der Punkte zufällig zu wählen, siehe Befehl rand. *D.h. bei jedem Kompilieren des obigen Quelltextes erscheinen die Punkte woanders. Zur Demonstration wurden oben zwei Abbildungen angegeben, die vom selben Quelltext lediglich durch ein wiederholtes Ausführen generiert wurden.*

An die obige ChatGPT-Ausgabe richten wir eine Reihe von Wünschen und sind gespannt, ob sie erfüllt werden. Die TikZ-Quelltexte blenden wir aus und fokussieren uns nur auf die Abbildungen.

Zeichne die Punkte rot und nummeriere sie. Zusätzlich bitte die Punkte miteinander mit einer blauen Linie verbinden.

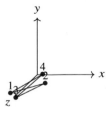

Der TikZ-Quelltext wurde wunschgemäß angepasst.

Wiederhole das bitte, aber für 10 Punkte.

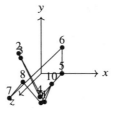

Auch das Erhöhen der Punkteanzahl funktioniert problemlos.

Reduziere die Anzahl den Punkte auf 3 und die Punkte selbst bitte etwas vergrößern.

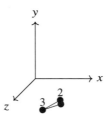

Die Anpassungen wurden durchgefürt. Wir haben aber einen Änderungswunsch.

Jetzt ist die Beschriftung der Knoten zu nah den den Knoten. Kannst Du das bitte berichtigen?

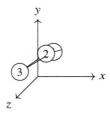

Wir gingen davon aus, dass ChatGPT den Abstand zwischen den Knoten und der Beschriftung erhöht. Der kreative Lösungsvorschlag der KI hat uns positiv überrascht!

Beschrifte die Koordinatenachsen mit ganzen Zahlen. Die Beschriftung der Knoten bitte außerhalb der Knoten platzieren und die Anzahl der Knoten verdoppeln.

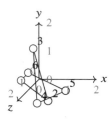

Die KI geht auf die Wünsche ein. Die Durchmesser der Knoten sind nun sinnvollerweise reduziert, da ja die Beschriftung nun außerhalb von diesen platziert ist. Dies ist aber auf die Leistungsfähigkeit von TikZ zurückzuführen.

Kannst Du bitte im Plot jeden Knoten mit jedem mittels einer Linie verbinden? Die Beschriftung der Knoten nun weglassen.

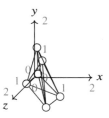

Ja, alle Knotenpaare sind nun verbunden und die Beschriftung ist deaktiviert. Wir formulieren den letzten Prompt zu den Punkten im Raum.

Die Liniendicke auf 1 setzen und einen der Knoten definitiv im Ursprung platzieren.

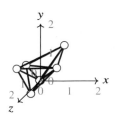

Die gewünschte Liniendircke wurde im Quelltext umgesetzt und tatsächlich befindet sich
einer der Knoten im Ursprung!

Wir möchten an dieser Stelle auf eine interessante Eigenschaft von ChatGPT hinweisen, die uns aufgefallen ist. Wenn man in einem Prompt mehrere Anforderungen gleichzeitig stellt, wie beispielsweise spezifische Größen, Farben und Koordinatenbeschriftungen für Knoten, dann generiert ChatGPT nicht individuelle Anweisungen für jeden Knoten. Stattdessen erstellt es eine TikZ-Funktion und verwendet diese für alle betreffenden Knoten. Ein Beispiel hierfür finden Sie im Folgenden:

```
% Zufällige Punkte
\newcommand{\drawpoint}[4]{
    \fill[red] (#1, #2, #3) circle (1.5pt);
    \node[anchor=west, font=\tiny, inner sep=2pt] at (#1, #2, #3) {$(#1, #2, #3)
        $};
}
```

Der Aufruf für einen konkreten Knoten erfolgte dann mittels:

```
\drawpoint{1}{-1}{0}
```

2.4 Funktionengraphen

Zum Schluss demonstrieren wir, dass das Zeichnen von Funktionsgraphen mit TikZ für ChatGPT ein leichtes Unterfangen ist.

Plotte den Graph der Funktion $f(t) = (\cos(t))^2$ sowie von $g(t) = \sin(t)$ mittels TikZ.
Die Funktion f sollte rot sein und g sollte blau sein. Der Zeitbereich ist $[0, 2 * \pi]$.

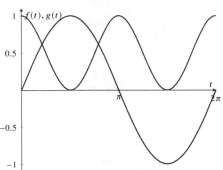

Die Überlagerung beider Funktionen in einem Koordinatensystem hat ChatGPT prima
umgesetzt und die Farben den jeweiligen Graphen richtig zugeordnet.

Plotte in TikZ den Graph einer Funktion in zwei Variablen. Dabei soll x betragsmäßig kleiner Eins sein. Dasselbe gelte für die Variable y.

TikZ ist nicht das beste Werkzeug zum Erstellen von 3D-Grafiken oder zum Plotten von Funktionen in zwei Variablen. Stattdessen empfehle ich die Verwendung des pgfplots-Pakets, das auf TikZ aufbaut und speziell für das Plotten von mathematischen Funktionen entwickelt wurde. Angenommen, Sie möchten die Funktion

$$f(x, y) = x^2 + y^2$$

plotten, wobei sowohl x als auch y im Bereich $[-1, 1]$ liegen. Hier ist ein Beispiel-Code, der pgfplots verwendet, um diese Funktion zu plotten:

```
\begin{tikzpicture}[scale=0.75]
  \begin{axis}[
      title={Funktion: $f(x, y) = x^2 + y^2$},
      xlabel={$x$},
      ylabel={$y$},
      zlabel={$z$},
      xmin=-1, xmax=1,
      ymin=-1, ymax=1,
      zmin=0, zmax=2,
      view={135}{30},
      grid=major,
      colormap/blackwhite
  ]
    \addplot3[surf, samples=41, domain=-1:1, y domain=-1:1] {x^2 + y^2};
  \end{axis}
\end{tikzpicture}
```

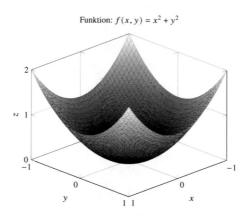

Funktion: $f(x, y) = x^2 + y^2$

Hier verblüffen zwei Punkte: 1. Vom ChatGPT wird ein zum Ploten geeignetes Paket `pgfplots` *vorgeschlagen, als vom Benutzer gewünscht. 2. ChatGPT denkt sich selbst eine Funktion als Beispiel aus, da der Benutzer keine Funktion vorgab. Ferner wurden die Plotgrenzen eingehalten und der Plot sogar betitelt.*

Die obigen Beispiele zeigen, dass man ChatGPT wohl zum automatischen Generieren (oder zumindest als Unterstützung hierfür) zeitsparend verwenden kann. Im Buch findet man weitere Vektrografiken, die auf dem oben beschriebenen Wege erstellt wurden, siehe z.B. die Abschnitte 4.3, 5.1, 5.2, 10.2.

Literaturverzeichnis

1. Kottwitz, S.: LaTeX Graphics with TikZ, A Practitioner's Guide to Drawing 2D and 3D Images, Diagrams, Charts, and Plots, Packt Publishing 2023
2. Schlosser, J.: Wissenschaftliche Arbeiten schreiben mit LaTeX, Leitfaden für Einsteiger, MITP-Verlags GmbH & Co. KG, 2021
3. Kurzweil, R.: The Singularity Is Near: When Humans Transcend Biology, New York, Penguin 2005

◇ ◇ ◇

Kapitel 3
ChatGPT kann LaTeX!

> Das wahre Genie kennt keine Schranken.

> Johann Nepomuk Nestroy (1801-1862),
> österreichischer Dramatiker, Schauspieler
> und Bühnenautor

Auf den ersten Seiten des Kapitels stellen wir das für die Mathematik so wichtige Textsatzzeichensystem LaTeX vor und zeigen auf, dass es von ChatGPT ausgezeichnet beherrscht wird. Das bedeutet, dass man LaTeX in den Anfragen an ChatGPT verwenden darf und dass ChatGPT ebenfalls in LaTeX seine Antworten formulieren kann. LaTeX stellt somit eine Brücke zwischen der sprachbasierten KI und der Mathematik dar. Diese Brücke verwenden wir, um mathematische Aufgabenstellungen zu formilieren und an KI zu richten, bzw. diese lösen zu lassen.

3.1 LaTeX auf einen Blick

LaTeX ist ein Software-Paket, das die Benutzung des Textsatzsystems TeX mithilfe von Makros vereinfacht. TeXwurde von Donald E. Knuth während seiner Zeit als Informatik-Professor an der Stanford University ab 1977 entwickelt. Im Gegensatz zu anderen Text-verarbeitungsprogrammen, die nach dem What-you-see-is-what-you-get-Prinzip funktio-nieren, arbeitet der LaTeX-Autor mit Textdateien, in denen er innerhalb eines Textes anders zu formatierende Passagen oder Überschriften mit Befehlen textuell auszeichnet. Aufgrund seiner Stabilität, der freien Verfügbarkeit für viele Betriebssysteme und des ausgezeich-neten Formelsatzes sowie seiner Features speziell für wissenschaftliche Arbeiten wird LaTeXvor allem an Hochschulen eingesetzt. Insbesondere in der Mathematik und den Natur-wissenschaften ist LaTeXdie Standardanwendung für wissenschaftliche Arbeiten und wird auch von Wissenschaftsverlagen und wissenschaftlichen Zeitschriften verwendet. Weitere Informationen und Hinweise zur Installation findet man auf der offiziellen Internetseite des LaTeX-Projekts www.latex-project.org. Empfehlenswert sind die Handbücher [2, 1], welche eine sehr ausführliche LaTeX-Anleitung für Mathematiker darstellen.

© Der/die Autor(en), exklusiv lizenziert an
Springer-Verlag GmbH, DE, ein Teil von Springer Nature 2023
A. Helfrich-Schkarbanenko, *Mathematik und ChatGPT*,
https://doi.org/10.1007/978-3-662-68209-8_3

Im mathematischen Kontext ist die Beherrschung von LaTeX für die Interaktion mit ChatGPT essenziell. Beachten Sie, dass ChatGPT standardmäßig Texte im LaTeX-Format generiert, die direkt im Browser mithilfe von z.B. MathJax dargestellt werden. Durch spezifische Eingabeaufforderungen kann diese Darstellung jedoch unterbunden werden. MathJax, eine auf JavaScript basierende Bibliothek, ermöglicht die browserübergreifende grafische Darstellung von in LaTeX und MathML verfassten mathematischen Formeln und Gleichungen. Diese Bibliothek steht unter der Apache-Lizenz frei zur Verfügung und kann unter www.mathjax.org eingesehen werden.

Anmerkung: Dieses Buch wurde mithilfe des LaTeX-Textsatzsystems verfasst. Bei entsprechender Aufforderung lieferte ChatGPT Antworten direkt im LaTeX-Format, die gelegentlich vom Autor angepasst wurden. Vektorgrafiken, die von ChatGPT im TikZ-Format bereitgestellt wurden, wurden durch LaTeX interpretiert. Ein tieferer Einblick in die TikZ-Sprache wurde im vorherigen Kapitel gegeben.

3.2 Text als Eingabe

Bitte eine 5 mal 5 Einheitsmatrix in LaTeX ausgeben.

Eine 5×5 Einheitsmatrix (auch Identitätsmatrix genannt) hat Diagonalelemente, die alle 1 sind, und alle anderen Elemente sind 0. In LaTeX können Sie diese Matrix wie folgt darstellen:

```
\[
\begin{bmatrix}
1 & 0 & 0 & 0 & 0 \\
0 & 1 & 0 & 0 & 0 \\
0 & 0 & 1 & 0 & 0 \\
0 & 0 & 0 & 1 & 0 \\
0 & 0 & 0 & 0 & 1
\end{bmatrix}
\]
```

Vergewissern Sie sich, dass Sie das `amsmath`-Paket in Ihrem LaTeX-Dokument verwenden, um die `pmatrix`-Umgebung nutzen zu können.

Nach einem Kompilieren des generierten Quelltextes in LaTeX erhält man eine PDF-Datei mit folgendem Inhalt:

$$
\begin{bmatrix}
1 & 0 & 0 & 0 & 0 \\
0 & 1 & 0 & 0 & 0 \\
0 & 0 & 1 & 0 & 0 \\
0 & 0 & 0 & 1 & 0 \\
0 & 0 & 0 & 0 & 1
\end{bmatrix}
$$

Die Aufgabe wurde richtig umgesetzt und sogar die Definition der Identitätsmatrix wiedergegeben und auf die Notwendigkeit des `amsmath`-Pakets hingewiesen, siehe die Anleitung in [1].

Gebe nun eine zufällige 3 mal 3 Matrix in LaTeX-Code aus.

Klar, hier ist der LaTeX-Code für eine zufällige 3x3 Matrix:

```
\[
\begin{pmatrix}
  -3 &  4 &  1 \\
   6 & -2 &  8 \\
   0 &  7 & -5
\end{pmatrix}
\]
```

Die Zahlen wurden zufällig gewählt. Sie können sie nach Belieben anpassen.

Nach einem Kompilieren des generierten Quelltextes in LATEX erhält man eine PDF-Datei mit folgendem Inhalt:

$$\begin{pmatrix} -3 & 4 & 1 \\ 6 & -2 & 8 \\ 0 & 7 & -5 \end{pmatrix}$$

Die Umsetzung stimmt. Die Komponenten der Matrix wurden hier sinnvollerweise aus der Menge der ganzen Zahlen gewählt. Uns fällt auf, dass ChatGPT nun runde Klammer verwendet. Die Form der Klammer kann bei Bedarf vom Benutzer problemlos im Prompt mit angefordert werden.

Kannst Du die letzte Matrix-Ausgabe in equation-Umgebung von LaTeX darstellen?

Ja, natürlich! Hier ist der LaTeX-Code für die zufällige 3x3 Matrix in einer equation-Umgebung:

```
\begin{equation}
  \begin{pmatrix}
    -3 &  4 &  1 \\
     6 & -2 &  8 \\
     0 &  7 & -5
  \end{pmatrix}
\end{equation}
```

Das Kompilieren ergibt die Matrix und versieht sie - charakteristisch für die `equation`-Umgebung, mit einer Nummer:

$$\begin{pmatrix} -3 & 4 & 1 \\ 6 & -2 & 8 \\ 0 & 7 & -5 \end{pmatrix}. \tag{3.1}$$

Ja, ChatGPT scheint sich mit dem Textsatzsystem LATEX auszukennen. Wir testen mit dem nächsten Prompt, ob die komplexen Zahlen im LATEX-Kontext ChatGPT bekannt sind.

Bitte eine komplexwertige zufällige 4 mal 5 Matrix in LaTeX-Code erstellen.

Eine komplexe Zahl kann in der Form $a + bi$ dargestellt werden, wobei a und b reale Zahlen sind und i die imaginäre Einheit ist. Eine zufällige komplexwertige 4×5 Matrix könnte zum Beispiel so aussehen:

```
$$
\begin{bmatrix}
( 3+2i ) & (1 − i) & ( 2+4i ) & (−1+3i) & (−2+ i) \\
( 0− i) & (2 + i) & ( 4−2i) & ( 1+5i) & (−3+2i) \\
(−2+6i) & (1 − i) & ( 5− i) & ( 0+4i) & ( 2+3i) \\
(−1− i) & (−3+2i) & (−4+ i) & ( 3−4i) & ( 5+2i)
\end{bmatrix}
$$
```

Nach dem Kompilieren erhalten wir:

$$
\begin{bmatrix}
(3 + 2i) & (1 - i) & (2 + 4i) & (-1 + 3i) & (-2 + i) \\
(0 - i) & (2 + i) & (4 - 2i) & (1 + 5i) & (-3 + 2i) \\
(-2 + 6i) & (1 - i) & (5 - i) & (0 + 4i) & (2 + 3i) \\
(-1 - i) & (-3 + 2i) & (-4 + i) & (3 - 4i) & (5 + 2i)
\end{bmatrix}
$$

Das Ergebnis ist prima. Zur besseren Lesbarkeit setzt ChatGPT in diesem Fall Klammer um jede Matrixkomponente.

3.3 LATEX als Eingabe

Darüber hinaus testen wir, ob ChatGPT LATEX-Texte in einem Prompt akzeptiert und richtig interpretieren kann.

Kommt Dir die Notation $\mathbb{R}^2$ bekannt vor?

Ja, die Notation $\mathbb{R}^2$ ist mir bekannt. Sie bezeichnet den zweidimensionalen euklidischen Raum, also die Menge aller geordneten Paare von reellen Zahlen. In einfacheren Worten: Es handelt sich um die kartesische Ebene, auf der Sie Punkte mit Koordinaten (x, y) darstellen können, wobei x und y reelle Zahlen sind.

Allgemeiner ausgedrückt bezeichnet $\mathbb{R}^n$ einen n-dimensionalen euklidischen Raum. So ist beispielsweise $\mathbb{R}^3$ der dreidimensionale Raum, den wir aus dem Alltag kennen, in dem Punkte durch drei Koordinaten (x, y, z) repräsentiert werden.

Wir sind überglücklich und testen weiter!

Kannst Du den Term $\left(\frac{a+b}{c}\right)^2$ in Worten wiedergeben?

Der gegebene Term $\left(\frac{a+b}{c}\right)^2$ repräsentiert das Quadrat des Quotienten von der Summe von
a und b geteilt durch c.

Der im Prompt verwendete LaTeX-Code wurde richtig interpretiert.

Was ist $\mathbf{a} + \mathbf{b} - \mathbf{a}$?

Wenn Sie $\mathbf{a}$ zu $\mathbf{b}$ addieren und dann $\mathbf{a}$ subtrahieren, heben die beiden $\mathbf{a}$ Vektoren einander
auf. Das bedeutet: $\mathbf{a} + \mathbf{b} - \mathbf{a} = \mathbf{b}$.
  Das Ergebnis ist also einfach $\mathbf{b}$.

ChatGPT weiß, dass diese Notation für Vektoren benutzt wird und dass im Ausdruck zwei
der Vektoren sich aufheben. Mit den mathematischen Fähigkeiten der KI werden wir uns
ab dem folgenden Kapitel sehr umfangreich auseinandersetzen.

Was ist der Unterschied zwischen $\sum$ und $\int$?

Die Symbole $\sum$ und $\int$ repräsentieren zwei fundamentale mathematische Operationen:
Summation und Integration. Hier sind die Hauptunterschiede:

1. **Summation ($\sum$):**

   - Das Symbol $\sum$ steht für die Summation oder das Addieren einer Reihe von Zahlen.
   - Es wird typischerweise in der Diskreten Mathematik und in der Statistik verwendet, insbesondere wenn man eine endliche Anzahl von Werten addiert.
   - Ein häufiges Beispiel ist die Summation von Elementen einer arithmetischen oder geometrischen Reihe.
   - Die Summation kann durch das Symbol $\sum_{i=1}^{n} a_i$ dargestellt werden, wobei a_i die zu summierenden Werte und n die Anzahl der Werte sind.

2. **Integration ($\int$):**

   - Das Symbol $\int$ repräsentiert die Integration, eine grundlegende Operation in der Analysis.
   - Integration kann als eine kontinuierliche Form der Summation betrachtet werden. Es wird verwendet, um den Flächeninhalt unter einer Kurve oder die Akkumulation von Quantitäten über ein kontinuierliches Intervall zu berechnen.
   - Es gibt zwei Haupttypen der Integration: die unbestimmte Integration, die eine Familie von Funktionen als Ergebnis liefert, und die bestimmte Integration, die einen numerischen Wert liefert.

- Ein Beispiel für die Integration ist $\int f(x)\,dx$, wobei $f(x)$ die zu integrierende Funktion ist.

Zusammenfassend kann man sagen, dass $\sum$ in einem diskreten Kontext verwendet wird, um Werte zu addieren, während $\int$ in einem kontinuierlichen Kontext verwendet wird, um Flächen oder Akkumulationen zu berechnen.

Wir sind beeindruckt!

Kennst Du die Formel $c^2 - a^2 = b^2$?

Ja, die Formel $c^2 - a^2 = b^2$ ist eine Umstellung des berühmten Satzes des Pythagoras, der in rechtwinkligen Dreiecken gilt. Der Satz des Pythagoras lautet:

$$a^2 + b^2 = c^2$$

wobei c die Hypotenuse (die längste Seite) und a und b die beiden Katheten (die kürzeren Seiten) des rechtwinkligen Dreiecks sind.

Wenn Sie die Gleichung $a^2 + b^2 = c^2$ umstellen, indem Sie a^2 von beiden Seiten subtrahieren, erhalten Sie:

$$c^2 - a^2 = b^2$$

Diese Formel beschreibt immer noch die Beziehung zwischen den Seiten eines rechtwinkligen Dreiecks. Es ist einfach eine andere Darstellung des Satzes des Pythagoras. *Der*

LaTeX-Code wird richtig interpretiert. Das Umstellen der Formel brachte ChatGPT nicht ins Stolpern.

Überzeugt von den LaTeX-Kenntnissen von ChatGPT, wagen wir uns in folgenden Kapiteln an mathematische Aufgabenstellungen. Den LaTeX-Code werden wir von nun an überall, wo es nicht nötig ist, ausblenden und gleich in kompilierter Form darstellen lassen.

Literaturverzeichnis

1. Higham, N., J.: Handbook of Writing for the Mathematical Sciences, 2nd Edition, SIAM 1998
2. Schlosser, J.: Wissenschaftliche Arbeiten schreiben mit LaTeX, Leitfaden für Einsteiger, MITP-Verlags GmbH & Co. KG, 2021

◇ ◇ ◇

Kapitel 4
Lineare Algebra

Jede Lösung eines Problems ist ein neues
Problem.

Johann Wolfgang von Goethe
(1749-1832), einer der bedeutendsten
Repräsentanten deutschsprachiger
Dichtung

Wie bereits in den vorherigen Abschnitten erörtert, ist ChatGPT versiert im Umgang mit
LATEX und TikZ. Im weiteren Verlauf wird deutlich, dass diese KI nicht nur Sprachen, sondern auch mathematische Konzepte versteht. Sie kann häufig von der gegebenen mathematischen Aufgabe zu einer korrekten Lösung in LATEX-Notation gelangen. Wir ziehen diesen
bemerkenswerten Vorteil von ChatGPT heran, um eine Vielzahl mathematischer Probleme
zu adressieren und die Qualität der vorgeschlagenen Lösungen zu beurteilen. Gelegentlich
integrieren wir auch grafische Darstellungen zu den betrachteten Fragestellungen, um deren
Machbarkeit zu demonstrieren und Erfahrungen zu sammeln. Zum Abschluss diskutieren
wir die Varianz in der Antwortqualität von ChatGPT in Bezug auf die Sprachen Deutsch
und Englisch.

Ein Großteil der nachfolgenden Übungen ist gewidmet der Analytischen Geometrie der
Vorlesungsreihe Höhere Mathematik I. Dennoch werden wir auch Themen wie Matrizen
mit Parametern sowie Lineare Abbildungen in Vektorräumen und deren Charakteristika
behandeln.

An dieser Stelle sei betont, dass bei der Formulierung von Prompts eine klare Notation
essentiell ist. Bei Bedarf sollte ChatGPT explizit darauf hingewiesen werden, wenn in der
Antwort eine spezifische Notationsweise gewünscht ist.

4.1 Aufstellen eines Linearen Gleichungssystems

Wir eröffnen einen neuen Chat und stellen der KI eine Aufgabe, bei der zu einem geometrischen Sachverhalt ein Lineares Gleichungssystem aufgestellt werden muss.

Stelle beispielsweise ein konkretes Lineares Gleichungssystem für folgende Situation im $\mathbb{R}^2$ auf:
Drei geraden schneiden sich in einem Punkt S mit Koordinaten (2|1).
Verwende LaTeX und beginne mit „documentclass".

Gegeben sei der Punkt $S(2|1)$. Wir betrachten drei Geraden, die sich alle in diesem Punkt schneiden. Jede Gerade kann durch eine Gleichung der Form

$$y = mx + c \tag{4.1}$$

beschrieben werden, wobei m die Steigung der Geraden und c der y-Achsenabschnitt ist. Da alle Geraden durch den Punkt S gehen, kann c für jede Gerade als Funktion von m ausgedrückt werden:

$$c = 1 - 2m \tag{4.2}$$

Wir betrachten drei Geraden mit den Steigungen $m_1 = 0$, $m_2 = 1$, und $m_3 = -1$. Die entsprechenden Gleichungen der Geraden sind dann:

$$y_1 = m_1 x + c_1 = 0 \cdot x + 1 = 1 \tag{4.3}$$

$$y_2 = m_2 x + c_2 = 1 \cdot x - 1 = x - 1 \tag{4.4}$$

$$y_3 = m_3 x + c_3 = -1 \cdot x + 3 = -x + 3 \tag{4.5}$$

Der Lösungsweg, die Wahl des Parameters m und das resultierende LGS sind fehlerfrei! Da ChatGPT für die Darstellungen der Gleichungen die Umgebungen `equation` *bzw.* `align` *benutzt, erscheinen die Nummerierungen der Gleichungen.*
Im Prompt kommt die Aufforderung, die LaTeX-Ausgabe mit dem Befehl „documentclass" zu beginnen, siehe den blau markierten Text. Dies ist darauf zurückzuführen, dass die Aufforderung „Verwende LaTeX." allein oft nicht ausreicht, um die Ausgabe von ChatGPT als Quelltext zu erzwingen, da der Browser versucht, die Ausgabe stets z.B. mittels MathJax zu interpretieren. MathJax ist eine browserübergreifende, auf JavaScript basierende Bibliothek, die mathematische Formeln und Gleichungen, die in LaTeX und MathML Markup geschrieben wurden, in Webbrowsern grafisch darstellt. Da wir unbedingt den LaTeX-Quelltext der obigen Antwort benötigt haben, z.B. um ihn zu editieren oder in diesem Buch einfügen zu können, haben wir nach Ansätzen gesucht und durch Ausprobieren eine gefunden, siehe den folgenden Prompt-Hinweis.

Prompt-Tipp: Die Aufforderung „Verwende LaTeX." allein reicht nicht aus. Wirkungsvoller ist der Satz „Gebe Deine Antwort als LaTeX-Code aus." Durch die Aufforderung

„Beginne den LaTeX-Code mit documentclass." liefert ChatGPT seine Antwort sicherlich als LaTeX-Code.

In diesem Zusammenhang geben wir einen weiteren Tipp:

Prompt-Tipp: Möchte man, dass im Verlauf eines Chats eine Notation oder Ausgabeform (z.B. LaTeX-Code) eingehalten wird, so reicht es oft aus, dies der KI einmalig zu Beginn des Austauschs mitzuteilen.

Schließlich fragen wir die KI nach einem TikZ-Plot [4] zum soeben aufgestellten LGS.

Plotte mittels TikZ die drei berechneten Geraden. Den x-Bereich bitte auf $[-1, 4]$ einschränken. Das Koordinatensystem mit einem Gitter versehen. Die x- und y-Achsen sollten durch den Nullpunkt gehen. Die Gitterachsen und die Geraden sollten doppelt so dick wie die Gitterlinien sein. Die Geraden blau zeichnen und mit y_1, y_2 und y_3 beschriften. Den Schnittpunkt mit einem Punkt markieren und entsprechend beschriften.

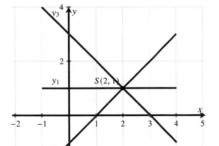

Das Gitter in y-Richtung wurde nicht automatisch für ganzzahlige Zahlen eingezeichnet. Dies bedarf hier einer expliziten Anweisung. In der obigen Abbildung fehlte anfangs die Beschriftung der Koordinatenachsen und die x- bzw. y-Längeneinheiten waren nicht gleich lang. Nach einem Hinweis (d.h. ohne Prompt-Tuning) wurden die fehlenden Zeilen im Quelltext von ChatGPT hinzugefügt. Ein Prompt-Tuning führte hier leider nicht zum Ziel. Beispielsweise wurde eine der Geraden danach falsch eingezeichnet. Diese Erfahrung halten wir im folgenden Tipp fest.

Prompt-Tipp: Anstatt eines einzigen langen Prompts, der alle Anweisungen beinhaltet, sollte man eher eine Sequenz von kürzeren Prompts verwenden.

4.2 Testaufgaben

Wir gehen nun fünf Aufgaben an, die zusammen einen Test in der Vorlesung Höhere Mathematik I an der Hochschule Karlsruhe ergaben. In den Prompts wurden die Aufgaben als LaTeX-Code eingegeben. Dieser erscheint im Buch - aus Gründen der Lesbarkeit - bereits in kompilierter Form.

1. Testaufgabe
Löse folgende mathematische Aufgabe aus dem Bereich der analytischen Geometrie:
Der Punkt P(1|3|1) und die Gerade G mit

$$G : \begin{pmatrix} x \\ y \\ z \end{pmatrix} = \begin{pmatrix} 0 \\ 1 \\ 1 \end{pmatrix} + s \begin{pmatrix} 0 \\ 3 \\ 2 \end{pmatrix} \quad (s \in \mathbb{R})$$

liegen auf der Ebene E. Bestimmen Sie von der Ebene E die Hessesche Normalform.
Gebe Deine Berechnung als LaTeX-Quelltext wieder.

Um die Hessesche Normalform einer Ebene zu bestimmen, benötigen wir einen Punkt auf der Ebene und einen Normalenvektor der Ebene. Wir haben den Punkt P gegeben, also benötigen wir den Normalenvektor.

Da sowohl der Punkt P als auch die Gerade G auf der Ebene E liegen, kann der Normalenvektor der Ebene durch das Kreuzprodukt der Vektoren ermittelt werden, die von einem Punkt auf der Geraden G zum Punkt P führen und entlang der Richtung der Geraden G verlaufen. Zunächst bestimmen wir einen Punkt auf der Geraden G. Für $s = 0$ liegt der Punkt $Q(0|1|1)$ auf der Geraden G. Der Vektor von Q zu P ist $\mathbf{QP} = (1, 2, 0)$.
Als nächstes bestimmen wir einen Vektor, der entlang der Geraden G verläuft. Dies ist der Richtungsvektor der Geraden G, also $\mathbf{v} = (0, 3, 2)$. Jetzt berechnen wir das Kreuzprodukt von $\mathbf{QP}$ und $\mathbf{v}$, um den Normalenvektor der Ebene zu erhalten. Das Kreuzprodukt berechnet man mit der Determinante einer 3x3-Matrix:

$$\mathbf{n} = \mathbf{QP} \times \mathbf{v} = \begin{vmatrix} \mathbf{i} & \mathbf{j} & \mathbf{k} \\ 1 & 2 & 0 \\ 0 & 3 & 2 \end{vmatrix}$$

Berechnen wir die Determinante:

$$\mathbf{n} = (2 * 2 - 0 * 3)\mathbf{i} - (1 * 2 - 0 * 0)\mathbf{j} + (1 * 3 - 2 * 0)\mathbf{k} = (4, -2, 3)$$

Also ist der Normalenvektor $\mathbf{n}$ = (4, -2, 3). Die allgemeine Form der Ebenengleichung ist:

$$ax + by + cz = d$$

Wir setzen die Koordinaten des Normalenvektors für a, b und c und einen Punkt auf der Ebene ($P(1|3|1)$) ein, um d zu berechnen:

$$d = ax + by + cz = 4 * 1 + (-2) * 3 + 3 * 1 = 4 - 6 + 3 = 1$$

Also ist die Ebenengleichung:

$$4x - 2y + 3z = 1$$

Die Hessesche Normalform der Ebenengleichung wird erreicht, indem man die Ebenengleichung durch die Länge des Normalenvektors teilt. Die Länge des Normalenvektors ist:

$$\|\mathbf{n}\| = \sqrt{4^2 + (-2)^2 + 3^2} = \sqrt{16 + 4 + 9} = \sqrt{29}$$

Teilen wir nun die Ebenengleichung durch die Länge des Normalenvektors, um die Hessesche Normalform zu erhalten:

$$\frac{4}{\sqrt{29}}x - \frac{2}{\sqrt{29}}y + \frac{3}{\sqrt{29}}z = \frac{1}{\sqrt{29}}.$$

Dies ist die Hessesche Normalform der Ebene E.

Das im Vorfeld beschriebene Vorgehen, die Umsetzung und das Ergebnis stimmen!
Die Notation der Punkte war nicht einheitlich, konkret kamen Varianten $P = (1, 2, 3)$ und $P = (1|2|3)$ vor. Diese wurden im Nachgang manuell auf die Form $P(1|2|3)$ gebracht. Ferner wurden die Vektoren nicht als Spaltenvektoren dargestellt, siehe den rot markierten Text. Dies liegt vermutlich daran, dass in der Aufgabenstellung sowohl die Punkte als auch Vektoren vorkommen. Bzgl. der Notation hätte man im Prompt entsprechende Hinweise angeben müssen, vgl. den folgenden Prompt-Tipp, der dazu führt, dass von ChatGPT im obigen LaTeX-Text alle rot markierten Vektoren in die gewünschte Darstellung umgeschrieben werden.

Prompt-Tipp: In einem Prompt dürfen LaTeX-Quelltexte vorkommen und sie werden von ChatGPT weitgehend richtig interpretiert.

Prompt-Tipp: Möchte man in einer Antwort von ChatGPT eine andere Notation verwenden, so lässt sich dies mit einem Prompt umsetzen, etwa:
Gebe Deine obige Berechnung nochmals wieder, verwende jedoch dabei für die Vektoren stets einen Zeilenvektor, der dann transponiert wird. Beispiel: $\mathbf{v} = (a, b, c)^{\top}$. Achte dabei darauf, dass die Komponenten durch Kommata getrennt sind.

---

2. Testaufgabe
Wie groß ist der Abstand des Punkts $P(3|4|-3)$ zur Geraden G?

$$G : \begin{pmatrix} x \\ y \\ z \end{pmatrix} = \begin{pmatrix} 3 \\ -1 \\ 1 \end{pmatrix} + s \begin{pmatrix} 2 \\ -1 \\ 0 \end{pmatrix} \quad (s \in \mathbb{R}).$$

Gebe Deine Berechnung als LaTeX-Quelltext wieder.

Um den Abstand eines Punktes von einer Geraden zu berechnen, verwenden wir die Formel für den Abstand eines Punktes von einer Linie im dreidimensionalen Raum. Zuerst benötigen wir einen Punkt auf der Linie, der in der Gleichung der Linie gegeben ist, und das ist der Punkt $Q(3|-1|1)$. Der Richtungsvektor der Linie ist

$$\mathbf{v} = \begin{pmatrix} 2 \\ -1 \\ 0 \end{pmatrix}.$$

Der Vektor, der die beiden Punkte Q und P verbindet, ist

$$\mathbf{QP} = \mathbf{P} - \mathbf{Q} = \begin{pmatrix} 0 \\ 5 \\ -4 \end{pmatrix}.$$

Der Vektor, der orthogonal zur Geraden und durch den Punkt P verläuft, ist der Vektor $\mathbf{QP}$ abzüglich seiner Projektion auf den Richtungsvektor $\mathbf{v}$. Die Projektion von $\mathbf{QP}$ auf $\mathbf{v}$ ist gegeben durch $(\mathbf{QP} \cdot \mathbf{v})\mathbf{v}$, wobei "·"das Skalarprodukt ist. Die Berechnung sieht dann so aus:

$$\mathbf{QP}_\perp = \mathbf{QP} - \frac{\mathbf{QP} \cdot \mathbf{v}}{\mathbf{v} \cdot \mathbf{v}} \mathbf{v}$$

Berechnen wir zuerst $\mathbf{QP} \cdot \mathbf{v}$:

$$\mathbf{QP} \cdot \mathbf{v} = 0 * 2 + 5 * (-1) + (-4) * 0 = -5$$

und dann $\mathbf{v} \cdot \mathbf{v}$:

$$\mathbf{v} \cdot \mathbf{v} = 2 * 2 + (-1) * (-1) + 0 * 0 = 5.$$

Jetzt berechnen wir $\mathbf{QP}_\perp$:

$$\mathbf{QP}_\perp = \mathbf{QP} - \frac{-5}{5}\mathbf{v} = \begin{pmatrix} 0 \\ 5 \\ -4 \end{pmatrix} - \begin{pmatrix} -2 \\ 1 \\ 0 \end{pmatrix} = \begin{pmatrix} 2 \\ 4 \\ -4 \end{pmatrix}$$

Der Abstand d von P zur Geraden G ist die Länge dieses Vektors, die durch die Formel $d = \|\mathbf{QP}_\perp\|$ gegeben ist:

$$d = \sqrt{2^2 + 4^2 + (-4)^2} = \sqrt{4 + 16 + 16} = \sqrt{36} = 6$$

Also ist der Abstand des Punktes $P(3|4|-3)$ von der Geraden G gleich 6 Einheiten.

 Das Vorgehen sowie das Ergebnis sind korrekt. Es fällt auf, dass in der Erläuterung der Begriff „Linie" anstatt der „Geraden" verwendet wird, siehe rot markierten Text. Womöglich liegt es an der mehrsprachigen Daten, mit welchen die KI trainiert wurde.
*Um Verwechslung mit dem Vektorprodukt zu vermeiden, wurde hier für die skalare Multiplikation an nötigen Stellen das *-Symbol anstatt · verwendet. Für die Notation der Ortsvektoren hätte man anstatt $\mathbf{P}$ eher $\mathbf{OP}$ nehmen können. Eine entsprechende Ergänzung im*

obigen Prompt hätte diese Ungereimtheit verhindern können, vgl. den letzten Prompt-Tipp.

Die nächste Aufgabe führt zu einem LGS für vier Variablen. Dieser Fall stellt sich für ChatGPT als zu schwierig heraus.

3. Testaufgabe
Berechnen Sie die Schnittgerade der beiden gegebenen Ebenen E_1 und E_2.

$$E_1: \quad \begin{pmatrix} x \\ y \\ z \end{pmatrix} = \begin{pmatrix} 5 \\ -1 \\ 4 \end{pmatrix} + s \begin{pmatrix} 1 \\ 2 \\ 3 \end{pmatrix} + t \begin{pmatrix} -3 \\ 0 \\ -3 \end{pmatrix} \quad (s, t \in \mathbb{R})$$

$$E_2: \quad \begin{pmatrix} x \\ y \\ z \end{pmatrix} = \begin{pmatrix} 2 \\ 1 \\ 2 \end{pmatrix} + u \begin{pmatrix} 3 \\ 1 \\ 5 \end{pmatrix} + v \begin{pmatrix} 0 \\ -1 \\ 1 \end{pmatrix} \quad (u, v \in \mathbb{R})$$

Gebe Deine Berechnung als LaTeX-Code aus.

Um die Schnittgerade der beiden gegebenen Ebenen E_1 und E_2 zu berechnen, setzen wir die Gleichungen der beiden Ebenen gleich:

$$5 + s - 3t = 2 + 3u$$
$$-1 + 2s = 1 + u - v$$
$$4 + 3s - 3t = 2 + 5u + v$$

Dies ergibt das folgende lineare Gleichungssystem:

$$s - 3t - 3u = -3$$
$$2s - u + v = 2$$
$$3s - 3t - 5u - v = -2$$

Nun können wir dieses Gleichungssystem lösen. Hierbei könnte man beispielsweise das Substitutionsverfahren, das Einsetzungsverfahren oder das Additionsverfahren verwenden. Je nach Verfahren kann dies allerdings eine komplexe Rechnung sein. Nehmen wir an, dass wir die Lösungen dieses Gleichungssystems als (s, t, u, v) finden. Dann erhalten wir die Koordinaten der Schnittgeraden als

$$\begin{pmatrix} x \\ y \\ z \end{pmatrix} = \begin{pmatrix} 5 \\ -1 \\ 4 \end{pmatrix} + s \begin{pmatrix} 1 \\ 2 \\ 3 \end{pmatrix} + t \begin{pmatrix} -3 \\ 0 \\ -3 \end{pmatrix}$$

oder

$$\begin{pmatrix} x \\ y \\ z \end{pmatrix} = \begin{pmatrix} 2 \\ 1 \\ 2 \end{pmatrix} + u \begin{pmatrix} 3 \\ 1 \\ 5 \end{pmatrix} + v \begin{pmatrix} 0 \\ -1 \\ 1 \end{pmatrix}$$

Abhängig von den spezifischen Werten von (s, t, u, v), die die Gleichungen erfüllen. Leider ist es für mich als KI derzeit unmöglich, das obige Gleichungssystem direkt zu lösen, da ich keine symbolische Berechnungsfähigkeiten habe. Es wird daher empfohlen, die Lösung dieses Gleichungssystems mit einem symbolischen Berechnungswerkzeug wie Wolfram Alpha oder einem entsprechenden Modul in einer Programmiersprache wie Python (mit sympy) durchzuführen.

Mit dieser Aufgabe hat ChatGPT Schwierigkeiten und gibt dies offen zu, siehe den blau markierten Text. Bei einem weiteren Versuch, diese Aufgabe in einem anderen Chat zu lösen, kam ChatGPT auf die Idee, den Richtungsvektor der Schnittgerade mittels des Kreuzproduktes zu lösen und bekam auch den richtigen Vektor raus. Bei der Berechnung des Stützvektors scheiterte es jedoch. Auch ein Versuch, mittels eines Extra-Prompts das vorliegende LGS lösen zu lassen, führte zu einer langen Berechnung, jedoch mit einem falschen Ergebnis. Wir halten fest, dass das Lösen eines 3×4-LGS mittels Einsetz- bzgw. Gauß-Verfahrens für ChatGPT zu kompliziert ist. Am Ende des Abschnitts 4.2 ist dokumentiert, dass ChatGPT ein 3×2-LGS lösen kann.

Im Kapitel 16 kehren wir nochmals zu dieser Aufgabe zurück, um sie mittels des Wolfram-Plugins von ChatGPT anzugehen und werden dabei von Erfolg gekrönt.

4. Testaufgabe
Gegeben ist ein lineares Gleichungssystem:

$$2x_1 + x_2 + x_3 - x_4 + 0x_5 + x_6 + 0x_7 = 4$$

$$0x_1 + x_2 + 0x_3 + 3x_4 + 0x_5 - 2x_6 + x_7 = 3$$

$$0x_1 + 0x_2 + 0x_3 + 0x_4 + 2x_5 + 0x_6 + 0x_7 = 2$$

A sei die Koeffizientenmatrix und $(A, \mathbf{b})$ die erweiterte Matrix des linearen Gleichungssystems.
Geben Sie den Rang der Koeffizientenmatrix A, den Rang der erweiterten Matrix $(A, \mathbf{b})$ und die Anzahl an freien Parametern in der Lösungsmenge an.
Bestimmen Sie anschließend alle Lösungen des linearen Gleichungssystems. Geben Sie die Lösungen in vektorieller Schreibweise an.
Gebe die Berechnung als LaTeX-Code aus.

Um den Rang der Koeffizientenmatrix A und der erweiterten Matrix $(A, \mathbf{b})$ zu bestimmen, betrachten wir die Matrizen in ihrer gegebenen Form:

$$A = \begin{pmatrix} 2 & 1 & 1 & -1 & 0 & 1 & 0 \\ 0 & 1 & 0 & 3 & 0 & -2 & 1 \\ 0 & 0 & 0 & 0 & 2 & 0 & 0 \end{pmatrix} \quad \text{und} \quad (A, \mathbf{b}) = \begin{pmatrix} 2 & 1 & 1 & -1 & 0 & 1 & 0 & 4 \\ 0 & 1 & 0 & 3 & 0 & -2 & 1 & 3 \\ 0 & 0 & 0 & 0 & 2 & 0 & 0 & 2 \end{pmatrix}$$

Die Ränge dieser Matrizen sind jeweils gleich der maximalen Anzahl linear unabhängiger Zeilen. In beiden Fällen beträgt dieser Rang 3, da alle Zeilen linear unabhängig sind. Da der Rang von A gleich dem Rang von $(A, \mathbf{b})$ ist und dieser Rang wiederum kleiner ist als die Anzahl der Unbekannten (x_1 bis x_7), hat das System unendlich viele Lösungen. Die Anzahl der freien Parameter beträgt die Anzahl der Unbekannten minus den Rang, also $7 - 3 = 4$. Um die Lösungen zu bestimmen, bringen wir das System in eine einfachere Form, z.B. durch Zeilenumformungen. Hier ist das bereits in der sogenannten Stufenform:

$$1. \; 2x_1 + x_2 + x_3 - x_4 + x_6 = 4 \tag{4.6}$$

$$2. \; x_2 + 3x_4 - 2x_6 + x_7 = 3 \tag{4.7}$$

$$3. \; 2x_5 = 2 \tag{4.8}$$

Aus Gleichung 3 erhalten wir sofort $x_5 = 1$. Nun können wir die Variablen x_1, x_2 und x_5 als abhängig betrachten und die restlichen Variablen, x_3, x_4, x_6, x_7 als frei wählen. Indem wir die abhängigen Variablen auf eine Seite der Gleichungen bringen, erhalten wir:

$$1. \; x_1 = 2 - 0.5x_2 - 0.5x_3 + 0.5x_4 - 0.5x_6 \tag{4.9}$$

$$2. \; x_2 = 3 - 3x_4 + 2x_6 - x_7 \tag{4.10}$$

Mit diesen können wir jede Lösung des Systems als Funktion der freien Variablen schreiben. Die Lösungsmenge des Systems ist dann:
$(x_1, x_2, x_3, x_4, x_5, x_6, x_7) = (2 - 0.5x_2 - 0.5x_3 + 0.5x_4 - 0.5x_6, 3 - 3x_4 + 2x_6 - x_7, x_3, x_4, 1, x_6, x_7)$
für alle $x_3, x_4, x_6, x_7 \in \mathbb{R}$.

Das Vorgehen sowie die Berechnung stimmen. Die Angabe der Lösung ist zwar in Vektorform, jedoch ist es ein Zeilenvektor anstatt eines Spaltenvektors. Leider wird hier für $\frac{1}{2}$ die dezimale Darstellung verwendet. Bei einer entsprechender Ergänzung des obigen Prompts hat ChatGPT diese Verbesserungswünsche berücksichtigt, was wir hier aus Platzgründen nicht angeben möchten.

Nach drei von vier richtig gelösten Aufgaben wenden wir uns der letzten Testaufgabe zu. Hier müssen zum Lösen jeder der Teilaufgabe eine Lösungsidee haben.

5. Testaufgabe
Gegeben sind drei Punkte $A(1|1|1)$, $B(-11|7|7)$ und $C(-3|13| - 3)$.

a) Berechnen Sie den Punkt D, so dass das Viereck ACDB ein Parallelogramm ist.

b) Der Punkt $T(-10|14|2)$ liegt in derselben Ebene wie das Parallelogramm ACDB. Liegt der Punkt T im Parallelogramm oder außerhalb des Parallelogramms? Begründen Sie Ihre Antwort durch eine Berechnung.

a) Ein Parallelogramm hat zwei gegenüberliegende Seiten von gleicher Länge und mit gleicher Richtung. Wenn $ACDB$ ein Parallelogramm ist, dann sind die Vektoren $\overrightarrow{AB}$ und $\overrightarrow{DC}$ gleich. Um den vierten Punkt D des Parallelogramms zu finden, müssen wir den Vektor von A nach B zu dem Punkt C hinzufügen. Berechnen wir zuerst den Vektor $\overrightarrow{AB}$:

$$\overrightarrow{AB} = \mathbf{B} - \mathbf{A} = \begin{pmatrix} -11 \\ 7 \\ 7 \end{pmatrix} - \begin{pmatrix} 1 \\ 1 \\ 1 \end{pmatrix} = \begin{pmatrix} -12 \\ 6 \\ 6 \end{pmatrix}$$

Jetzt addieren wir den Vektor $\overrightarrow{AB}$ zum Punkt C, um den Punkt D zu finden:

$$\mathbf{D} = \mathbf{C} + \overrightarrow{AB} = \begin{pmatrix} -3 \\ 13 \\ -3 \end{pmatrix} + \begin{pmatrix} -12 \\ 6 \\ 6 \end{pmatrix} = \begin{pmatrix} -15 \\ 19 \\ 3 \end{pmatrix}$$

Daher liegt der Punkt D bei den Koordinaten $D(-15|19|3)$.

b) Um festzustellen, ob der Punkt T innerhalb des Parallelogramms liegt, können wir einen Vektor von einem Punkt des Parallelogramms (zum Beispiel A) zu T berechnen und diesen Vektor als Linearkombination der Vektoren $\overrightarrow{AB}$ und $\overrightarrow{AC}$ darstellen. Wenn beide Koeffizienten zwischen 0 und 1 liegen, liegt T innerhalb des Parallelogramms. Berechnen wir den Vektor $\overrightarrow{AT}$:

$$\overrightarrow{AT} = \mathbf{T} - \mathbf{A} = \begin{pmatrix} -10 \\ 14 \\ 2 \end{pmatrix} - \begin{pmatrix} 1 \\ 1 \\ 1 \end{pmatrix} = \begin{pmatrix} -11 \\ 13 \\ 1 \end{pmatrix}$$

Berechnen wir den Vektor $\overrightarrow{AC}$:

$$\overrightarrow{AC} = \mathbf{C} - \mathbf{A} = \begin{pmatrix} -3 \\ 13 \\ -3 \end{pmatrix} - \begin{pmatrix} 1 \\ 1 \\ 1 \end{pmatrix} = \begin{pmatrix} -4 \\ 12 \\ -4 \end{pmatrix}$$

Jetzt müssen wir das folgende Gleichungssystem lösen, um die Koeffizienten zu finden:

$$\begin{pmatrix} -11 \\ 13 \\ 1 \end{pmatrix} = k_1 \begin{pmatrix} -12 \\ 6 \\ 6 \end{pmatrix} + k_2 \begin{pmatrix} -4 \\ 12 \\ -4 \end{pmatrix}$$

Dies ergibt das folgende Gleichungssystem:

$$-11 = -12k_1 - 4k_2,$$
$$13 = 6k_1 + 12k_2,$$
$$1 = 6k_1 - 4k_2.$$

Das Lösen dieses Systems gibt die Werte $k_1 = 1$ und $k_2 = 0.5$. Da beide Koeffizienten zwischen 0 und 1 liegen, liegt der Punkt T innerhalb des Parallelogramms.

ChatGPT verwendet hier, im Gegensatz zu den vorhergehenden Testaufgaben 1 und 2, die Notation $\overrightarrow{AB}$ für einen Vektor vom Punkt A zum Punkt B.
In Teilaufgabe a) stimmt sowohl die Lösungsidee, als auch die Umsetzung.

In der Teilaufgabe b) ist die Lösungsidee korrekt aber am Ende der Berechnungen stimmt das Ergebnis für die Koeffizienten k_1 und k_2 nicht. Die eigentlichen Zwischenschritte fehlen hier - evtl. ein Grund für das falsche Ergebnis. Mit einem neuen Prompt weisen wir auf den Fehler hin.

Überprüfe die Berechnung der Koeffizienten k_1 und k_2. Da liegt ein Fehler vor.

Um das System zu lösen, können wir die Gleichungen entsprechend addieren und subtrahieren:

$$-11 + 1 = -12k_1 - 4k_2 + 6k_1 - 4k_2$$
$$-10 = -6k_1 - 8k_2$$
$$13 - 1 = 6k_1 + 12k_2 - 6k_1 + 4k_2$$
$$12 = 16k_2$$

Aus der zweiten Gleichung erhalten wir $k_2 = \frac{3}{4}$. Setzen wir diesen Wert in die erste Gleichung ein, erhalten wir:

$$-10 = -6k_1 - 8 \cdot \frac{3}{4}$$
$$-10 = -6k_1 - 6$$
$$6k_1 = 4$$
$$k_1 = \frac{2}{3}$$

Also sind die Koeffizienten $k_1 = \frac{2}{3}$ und $k_2 = \frac{3}{4}$. Da beide Koeffizienten zwischen 0 und 1 liegen, liegt der Punkt T innerhalb des Parallelogramms.

Die Zwischenschritte wurden nun ausgeführt und das Ergebnis stimmt.

4.3 Flächenberechnung eines Vierecks

Bei der folgenden Aufgabe spielt, im Gegensatz zu den soeben untersuchten Testaufgaben, das Kreuzprodukt eine Rolle, bzw. darf diese Operation nach einem Trick zum Lösen verwendet werden. Wir sind gespannt, ob ChatGPT den Trick kennt.

In der xy-Ebene sind die Punkte $A(1;0)$, $B(5;1)$, $C(3;5)$ und $D(0;3)$ gegeben. Berechnen Sie den Flächeninhalt des Vierecks ABCD mit Hilfe des Kreuzprodukts. Beachte, dass das Kreuzprodukt im $\mathbb{R}^2$ nicht definiert ist. Du musst Dir also was einfallen lassen.

Den Ortsvektor eines Punktes z.B. A bitte mit $\overrightarrow{OA}$ bezeichnen. Die Vektoren bitte als Spaltenvektoren darstellen. Gebe Deine Antwort als LaTeX-Code aus.

Um den Flächeninhalt des Vierecks ABCD mithilfe des Kreuzprodukts zu berechnen, betrachten wir das Viereck in der xy-Ebene als Teil des dreidimensionalen Raums, wobei die z-Koordinate gleich Null ist. Somit können wir die Ortsvektoren der Punkte wie folgt definieren:

$$\overrightarrow{OA} = \begin{pmatrix} 1 \\ 0 \\ 0 \end{pmatrix}, \quad \overrightarrow{OB} = \begin{pmatrix} 5 \\ 1 \\ 0 \end{pmatrix}, \quad \overrightarrow{OC} = \begin{pmatrix} 3 \\ 5 \\ 0 \end{pmatrix} \quad \text{und} \quad \overrightarrow{OD} = \begin{pmatrix} 0 \\ 3 \\ 0 \end{pmatrix}.$$

Wir berechnen die Vektoren $\overrightarrow{AB}, \overrightarrow{BC}, \overrightarrow{CD}$ und $\overrightarrow{DA}$:

$$\overrightarrow{AB} = \overrightarrow{OB} - \overrightarrow{OA} = \begin{pmatrix} 4 \\ 1 \\ 0 \end{pmatrix}, \quad \overrightarrow{BC} = \overrightarrow{OC} - \overrightarrow{OB} = \begin{pmatrix} -2 \\ 4 \\ 0 \end{pmatrix},$$

$$\overrightarrow{CD} = \overrightarrow{OD} - \overrightarrow{OC} = \begin{pmatrix} -3 \\ -2 \\ 0 \end{pmatrix}, \quad \overrightarrow{DA} = \overrightarrow{OA} - \overrightarrow{OD} = \begin{pmatrix} 1 \\ -3 \\ 0 \end{pmatrix}.$$

Nun berechnen wir die Kreuzprodukte $\overrightarrow{AB} \times \overrightarrow{BC}$ und $\overrightarrow{CD} \times \overrightarrow{DA}$:

$$\overrightarrow{AB} \times \overrightarrow{BC} = \begin{pmatrix} 0 \\ 0 \\ (4 \cdot 4) - (1 \cdot (-2)) \end{pmatrix} = \begin{pmatrix} 0 \\ 0 \\ 18 \end{pmatrix}$$

$$\overrightarrow{CD} \times \overrightarrow{DA} = \begin{pmatrix} 0 \\ 0 \\ (-3 \cdot (-3)) - (-2 \cdot 1) \end{pmatrix} = \begin{pmatrix} 0 \\ 0 \\ 11 \end{pmatrix}$$

Der Flächeninhalt des Vierecks ABCD ist gleich der Hälfte der Summe der Beträge dieser Kreuzprodukte:

$$A_{ABCD} = \frac{1}{2}(|\overrightarrow{AB} \times \overrightarrow{BC}| + |\overrightarrow{CD} \times \overrightarrow{DA}|) = \frac{1}{2}(18 + 11) = \frac{29}{2}.$$

Ohne des ersten blau markierten Textes im obigen Prompt versuchte ChatGPT das Kreuzprodukt im $\mathbb{R}^2$ anzuwenden, was jedoch falsch ist. Diesen Fehler machen auch manche Studierende. Durch das Prompt-Tuning kommt ChatGPT tatsächlich auf die Idee, die Aufgabenstellung im $\mathbb{R}^3$ zu betrachten und das Kreuzprodukt erlaubter Weise anzuwenden, siehe den blau markierten Text. Ohne der Bitte, die Spaltenvektoren zu verwenden, vgl. den zweiten blau markierten Text im Prompt, gab ChatGPT Zeilenvektoren aus. Die gewünschte Notation für die Vektoren wurde durchgängig eingehalten.

Derselbe Prompt wenige Monate später ergab eine Antwort mit einem Fehler bei der Berechnung des Kreuzprodukts. Nach einem Hinweis darauf, griff ChatGPT zu einer anderen Lösungsidee, nämlich mittels der Determinanten, und erzielte das richtige Resultat. Auf das Vorgehen mittels Determinanten gehen wir im übernächsten Prompt ein, möchten aber davor die Aufgabe mit einer entsprechenden Zeichnung versehen.

Erstelle in TikZ eine Skizze zu der Aufgabenstellung. Diese sollte ein Koordinatensystem im $\mathbb{R}^2$ sowie das beschriftete Viereck enthalten. Fülle das Viereck mit Farbe grau. Bitte auch die Aufteilung in zwei Dreiecke berücksichtigen.

Selbstverständlich! Hier ist ein TikZ-Code, um das Viereck $ABCD$, das Koordinatensystem und die Aufteilung des Viereck in zwei Dreiecke zu illustrieren:

```
\begin{figure}[h]
\begin{tikzpicture}[scale=0.6]
    % Koordinatenachsen
    \draw[thick,->] (-1,0) -- (6,0) node[anchor=north west] {$x$};
    \draw[thick,->] (0,-1) -- (0,6) node[anchor=south east] {$y$};
    % Punkte -------------------------------------------------
    \coordinate (A) at (1,0);
    \coordinate (B) at (5,1);
    \coordinate (C) at (3,5);
    \coordinate (D) at (0,3);
        % Verbindungen und Beschriftungen -------------------------
    \fill[gray!50] (A) -- (B) -- (C) -- (D) -- cycle;
    \draw (A) -- (B) -- (C) -- (D) -- cycle;
    \draw[dashed] (A) -- (C);
        % Beschriftungen ------------------------------------
    \node[fill=black,circle,inner sep=1.5pt,label={[label distance=-1mm]below:$A(1,0)
        $}] at (A) {};
    \node[fill=black,circle,inner sep=1.5pt,label={[label distance=-1mm]right:$B(5,1)
        $}] at (B) {};
    \node[fill=black,circle,inner sep=1.5pt,label={[label distance=-1mm]above:$C(3,5)
        $}] at (C) {};
    \node[fill=black,circle,inner sep=1.5pt,label={[label distance=-1mm]left :$D(0,3)
        $}] at (D) {};
        % Dreiecksbeschriftung ------------------------------
    \node at ($(A)!0.5!(C)$) [left] {$\triangle ADC$};
    \node at ($(B)!0.5!(D)$) [right] {$\triangle ABC$};
\end{tikzpicture}
```

Nach dem Kompilieren erhält man folgende Vektorgrafik:

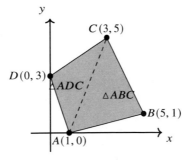

Zunächst gab es im TikZ-Quelltext nicht-kompilierbaren Zeilen bei der Darstellung der Knoten. Nach mehreren Hinweisen darauf berichtigte ChatGPT den Quelltext. Nachträglich

wurden vom Benutzer lediglich die Beschriftungen relativ zu den Knoten optisch günstiger positioniert. Die Bitte, die Aufteilung in zwei Dreiecke zu berücksichtigen, wurde durch die gestrichelte Strecke, sowie die Beschriftung der Dreiecke prima umgesetzt. Man hätte das Viereck auch in Dreiecke - nicht passend zur Berechnung - aufteilen können. Bei der Bezeichnung des Dreieck △ADC würde man eher eine andere Reihenfolge der Ecken wählen, nämlich im mathematisch positiven Drehsinn, also △ACD.

Kann man die obige Aufgabe auch mittels Determinanten lösen?

Ja, man kann den Flächeninhalt des Vierecks ABCD auch mittels Determinanten berechnen. Dazu verwenden wir die Formel für den Flächeninhalt eines Parallelogramms, das von zwei Vektoren $\vec{u}$ und $\vec{v}$ aufgespannt wird:

$$A_{Parallelogramm} = |\det(\vec{u}, \vec{v})|.$$

Da das Viereck ABCD aus zwei Dreiecken besteht, berechnen wir die Flächeninhalte dieser Dreiecke und addieren sie. Wir betrachten die Dreiecke ABD und BCD. Die zugehörigen Vektoren sind:

$$\overrightarrow{AB} = \begin{pmatrix} 4 \\ 1 \end{pmatrix}, \quad \overrightarrow{AD} = \begin{pmatrix} 1 \\ -3 \end{pmatrix}, \quad \overrightarrow{BC} = \begin{pmatrix} -2 \\ 4 \end{pmatrix} \quad \text{und} \quad \overrightarrow{BD} = \begin{pmatrix} -5 \\ 2 \end{pmatrix}.$$

Nun berechnen wir die Determinanten für die beiden Dreiecke:

$$\det(\overrightarrow{AB}, \overrightarrow{AD}) = |4\ 1\ 1\ {-3}| = (4 \cdot (-3)) - (1 \cdot 1) = -11,$$

$$\det(\overrightarrow{BC}, \overrightarrow{BD}) = |{-2}\ {-5}\ 4\ 2| = (-2 \cdot 2) - (-5 \cdot 4) = 18.$$

Der Flächeninhalt des Vierecks ABCD ist gleich der Summe der absoluten Werte der Determinanten der beiden Dreiecke:

$$A_{ABCD} = |\det(\overrightarrow{AB}, \overrightarrow{AD})| + |\det(\overrightarrow{BC}, \overrightarrow{BD})| = |-11| + |18| = 11 + 18 = 29.$$

Wir bemerken, dass 1.) das Viereck hier anders aufgeteilt wird, als beim Vorgehen zuvor, was jedoch völlig in Ordnung ist; 2.) Die Vektornotation aus dem vorherigen Prompt hier und bei den nächsten Antworten eingehalten wird.
Bei der Berechnung kommt es leider zu einem Fehler. ChatGPT spricht zwar von Dreiecken, addiert aber am Ende die Flächen der Parallelogramme, was falsch ist, siehe den rot markierten Text. Wir weisen die KI darauf im nächsten Prompt hin.

Du hast vergessen, die Parallelogramm-Flächen zu halbieren, oder?

Entschuldigung, Sie haben absolut recht. Ich habe vergessen, die Flächen der Parallelogramme zu halbieren, um die Flächen der Dreiecke zu erhalten. Lassen Sie uns die Berechnung korrigieren:

Der Flächeninhalt des Dreiecks ABD ist gleich der Hälfte des absoluten Wertes der Determinante von $\overrightarrow{AB}$ und $\overrightarrow{AD}$:

$$A_{ABD} = \frac{1}{2}|\det(\overrightarrow{AB}, \overrightarrow{AD})| = \frac{1}{2}|-11| = \frac{11}{2}.$$

Der Flächeninhalt des Dreiecks BCD ist gleich der Hälfte des absoluten Wertes der Determinante von $\overrightarrow{BC}$ und $\overrightarrow{BD}$:

$$A_{BCD} = \frac{1}{2}|\det(\overrightarrow{BC}, \overrightarrow{BD})| = \frac{1}{2}|18| = \frac{18}{2} = 9.$$

Der Flächeninhalt des Vierecks ABCD ist gleich der Summe der Flächeninhalte der beiden Dreiecke:

$$A_{ABCD} = A_{ABD} + A_{BCD} = \frac{11}{2} + 9 = \frac{11 + 18}{2} = \frac{29}{2}.$$

Entschuldigung für das Missverständnis und danke für die Korrektur.

Nun ist die Berechnung richtig und das Ergebnis stimmt mit dem aus dem Vorgehen mittels des Kreuzprodukts überein. Wir möchten gerne wissen, ob es noch andere Lösungswege für die Flächenberechnung gibt und stellen eine abschließende Frage zu diesem Thema.

Gibt es noch andere Lösungsideen, die Fläche des obigen Vierecks zu berechnen? Gebe bitte nur Ideen wieder. Verwende LaTeX.

1. Verwenden der Shoelace-Formel (Schuhbandformel): Man kann die Shoelace-Formel (auch Gaußsche Flächenformel genannt) anwenden, um den Flächeninhalt eines Vierecks direkt anhand der Koordinaten der Eckpunkte zu berechnen.
2. Zerlegung in Rechtecke und Dreiecke: Man könnte das Viereck in kleinere, einfachere geometrische Formen zerlegen, wie Rechtecke und Dreiecke, deren Flächeninhalte leichter zu berechnen sind. Anschließend summiert man die Flächeninhalte dieser Formen, um den Flächeninhalt des Vierecks zu erhalten.
3. Verwendung des Sinus: Falls man die Längen der Diagonalen und den eingeschlossenen Winkel berechnen kann, könnte man die Formel für den Flächeninhalt eines allgemeinen Vierecks verwenden, die auf dem Sinus des eingeschlossenen Winkels basiert:

$$A_{ABCD} = \frac{1}{2}d_1 d_2 \sin(\theta),$$

wobei d_1 und d_2 die Längen der Diagonalen und θ der eingeschlossene Winkel sind.

4. Berechnung über den Umfang und Inkreisradius: Falls das Viereck ein Tangentenviereck ist (d.h., es besitzt einen Inkreis), kann man den Flächeninhalt über den Umfang und den Inkreisradius berechnen:

$$A_{ABCD} = \frac{1}{2}pr,$$

wobei p der Umfang und r der Inkreisradius des Vierecks sind.

Diese Liste ist nicht abschließend, aber sie gibt Ihnen einige Ideen, wie Sie den Flächeninhalt des gegebenen Vierecks berechnen können.

Die Vorschläge sind sinnvoll und nützlich. Zu beachten ist, dass bei der zweiten Idee auch Rechtecke als einfache geometrische Figuren vorkommen, was die Flächenberechnung erleichtert.

4.4 Abstandsberechnung

Bei der folgenden Aufgabe handelt es sich um eine Klausuraufgabe zur Vorlesung der Höhere Mathematik I.

Gegeben sei im $\mathbb{R}^2$ eine Kreisscheibe mit dem Radius $r > 0$ und außerhalb der Kreisscheibe ein Punkt A. Wie berechnet man den Abstand zwischen dem Punkt und der Kreisscheibe? Gebe Deine Antwort als LATEX-Code aus.

Um den Abstand zwischen Punkt A und der Kreisscheibe im $\mathbb{R}^2$ zu berechnen, führen wir die folgenden Schritte aus. Der LATEX-Quelltext:

Sei $r > 0$ der Radius der Kreisscheibe und O ihr Mittelpunkt. Sei A ein Punkt außerhalb der Kreisscheibe. Um den Abstand zwischen dem Punkt A und der Kreisscheibe zu berechnen, führen wir die folgenden Schritte aus:

1. Berechne den Abstand d zwischen dem Punkt A und dem Mittelpunkt O der Kreisscheibe:

$$d = \|\mathbf{OA}\| = \sqrt{(x_A - x_O)^2 + (y_A - y_O)^2}.$$

2. Subtrahiere den Radius r von dem Abstand d:

$$\text{Abstand} = d - r = \sqrt{(x_A - x_O)^2 + (y_A - y_O)^2} - r.$$

Der resultierende Wert ist der Abstand zwischen dem Punkt A und der Kreisscheibe im $\mathbb{R}^2$.

ChatGPT führt sinnvollerweise Notationen für die Mittelpunktkoordinaten der Kreises sowie für die Koordinaten des Punktes A ein. Die Idee, mit dem Mittelpunkt des Kreises zu arbeiten, ist hier genau richtig! Alternativ hätte man den Punkt A auf den Kreis orthogonal projizieren können, was aber viel umständlicher wäre. Wir sind mit dem Ergebnis sehr zufrieden.

4.5 Matrizen mit Parametern

Im Folgenden geben wir der KI quadratische Matrizen mit Parametern vor und stellen dazu Fragen bzgl. der Determinanten, der Invertierbarkeit und der Eigenwerte.

Sei $A = [\alpha 1; 11]$ eine reelle Matrix. Bestimme α so, dass $\det(A) = 3$.

Sei $A = \begin{bmatrix} \alpha & 1 \\ 1 & 1 \end{bmatrix}$ eine reelle Matrix. Um α so zu bestimmen, dass $\det(A) = 3$, berechnen wir die Determinante:

$$\det(A) = \det \begin{bmatrix} \alpha & 1 \\ 1 & 1 \end{bmatrix} = \alpha \cdot 1 - 1 \cdot 1$$

Setzen wir $\det(A) = 3$:

$$\alpha - 1 = 3$$

Lösen wir die Gleichung nach α auf:

$$\alpha = 3 + 1 = 4.$$

Daher ist $\alpha = 4$, um die Bedingung $\det(A) = 3$ zu erfüllen:

$$A = \begin{bmatrix} 4 & 1 \\ 1 & 1 \end{bmatrix}.$$

Zu beachten ist, dass wir die Matrix eigentlich in MATLAB-Form und nicht LaTeX-Form vorgegeben haben. Trotzdem wird sie von ChatGPT richtig interpretiert. Den Umgang mit einer parametrisierten Matrix hat ChatGPT prima geleistet. Die vorgegebene Notation des Parameters wurde übernommen. Nun erhöhen wir den Schwierigkeitsgrad und fügen einen weiteren Parameter in A ein, wodurch es unendlich viele Lösungen gibt, siehe den nächsten Prompt.

Sei $A = [\alpha \ \beta; \ 1 \ 1]$ eine Matrix. Bestimme α und β so, dass A alle Komponenten von A ungleich Null sind und $\det(A) = 3i$.

Sei $A = \begin{bmatrix} \alpha & \beta \\ 1 & 1 \end{bmatrix}$ eine Matrix. Um α und β so zu bestimmen, dass alle Komponenten von A ungleich Null sind und $\det(A) = 3i$, berechnen wir die Determinante:

$$\det(A) = \det \begin{bmatrix} \alpha & \beta \\ 1 & 1 \end{bmatrix} = \alpha \cdot 1 - \beta \cdot 1 = \alpha - \beta$$

Setzen wir $\det(A) = 3i$:

$$\alpha - \beta = 3i$$

Da α und β ungleich Null sein sollen, können wir beispielsweise $\alpha = 3i + 1$ und $\beta = 1$ wählen. Dann erhalten wir:

$$A = \begin{bmatrix} 3i + 1 & 1 \\ 1 & 1 \end{bmatrix}$$

Die Determinante der Matrix A ist:

$$\det(A) = (3i + 1) \cdot 1 - 1 \cdot 1 = 3i$$

Daher erfüllt A die gewünschten Bedingungen.

Auch mit zwei Parametern kam ChatGPT zurecht, erkennt 3i als eine komplexe Zahl und gibt eine der Lösungen an. Wir hätten im obigen Prompt betonen sollen, dass wir alle Lösungen haben möchten.

Gebe bitte von der letzten Aufgabe alle Lösungen an.

Um alle möglichen Lösungen für die Werte von α und β zu bestimmen, sodass alle Komponenten von A ungleich Null sind und $\det(A) = 3i$, betrachten wir die Gleichung aus der vorherigen Antwort:

Sei $\det(A) = \alpha - \beta = 3i$. Da α und β nicht Null sein sollen, gibt es unendlich viele Lösungen, da wir jede komplexe Zahl zu α hinzufügen und dieselbe komplexe Zahl zu β subtrahieren können, um die Gleichung zu erfüllen. Eine allgemeine Lösung ist:

$$\alpha = 3i + x, \quad \beta = x,$$

wobei x eine beliebige komplexe Zahl ist, die nicht Null ist. Dann erhalten wir:

$$A = \begin{bmatrix} 3i + x & x \\ 1 & 1 \end{bmatrix}.$$

Die Determinante der Matrix A ist:

$$\det(A) = (3i + x) \cdot 1 - x \cdot 1 = 3i.$$

Da x jede komplexe Zahl ungleich Null sein kann, gibt es unendlich viele mögliche Lösungen für α und β, die die gewünschten Bedingungen erfüllen.

Den Bezug zu der letzten Aufgabe ist vorhanden. Richtigerweise führt ChatGPT hier den Parameter $x \in \mathbb{C}$ ein, um die unendlich vielen Lösungen angeben zu können. Die Antwort ist korrekt.

Sei B=[α 1; 2 1] eine reelle Matrix. Berechne B^{-1}.

Sei $B = \begin{bmatrix} \alpha & 1 \\ 2 & 1 \end{bmatrix}$ eine reelle Matrix. Die Inverse einer 2×2-Matrix ist gegeben durch:

$$B^{-1} = \frac{1}{\det(B)} \begin{bmatrix} d & -b \\ -c & a \end{bmatrix}$$

wobei $a = \alpha$, $b = 1$, $c = 2$ und $d = 1$. Zuerst berechnen wir die Determinante von B:

$$\det(B) = \alpha \cdot 1 - 1 \cdot 2 = \alpha - 2$$

Dann berechnen wir B^{-1}:

$$B^{-1} = \frac{1}{\alpha - 2} \begin{bmatrix} 1 & -1 \\ -2 & \alpha \end{bmatrix} = \begin{bmatrix} \frac{1}{\alpha-2} & \frac{-1}{\alpha-2} \\ \frac{-2}{\alpha-2} & \frac{\alpha}{\alpha-2} \end{bmatrix}$$

ChatGPT versteht, dass wir nach der Inversen fragen. Die Berechnung ist korrekt, allerdings existiert die Inverse für $\alpha = 2$ nicht. Wir fragen im nächsten Prompt nach.

Existiert die Inverse also für alle $\alpha \in \mathbb{R}$?!

Die Inverse von B existiert für alle Werte von $\alpha \in \mathbb{R}$, solange die Determinante von B nicht gleich Null ist. In diesem Fall ist die Determinante von B:

$$\det(B) = \alpha - 2.$$

Die Inverse von B existiert, wenn $\det(B) \neq 0$. Daher existiert die Inverse von B für alle $\alpha \in \mathbb{R}$, solange $\alpha \neq 2$:

$$\alpha \in \mathbb{R} \setminus \{2\}.$$

Nun stimmt alles, leider aber erst nach einer gezielten Rückfrage.

Wir stellen der KI eine Fangfrage, denn bei reellen symmetrischen Matrizen sind die Eigenwerte stets reell, siehe [2, Kapitel 18.5].

Sei $A_\alpha = [\alpha\ 1;\ 1\ 1]$. Für welche reelle Werte α besitzt A_α komplexe Eigenwerte? Gebe bitte Deine Antwort in LaTeX-Formatierung wieder.

Um zu bestimmen, für welche Werte von α die Matrix A_α komplexe Eigenwerte besitzt, berechnen wir die charakteristische Gleichung und die Diskriminante der quadratischen Gleichung:

Sei $A_\alpha = \begin{bmatrix} \alpha & 1 \\ 1 & 1 \end{bmatrix}$. Die charakteristische Gleichung ist gegeben durch:

$$\det(A_\alpha - \lambda I) = \det\begin{bmatrix} \alpha - \lambda & 1 \\ 1 & 1 - \lambda \end{bmatrix} = (\alpha - \lambda)(1 - \lambda) - 1 \cdot 1 = \lambda^2 - (\alpha + 1)\lambda + (\alpha - 1)$$

Die Diskriminante der quadratischen Gleichung ist:

$$D = (-(\alpha + 1))^2 - 4((\alpha - 1)) = (\alpha + 1)^2 - 4\alpha + 4$$

Die Matrix A_α besitzt komplexe Eigenwerte, wenn die Diskriminante negativ ist:

$$D < 0$$

Das bedeutet:

$$(\alpha + 1)^2 - 4\alpha + 4 < 0$$

Um diese Ungleichung zu lösen, können wir sie zu einer quadratischen Ungleichung vereinfachen:

$$\alpha^2 - 2\alpha + 1 < 0$$

Das führt zu:

$$(\alpha - 1)^2 < 0$$

Da das Quadrat einer reellen Zahl niemals negativ sein kann, gibt es keine Werte von α für die Matrix A_α, die komplexe Eigenwerte besitzt.

ChatGPT übernimmt die vorgegebene Notation für die Matrix A_α. Leider kommt es an einer Stelle zum Fehler, siehe rote Markierung. Nach einem Hinweis berichtigt jedoch ChatGPT den Fehler und gibt aus, dass „es keine Werte von α gibt, für die die Matrix A_α komplexe Eigenwerte besitzt".

Nun geben wir die Symmetrie der Matrix auf und schaffen dadurch einen Fall, in dem es unendlich viele Lösungen gibt.

Sei $A_\alpha = [\alpha \ -1; \ 1 \ 0]$. Für welche reelle Werte α besitzt A_α komplexe Eigenwerte?

Um zu bestimmen, für welche Werte von α die Matrix A_α komplexe Eigenwerte besitzt, berechnen wir die charakteristische Gleichung und die Diskriminante der quadratischen Gleichung:

Sei $A_\alpha = \begin{bmatrix} \alpha & -1 \\ 1 & 0 \end{bmatrix}$. Die charakteristische Gleichung ist gegeben durch:

$$\det(A_\alpha - \lambda I) = \det\begin{bmatrix} \alpha - \lambda & -1 \\ 1 & -\lambda \end{bmatrix} = (\alpha - \lambda)(-\lambda) - (-1) \cdot 1 = \lambda^2 - \alpha\lambda + 1$$

Die Diskriminante der quadratischen Gleichung ist:

$$D = (-\alpha)^2 - 4(1)(1) = \alpha^2 - 4$$

Die Matrix A_α besitzt komplexe Eigenwerte, wenn die Diskriminante negativ ist: $D < 0$. Das bedeutet:

$$\alpha^2 - 4 < 0$$

Um diese Ungleichung zu lösen, können wir sie umformen:

$$\alpha^2 < 4.$$

Das bedeutet, dass die Matrix A_α komplexe Eigenwerte besitzt, wenn α im offenen Intervall $(-2, 2)$ liegt:

$$\alpha \in (-2, 2)$$

Diesmal ist die Rechnung fehlerfrei.

Wir stellen nun eine Aufgabe, bei der eine Matrix mit geforderten Eigenschaften aufgestellt werden soll.

Gebe bitte eine 2×2 reelle, symmetrische Matrix mit Eigenwerten 2 und 2 an, deren Eigenvektoren nicht orthogonal zu einander sind.

Eine 2×2 reelle, symmetrische Matrix mit Eigenwerten 2 und 2 ist:

$$A = \begin{bmatrix} 2 & 0 \\ 0 & 2 \end{bmatrix}.$$

Da beide Eigenwerte identisch sind, handelt es sich um eine degenerierte Matrix. In diesem Fall sind die Eigenvektoren nicht orthogonal zueinander, da sie alle Linearkombinationen der Basisvektoren des zugehörigen Eigenraums einschließen. Jeder Vektor der Form:

$$\mathbf{v} = \begin{bmatrix} a \\ b \end{bmatrix}$$

wobei a und b reelle Zahlen sind, ist ein Eigenvektor der Matrix A. Ein Beispiel für zwei solche Eigenvektoren, die nicht orthogonal zueinander sind, sind:

$$\mathbf{v}_1 = \begin{bmatrix} 1 \\ 0 \end{bmatrix} \quad \text{und} \quad \mathbf{v}_2 = \begin{bmatrix} 1 \\ 1 \end{bmatrix}$$

Ihr Skalarprodukt ist nicht Null:

$$\langle \mathbf{v}_1, \mathbf{v}_2 \rangle = \mathbf{v}_1^T \mathbf{v}_2 = 1 \neq 0$$

Das von ChatGPT gewählte Beispiel sowie die Erklärung sind korrekt. Allerdings handelt es sich um eine Diagonalmatrix, die relativ einfach zu untersuchen ist. Wir möchten nun

prüfen, ob die KI eine vollbesetzte Matrix mit geforderten Eigenschaften konstruieren kann, wobei wir die Orthogonalität der Eigenvektoren auslassen.

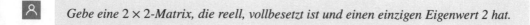

Gebe eine 2×2-Matrix, die reell, vollbesetzt ist und einen einzigen Eigenwert 2 hat.

Eine mögliche 2×2 reelle, vollbesetzte Matrix mit einem einzigen Eigenwert 2 ist:

$$A = \begin{bmatrix} 2 & 2 \\ 0 & 2 \end{bmatrix}$$

Um dies zu überprüfen, stellen wir die charakteristische Gleichung auf:

$$\det(A - \lambda I) = \det \begin{bmatrix} 2 - \lambda & 2 \\ 0 & 2 - \lambda \end{bmatrix} = (2 - \lambda)^2$$

Die charakteristische Gleichung ist:

$$(\lambda - 2)^2 = 0$$

Die Gleichung hat eine doppelte Nullstelle bei $\lambda = 2$, was bestätigt, dass die Matrix nur einen Eigenwert 2 hat.

Die aufgestellte Matrix weist zwar das geforderte Spektrum auf, ist aber leider keine vollbesetzte Matrix, sieh rot markierten Text. Eine Lösung wäre:

$$A = \begin{bmatrix} 3 & 1 \\ -1 & 1 \end{bmatrix}.$$

Trotz des Hinweises auf diesen Fehler konnte ChatGPT keine richtige Antwort liefern. Die obige Fragestellung nehmen wir in die Sammlung der nicht gelösten Probleme auf, siehe Anhang A.

4.6 Verständnisfragen zu den Abbildungen in Vektorräumen

Aufgabe 17.5 aus [2]:
Begründen Sie die Behauptung: Sind $\varphi : V \to V'$ und $\psi : V' \to V''$ linear, so ist auch die Hintereinanderausführung $\psi \circ \varphi : V \to V''$ linear, und ist φ eine bijektive lineare Abbildung, so ist auch $\varphi^{-1} : V' \to V$ eine solche.

Um die Behauptung zu begründen, betrachten wir die Definition einer linearen Abbildung. Eine Abbildung $\varphi : V \to W$ zwischen zwei Vektorräumen V und W ist linear, wenn sie folgende Eigenschaften erfüllt:

1. $\varphi(\mathbf{u} + \mathbf{v}) = \varphi(\mathbf{u}) + \varphi(\mathbf{v})$ für alle $\mathbf{u}, \mathbf{v} \in V$ (Additivität)
2. $\varphi(c\mathbf{u}) = c\varphi(\mathbf{u})$ für alle $c \in \mathbb{K}$ und $\mathbf{u} \in V$ (Homogenität)

Nun betrachten wir die gegebene Situation mit den Abbildungen $\varphi : V \to V'$ und $\psi : V' \to V''$.

1. Die Hintereinanderausführung $\psi \circ \varphi : V \to V''$ ist definiert als die Abbildung, die ein Element $\mathbf{u} \in V$ auf $\psi(\varphi(\mathbf{u})) \in V''$ abbildet.

Wir zeigen die Linearität von $\psi \circ \varphi$:
- Additivität: Seien $\mathbf{u}, \mathbf{v} \in V$. Dann gilt:

$$
\begin{aligned}
(\psi \circ \varphi)(\mathbf{u} + \mathbf{v}) &= \psi(\varphi(\mathbf{u} + \mathbf{v})) \\
&= \psi(\varphi(\mathbf{u}) + \varphi(\mathbf{v})) \\
&= \psi(\varphi(\mathbf{u})) + \psi(\varphi(\mathbf{v})) \\
&= (\psi \circ \varphi)(\mathbf{u}) + (\psi \circ \varphi)(\mathbf{v}).
\end{aligned}
$$

Daher ist die Hintereinanderausführung $\psi \circ \varphi$ additiv.
- Homogenität: Sei $\mathbf{u} \in V$ und $c \in \mathbb{K}$. Dann gilt:

$$
\begin{aligned}
(\psi \circ \varphi)(c\mathbf{u}) &= \psi(\varphi(c\mathbf{u})) \\
&= \psi(c\varphi(\mathbf{u})) \\
&= c\psi(\varphi(\mathbf{u})) \\
&= c(\psi \circ \varphi)(\mathbf{u}).
\end{aligned}
$$

Daher ist die Hintereinanderausführung $\psi \circ \varphi$ homogen.
Somit ist die Hintereinanderausführung $\psi \circ \varphi$ linear.

2. Angenommen, $\varphi : V \to V'$ ist eine bijektive lineare Abbildung. Dann existiert eine Umkehrabbildung $\varphi^{-1} : V' \to V$, die die Inverse von φ ist.

Wir zeigen die Linearität von φ^{-1}:
- Additivität: Seien $\mathbf{v}_1, \mathbf{v}_2 \in V'$. Dann gibt es eindeutige Vektoren $\mathbf{u}_1, \mathbf{u}_2 \in V$, sodass $\varphi(\mathbf{u}_1) = \mathbf{v}_1$ und $\varphi(\mathbf{u}_2) = \mathbf{v}_2$. Wir haben:

$$
\begin{aligned}
\varphi^{-1}(\mathbf{v}_1 + \mathbf{v}_2) &= \varphi^{-1}(\varphi(\mathbf{u}_1) + \varphi(\mathbf{u}_2)) \\
&= \varphi^{-1}(\varphi(\mathbf{u}_1 + \mathbf{u}_2)) \\
&= \mathbf{u}_1 + \mathbf{u}_2 \\
&= \varphi^{-1}(\mathbf{v}_1) + \varphi^{-1}(\mathbf{v}_2).
\end{aligned}
$$

Daher ist φ^{-1} additiv.
- Homogenität: Sei $\mathbf{v} \in V'$ und $c \in \mathbb{K}$. Es gibt einen eindeutigen Vektor $\mathbf{u} \in V$, sodass $\varphi(\mathbf{u}) = \mathbf{v}$. Wir haben:

$$\varphi^{-1}(c\mathbf{v}) = \varphi^{-1}(c\varphi(\mathbf{u}))$$
$$= \varphi^{-1}(\varphi(c\mathbf{u}))$$
$$= c\mathbf{u}$$
$$= c\varphi^{-1}(\mathbf{v}).$$

Daher ist φ^{-1} homogen. Somit ist φ^{-1} linear.

Insgesamt folgt aus den gegebenen Voraussetzungen, dass die Hintereinanderausführung $\psi \circ \varphi$ linear ist und dass die inverse Abbildung φ^{-1} ebenfalls linear ist, wenn φ eine bijektive lineare Abbildung ist.

Der Nachweis der Behauptungen wurde strukturiert, höchst akkurat und richtig geführt. Die Begriffe der Vektorräume sind ChatGPT gut bekannt. Wir sind beeindruckt!
Übrigens, die Tatsache, dass eine Verkettung aus linearen Abbildungen wieder linear ist, spielt beim Konzipieren von neuronalen Netzen einer sog. künstlichen Intelligenz eine tragende Rolle, nämlich: Wären zwei neuronale Schichten eines Netzes lineare Abbildungen, so wären sie äquivalent zu einer einzigen Schicht, also nicht leistungsfähiger. Um die Komplexität bzw. Leistungsfähigkeit eines neuronalen Netzes zu erhöhen, müssen die neuronalen Schichten eine Nichtlinearität aufweisen.

Aufgabe 17.6 aus [2]:
Wenn A eine linear unabhängige Menge eines $\mathbb{K}$-Vektorraums V ist und φ ein injektiver Endomorphismus von V ist, ist dann auch $A' = \{\varphi(v) \mid v \in A\}$ linear unabhängig?

Angenommen, A ist eine lineare unabhängige Menge in einem Vektorraum V und $\varphi : V \to V$ ist ein injektiver Endomorphismus von V. Wir wollen zeigen, dass auch $A' = \{\varphi(v) \mid v \in A\}$ linear unabhängig ist.

Angenommen A' ist linear abhängig. Das bedeutet, dass es Skalare $\lambda_1, \lambda_2, \ldots, \lambda_n$ (mit $n \geq 2$), nicht alle gleich null, gibt, sodass

$$\lambda_1 \varphi(v_1) + \lambda_2 \varphi(v_2) + \ldots + \lambda_n \varphi(v_n) = \mathbf{0}$$

gilt, wobei $v_1, v_2, \ldots, v_n$ Elemente von A sind. Da φ injektiv ist, gilt $\varphi(\mathbf{0}) = \mathbf{0}$, wobei $\mathbf{0}$ das Nullelement von V ist. Wir können die Gleichung umschreiben als

$$\varphi(\lambda_1 v_1 + \lambda_2 v_2 + \ldots + \lambda_n v_n) = \mathbf{0}.$$

Da φ injektiv ist, folgt daraus, dass $\lambda_1 v_1 + \lambda_2 v_2 + \ldots + \lambda_n v_n = \mathbf{0}$. Da A linear unabhängig ist, können wir schließen, dass $\lambda_1 = \lambda_2 = \ldots = \lambda_n = 0$. Daher ist A' linear unabhängig.

Auch hier stellen wir eine glänzende Leistung von ChatGPT fest. Die Notation ist sehr sauber. Das Vorgehen und die Antwort sind korrekt!

4.7 Kürzester Weg – Aufgabe offenen Typs

An dieser Stelle möchten wir eine offene Aufgabenstellung vorstellen. Diese Art von Aufgabe zeichnet sich dadurch aus, dass sie keine fest definierte oder klare Lösung besitzt. Sie sind üblicherweise so konzipiert, dass sie den Bearbeitenden ermutigen, kreatives Denken anzuwenden, unterschiedliche Herangehensweisen zu untersuchen und individuelle Konzepte sowie Vorgehensweisen zu formulieren.

Abgewandelte Aufgabe aus [3]:
Eine Ameise sitzt außen auf einem zylindrischen Glas und möchte zu einem Tropfen Honig krabbeln. Der befindet sich allerdings auf der Innenseite des Glases und insbesondere nicht auf dem Glasboden. Wie verläuft der kürzeste Weg?
Erstelle zu Deinem Lösungsvorschlag eine Skizze in TikZ, damit man Deine Idee besser versteht.

Ein zylindrisches Glas kann als 2D-Zylinder betrachtet werden, wenn es abgewickelt wird. Dies ermöglicht es uns, die Frage in einem flachen 2D-Diagramm zu betrachten.

Angenommen, die Ameise startet an einem bestimmten Punkt A außerhalb des Glases und der Honigtropfen befindet sich an einem Punkt B auf der Innenseite des Glases. Der kürzeste Weg wäre eine gerade Linie von Punkt A zu Punkt B. Da jedoch das Glas im Weg ist und die Ameise nicht durch das Glas krabbeln kann, muss sie einen anderen Weg nehmen.

Die Ameise könnte zuerst in eine Richtung um den Rand des Glases krabbeln, bis sie zum oberen Rand des Glases kommt. Dann könnte sie in das Innere des Glases krabbeln und weiter in die gleiche Richtung zum Honigtropfen krabbeln. Dabei ist es wichtig, dass sie in die Richtung krabbelt, die den kürzeren Weg um den Zylinder zum Honigtropfen bietet. Dies wäre die Richtung, in der der Honigtropfen am nächsten zum Startpunkt der Ameise ist, wenn man das Glas abwickelt und flach betrachtet.

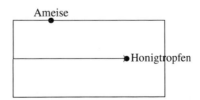

Es gibt zwar Anzeichen für die richtige Idee, vgl. blau markierten Text. Allerdings ist die Antwort als unzureichend zu bewerten. Die Skizze ist leider auch falsch. Trotz eines Hinweises darauf, dass der Weg nicht der kürzeste sei, liefert ChatGPT hier keine richtige Lösung. An dieser Stelle erinnern wir uns, dass ChatGPT englischsprachige Prompts u.U. besser versteht. Ein entsprechender Versuch ergab jedoch kein besseres Resultat.

4.8 Prompts auf Deutsch und Englisch – Gegenüberstellung

Dieses Kapitel möchten wir mit einer Demonstration abschließen, die darauf hinweist, dass die Qualität der Antworten von ChatGPT von der gewählten Sprache abhängt. Es wird dieselbe mathematische Frage zunächst auf Deutsch und dann in einem Extra-Chat auf Englisch gestellt, um die Abhängigkeit beider Anfragen zu unterbinden. Anschließend wurde der Unterschied aufgezeigt. Bei der folgenden mathematischen Verständnisaufgabe kommt ChatGPT mit der englischen Variante besser zurecht und liefert die richtige Antwort.

Gegeben ist ein Tetraeder ABCD. Darf man die Ecke D so verschieben, dass das Volumen des Tetraeders sich nicht ändert? Falls, ja, wie? Benutze LaTeX.

Ja, man darf die Ecke D so verschieben, dass das Volumen des Tetraeders sich nicht ändert. Eine Möglichkeit, dies zu erreichen, besteht darin, die Ecke D entlang einer Geraden zu verschieben, die senkrecht zur Basisfläche ABC steht und durch den Schwerpunkt dieser Fläche verläuft. Das Volumen V eines Tetraeders kann mithilfe der Basisfläche A_{basis} und der Höhe h (die senkrecht zur Basis steht) berechnet werden:

$$V = \frac{1}{3} A_{Basis} \cdot h.$$

Angenommen, D wird entlang der genannten Geraden verschoben, bleibt die Basisfläche A_{basis} unverändert und die Höhe h bleibt ebenfalls konstant, solange D auf dieser Geraden bleibt. Somit bleibt das Volumen V des Tetraeders gleich.

Leider stimmt die Antwort nicht. Wir wechseln Chat sowie die Sprache, siehe nächsten Prompt.

Given is a tetrahedron ABCD. Is it allowed to move the corner D so that the volume of the tetrahedron does not change? If so, how? Use LaTeX.

Yes, it is possible to move the corner D of a tetrahedron $ABCD$ such that the volume of the tetrahedron does not change. To achieve this, you can move D along the line parallel to the plane ABC. To prove this, let's first recall the formula for the volume of a tetrahedron. The volume of tetrahedron $ABCD$ can be given by:

$$V = \frac{1}{3} F h.$$

Where V is the volume of the tetrahedron, F is the area of the base (in this case, triangle ABC), and h is the height from vertex D to the plane ABC. Now, consider moving point D to a new point D' along a line parallel to the plane ABC. Since the line is parallel to the plane, the height h from the new vertex D' to the plane ABC remains unchanged. Therefore, the volume of the new tetrahedron $ABCD'$ is:

$$V' = \frac{1}{3}Fh.$$

Since both F and h are unchanged, the volumes of the two tetrahedra are equal:

$$V = V'.$$

So, by moving corner D along a line parallel to the plane ABC, you can maintain the volume of the tetrahedron.

Die Antwort ist richtig! Wir möchten eine Vertiefungsfrage stellen und bleiben auf Englisch.

Is it allowed to deviate from the straight line you mention?

Yes, it is allowed to deviate from the straight line mentioned in the previous response, as long as the height from the new vertex D' to the plane ABC remains unchanged.

To maintain the volume of the tetrahedron when moving point D, you need to ensure that the product of the base area and the height remains constant. This means that if you move D to a new position D' such that the height h' from D' to the plane ABC is still equal to the original height h, the volume will be preserved.

To visualize this, imagine a plane parallel to the plane ABC and at a distance equal to the height h. As long as the new point D' lies anywhere on this parallel plane, the height will remain unchanged, and so will the volume of the tetrahedron. This means that D' can be moved anywhere on the parallel plane, not just along a straight line.

In summary, you can deviate from the straight line while moving point D, as long as the new point D' maintains the same height from the base plane ABC. This will ensure that the volume of the tetrahedron remains unchanged.

Excellent that ChatGPT uses the concept of plane here, see blue highlighted text. We note that you should probably rather put the prompts in English. We do not let up, and increase the level of difficulty, see next prompt.

Is it allowed to move the corners C and D so that the volume of the tetrahedron does not change? Please use LaTeX code.

Yes, it is allowed to move the corners C and D of a tetrahedron $ABCD$ such that the volume of the tetrahedron does not change, as long as the product of the base area and the height remains constant.

Let's denote the new positions of C and D as C' and D', respectively, forming the tetrahedron $ABC'D'$. As mentioned before, the volume of tetrahedron $ABCD$ can be given by:

$$V = \frac{1}{3}Fh.$$

Where V is the volume of the tetrahedron, F is the area of the base (triangle ABC), and h is the height from vertex D to the plane ABC. In order to maintain the volume of the tetrahedron after moving C and D, we must ensure that:

$$V' = \frac{1}{3}F'h'.$$

Where V' is the volume of the new tetrahedron $ABC'D'$, F' is the area of the new base (triangle ABC'), and h' is the height from vertex D' to the plane ABC'.

To maintain the volume, the product of the base area and the height must remain constant:

$$Fh = F'h'.$$

This equation allows for many possible combinations of F' and h' that satisfy the condition. For example, you can move C and D such that the new base area F' is larger, but the new height h' is proportionally smaller, keeping the product constant. Conversely, you can make the new base area smaller while increasing the height proportionally.

In summary, it is allowed to move the corners C and D of a tetrahedron $ABCD$ so that the volume of the tetrahedron does not change, as long as the product of the base area and the height remains constant. You can achieve this by finding the appropriate combination of F' and h' that satisfies the equation $Fh = F'h'$.

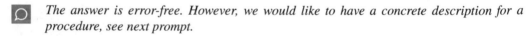

The answer is error-free. However, we would like to have a concrete description for a procedure, see next prompt.

Do you have a specific suggestion on how to move the corners?

Certainly! Here's a specific way to move points C and D to maintain the volume of tetrahedron $ABCD$. This method involves moving C and D along the lines parallel to the opposite sides of the base triangle ABC.

1. Move point C to C' along the line parallel to the side AB. This will create a new base triangle ABC' with the same height as triangle ABC.
2. Calculate the area of triangle ABC' and denote it as F'.
3. Since we want to maintain the volume, we need to find a height h' such that $Fh = F'h'$. Divide the original volume by the new base area to get the new height:

$$h' = \frac{Fh}{F'}.$$

4. Now, move point D to D' such that the height from D' to the plane ABC' is equal to h'. You can achieve this by moving D along a line parallel to the plane ABC' and at a distance equal to h'.

By following these steps, you can move points C and D to new positions C' and D' while maintaining the volume of tetrahedron $ABCD$. Note that this is just one specific way to move the points, and there may be other methods that also maintain the volume.

The proposed approach is correct and clearly presented. It is impressive that in the 1st step a displacement along the edge AB is proposed, whereby yes the height of the triangle ABC does not change, which the ChatGPT is aware of. However, the area of the triangle ABC does not change either. Probably ChatGPT overlooks this, see 2nd step.

Basierend auf der Erfahrung aus diesem Abschnitt geben wir den folgenden Prompt-Tipp:

Prompt-Tipp: Falls Sie mathematisch akkuratere Lösungen auf Deutsch anstreben, können Sie zunächst Ihre Prompts auf Englisch formulieren und anschließend die englischsprachige Antwort von ChatGPT erneut, jedoch auf Deutsch, ausgeben lassen.

Die meisten der behandelten Aufgaben wurden prima von der KI gelöst. Die größte Schwierigkeit hatte ChatGPT mit der Bestimmung der Schnittgeraden zweier Ebenen sowie beim Konstruieren einer vollbesetzten Matrix mit bestimmten Eigenschaften. Unserer Erfahrung nach kann ChatGPT 4.0 Lineare Gleichungssysteme ab einer Dimension von ca. 3×3 nicht mehr richtig lösen kann. Beachtliche Leistung brachte ChatGPT bei den Beweisaufgaben zu den Abbildungen in Vektorräumen.

Literaturverzeichnis

1. American Mathematical Society, LaTeX Project, User's Guide for the amsmath Package, 2020 http://www.ams.org/arc/tex/amsmath/amsldoc.pdf (Abgerufen am: 03.04.2023)
2. Arens, T., Hettlich, F., Karpfinger, Ch., Kockelkorn, U., Lichtenegger, K., Stachel, H.: Mathematik, 5. Auflage, Springer Spektrum, 2022
3. Dambeck, H.: Blind Date mit zwei Unbekannten: 100 neue Mathe-Rätsel (Aus der Welt der Mathematik, Band 4), KiWi-Taschenbuch-Verlag, 1. Auflage, 2021
4. Kottwitz, S.: LaTeX Graphics with TikZ, A Practitioner's Guide to Drawing 2D and 3D Images, Diagrams, Charts, and Plots, Packt Publishing 2023

◇ ◇ ◇

Kapitel 5
Analysis

> Schönheit ist Wahrheit,
> Wahrheit ist Schönheit.
>
> ---
> John Keats (1795-1821), englischer
> Dichter, zugeschrieben

In diesem Kapitel zeigen wir, dass ChatGPT für eine Auswahl von Themen der Analysis aus den Vorlesungen der Höheren Mathematik I, II, III sowie Spezialvorlesungen eines Masterstudiengangs das Vorgehen beim Lösen der entsprechenden Aufgaben kennt aber manchmal auch stolpert, siehe den rot markierten Text in den Ausgaben der KI.

5.1 Funktionen einer Variablen

In der Analysis beschäftigt man sich intensiv mit dem Studium von Funktionen, und Funktionen einer Variable sind dabei die einfachsten und grundlegendsten Typen von Funktionen. Einige zentrale Themen und Konzepte in der Analysis, die sich auf Funktionen einer Variable beziehen und hier behandelt werden, sind: Ableitungen und Grenzwerte.

Ungleichung

Eine auf die Form „Ist $\sin(\frac{1}{2}) < \frac{1}{2}$?" vereinfachte Variante der folgenden Aufgabe kam im Sommersemester 2023 in einem Test der Höheren Mathematik II-Vorlesung vor.

Stimmt die Ungleichung $\sin(x) > x$ für $x > 0$? Begründe Deine Antwort. Verwende LaTeX-Code.

Die Ungleichung $\sin(x) > x$ für $x > 0$ ist tatsächlich nicht wahr. Um das zu zeigen, betrachten wir die Funktion $g(x) = \sin(x) - x$ für $x > 0$. Wir können die Ableitung von $g(x)$ berechnen:

$$g'(x) = \frac{d}{dx}(\sin(x) - x) = \cos(x) - 1.$$

Nun suchen wir nach kritischen Punkten von $g(x)$, indem wir $g'(x) = 0$ setzen:

$$\cos(x) - 1 = 0 \implies \cos(x) = 1.$$

Der Kosinus nimmt den Wert 1 nur für $x = 2n\pi$ an, wobei n eine ganze Zahl ist. Da wir nur an $x > 0$ interessiert sind, betrachten wir $x = 2\pi$ als unseren relevanten kritischen Punkt.

Da die Funktion $\cos(x)$ für $0 < x < 2\pi$ kleiner als 1 ist, ist die Ableitung $g'(x) = \cos(x) - 1$ für dieses Intervall negativ. Das bedeutet, dass $g(x) = \sin(x) - x$ für $0 < x < 2\pi$ streng monoton fallend ist.

Da $\sin(0) = 0$ und $g(0) = \sin(0) - 0 = 0$, wissen wir, dass $g(x) < 0$ für $0 < x < 2\pi$. Daher gilt $\sin(x) - x < 0 \implies \sin(x) < x$ für $0 < x < 2\pi$.

Wir haben gezeigt, dass die Ungleichung $\sin(x) > x$ für $x > 0$ nicht wahr ist. Tatsächlich ist das Gegenteil wahr: $\sin(x) < x$ für $0 < x < 2\pi$.

 ChatGPT hat erkannt, dass die Ungleichung falsch ist und beweist, dass sie $\sin(x) < x$ lauten soll, allerdings nur für $0 < x < 2\pi$. Der richtige Gültigkeitsbereich ist aber $x > 0$.

Nullstellen

Wir wenden uns gleich einem der schwierigeren Fälle zu, bei dem sich die Nullstellen um einen Punkt häufen.

 Erstelle einen TikZ-Code zum Plotten der Funktion $f(x) = x\sin(\frac{1}{x})$ für $x \in (0, \frac{6}{5\pi}]$.

 Um die Funktion f mit TikZ zu plotten, können Sie das `pgfplots`-Paket verwenden, das auf TikZ aufbaut und für das Plotten von Daten und Funktionen sehr nützlich ist. Hier ist ein einfaches Beispiel, wie Sie diese Funktion im angegebenen Bereich plotten können:

```
\documentclass{standalone}
\usepackage{pgfplots}

\begin{document}
\begin{tikzpicture}
    \begin{axis}[
        domain=0.001:6/(5*pi),   % Um Division durch Null zu vermeiden, beginnen wir
                                 bei einem kleinen Wert > 0 statt bei 0.
        samples=400,             % Anzahl der Stützpunkte
        xlabel={$x$},
        ylabel={$f(x)$},
```

```
    title={$f(x) = x \sin(\frac{1}{x})$},
    axis lines=middle,
    enlargelimits=true,
  ]
  \addplot[blue, thick] {x*sin(deg(1/x))}; % deg() wird verwendet, um x in Grad
      umzurechnen, da sin in TikZ/PGFplots standardmäßig in Grad rechnet.
  \end{axis}
\end{tikzpicture}
\end{document}
```

Ein paar Hinweise zum Code:

1. Die Option „samples = 400" erhöht die Anzahl der Stützpunkte, um die oszillierende Natur der Funktion besser darzustellen.
2. Da die Funktion bei $x = 0$ undefiniert ist, habe ich den Plot bei einem kleinen Wert (0.001) begonnen. Es gibt andere Techniken, um mit solchen Diskontinuitäten umzugehen, aber das ist eine einfache Methode.
3. Die Funktion „sin " in PGFPlots erwartet Winkel in Grad, deshalb habe ich den Wert mit „deg()" umgerechnet.

Nach dem Erhöhen des Variablenwertes für „samples" auf 1000 und dem Kompilieren erhalten wir:

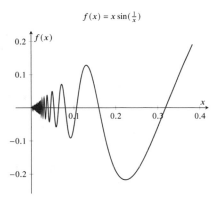

Der Plot ist fehlerfrei und die Hinweise von ChatGPT zum Quelltext - insbesondere über die Definitionslücke - hilfreich. Nach der Veranschaulichung der Situation möchten wir einige der Nullstellen berechnen lassen. Folgende Aufgabe kam im Sommersemester 2023 in einem Test der Höheren Mathematik II vor.

Geben Sie zwei Nullstellen der Funktion $f(x) = x \sin(1/x)$ an.

Die Nullstellen der Funktion $f(x) = x \sin(1/x)$ sind $x_1 = 1/\pi$ und $x_2 = -1/\pi$, da $\sin(1/\pi) = \sin(-1/\pi) = 0$:

$$f\left(\frac{1}{\pi}\right) = \frac{1}{\pi}\sin(\pi) = 0, \qquad f\left(-\frac{1}{\pi}\right) = -\frac{1}{\pi}\sin(\pi) = 0.$$

Daher lautet die Antwort:

$$x_1 = \frac{1}{\pi}, \quad x_2 = -\frac{1}{\pi} \tag{5.1}$$

Die obige Lösung ist korrekt. In (5.1) wird ausgenutzt, dass Sinusfunktion ungerade ist. Wir möchten nun klären, ob ChatGPT alle Lösungen berechnen und angeben kann.

Geben Sie nun alle Nullstellen der Funktion $f(x) = x \sin(1/x)$ an.

Die Funktion $f(x) = x \sin(1/x)$ hat eine Besonderheit, wenn x gegen 0 geht, da $\sin(1/x)$ keinen Grenzwert für $x \to 0$ besitzt. Deshalb müssen wir uns erst mit dem Bereich um $x = 0$ befassen, bevor wir uns mit anderen möglichen Nullstellen beschäftigen.

- Für $x \neq 0$:
  Wenn $f(x) = 0$, dann muss $x \sin(1/x) = 0$ sein. Da x nicht null sein kann (denn wir betrachten $x \neq 0$), muss $\sin(1/x) = 0$ sein. Die Sinusfunktion hat die Nullstellen bei $k\pi$ für ganze Zahlen k. Daher muss $1/x = k\pi$ gelten. Dies führt zu:

$$x = \frac{1}{k\pi}$$

  für ganze Zahlen $k \neq 0$. Jeder dieser Werte ist eine Nullstelle von $f(x)$.
- Für $x = 0$:

$$\lim_{x \to 0^+} x \sin(1/x) = \lim_{x \to 0^+} x \cdot (\text{zwischen -1 und 1}) = 0$$

$$\lim_{x \to 0^-} x \sin(1/x) = \lim_{x \to 0^-} x \cdot (\text{zwischen -1 und 1}) = 0$$

Da die beiden einseitigen Grenzwerte gleich und gleich 0 sind, ist $f(0) = 0$ ebenfalls eine Nullstelle.

Zusammenfassung: Die Funktion $f(x) = x \sin(1/x)$ hat Nullstellen bei $x = 0$ und bei:

$$x = \frac{1}{k\pi}$$

für jede ganze Zahl $k \neq 0$.

ChatGPT weist richtigerweise gleich darauf hin, dass die Funktion f an der Stelle $x = 0$ nicht definiert ist. Danach setzt die KI aber die Funktion durch $f(0) = 0$ stetig fort und behauptet, dass $x = 0$ eine Nullstelle sei, was leider so nicht stimmt. Die Notation bzgl. der Beschränkung der Sinusfunktion ist auch gewöhnungsbedürftig. Sonst ist die Berechnung in Ordnung. Insbesondere wird hier sinnvollerweise der Satz vom Nullprodukt angewandt. Nach einem Hinweis entschuldigt sich ChatGPT für seine „vorherige Unsicherheit". Bei der Angabe der Lösungsmenge wäre die folgende Notation etwas schöner:

$$\mathcal{L} = \{ \frac{1}{k\pi}, \ k \in \mathbb{Z} \setminus \{0\} \}.$$

Grenzwertbestimmung

In der obigen Berechnung griff ChatGPT von sich aus zur Grenzwertberechnung. Wir greifen dieses Thema auf und suchen uns eine der kniffligeren Funktionen aus. Insbesondere muss bei dieser Aufgabe die vorkommenden Sinusfunktionen jeweils durch ein Taylor-Polynom richtigen Grades approximiert werden.

Berechne den Grenzwert
$$\lim_{x \to 0^+} \frac{(\sin(x))^7 - x^7}{\sin(x^9)}.$$

Um den Grenzwert $\lim_{x \to 0^+} \frac{(\sin(x))^7 - x^7}{\sin(x^9)}$ zu berechnen, verwenden wir die Taylor-Reihenentwicklung. Wir können $\sin(x)$ in der Nähe von $x = 0$ mit seiner Taylor-Reihenentwicklung approximieren:

$$\sin(x) \approx x - \frac{x^3}{3!} + \frac{x^5}{5!}.$$

Für unsere Zwecke verwenden wir die ersten drei Terme der Taylor-Reihe:

$$\sin(x) \approx x - \frac{x^3}{3!} + \frac{x^5}{5!}.$$

Jetzt setzen wir diese Näherung in unseren ursprünglichen Ausdruck ein:

$$\frac{(\sin(x))^7 - x^7}{\sin(x^9)} \approx \frac{((x - \frac{x^3}{3!} + \frac{x^5}{5!}))^7 - x^7}{(x^9 - \frac{(x^9)^3}{3!} + \frac{(x^9)^5}{5!})}$$

Mit dem binomischen Lehrsatz können wir den Zähler erweitern, aber wir behalten nur Terme bis x^7, da höhere Ordnungsterme den Grenzwert nicht beeinflussen:

$$(x - \frac{x^3}{3!} + \frac{x^5}{5!})^7 \approx x^7 - 7 \cdot \frac{x^9}{3!} + 21 \cdot \frac{x^{11}}{5!}.$$

Nun können wir den ursprünglichen Ausdruck mit den Näherungen neu schreiben:

$$\frac{(\sin(x))^7 - x^7}{\sin(x^9)} \approx \frac{(x^7 - 7 \cdot \frac{x^9}{3!} + 21 \cdot \frac{x^{11}}{5!}) - x^7}{(x^9 - \frac{(x^9)^3}{3!} + \frac{(x^9)^5}{5!})}.$$

Die x^7-Terme im Zähler heben sich auf:

$$\frac{(\sin(x))^7 - x^7}{\sin(x^9)} \approx \frac{-7 \cdot \frac{x^9}{3!} + 21 \cdot \frac{x^{11}}{5!}}{(x^9 - \frac{(x^9)^3}{3!} + \frac{(x^9)^5}{5!})}.$$

Jetzt können wir den Zähler und den Nenner durch x^9 teilen:

$$\frac{(\sin(x))^7 - x^7}{\sin(x^9)} \approx \frac{-7 \cdot \frac{1}{3!} + 21 \cdot \frac{x^2}{5!}}{(1 - \frac{(x^9)^2}{3!} + \frac{(x^9)^4}{5!})}$$

Da $x \to 0^+$, haben wir $x^2 \to 0$ und $(x^9)^2 \to 0$:

$$\lim_{x \to 0^+} \frac{(\sin(x))^7 - x^7}{\sin(x^9)} \approx \frac{-7 \cdot \frac{1}{3!}}{1} = -\frac{7}{6}$$

Daher ist der Grenzwert ungefähr:

$$\lim_{x \to 0^+} \frac{(\sin(x))^7 - x^7}{\sin(x^9)} \approx -\frac{7}{6}.$$

Wir sollten jedoch beachten, dass diese Annäherung auf der abgeschnittenen Taylor-Reihe von $\sin(x)$ basiert. Obwohl dies uns eine angemessene Schätzung des Grenzwerts liefert, handelt es sich nicht um einen exakten Wert. Weitere Terme in der Taylor-Reihe würden eine genauere Annäherung liefern, aber die analytische Auswertung dieses Grenzwerts bleibt eine herausfordernde Aufgabe.

Tatsächlich greift ChatGPT zur Idee, mit dem Taylor-Polynom zu arbeiten. Die Behauptung, dass der berechnete Grenzwert nur ein Näherungswert ist, siehe rot markierten Text, stimmt leider nicht. Der Grenzwert ist $-\frac{7}{6}$, was von Hand oder auch z.B. mit WolframAlpha nachgerechnet werden kann. Wir weisen ChatGPT darauf hin, vgl. den nächsten Prompt.

Prima! Aber, ich denke, dass der von Dir berechnete Grenzwert exakt ist, da ja für x gegen Null man anstatt Approximation eine Gleichheit bekommt, oder?

Entschuldigung für das Missverständnis in meiner früheren Antwort. Sie haben recht, der Grenzwert ist tatsächlich exakt, da wir den ersten drei Termen der Taylor-Reihe benutzt haben und diese für x gegen Null eine exakte Gleichheit ergeben. Der exakte Grenzwert der gegebenen Funktion ist:

$$\lim_{x \to 0^+} \frac{(\sin(x))^7 - x^7}{\sin(x^9)} = -\frac{7}{6}.$$

Die Verwendung der Taylor-Reihe war in diesem Fall ausreichend, um den exakten Grenzwert zu berechnen, und es ist nicht notwendig, weitere Terme hinzuzufügen.

ChatGPT sieht die Argumentation ein und berichtigt seine Antwort.

5.2 Funktionen mehrerer Variablen

Nun betrachten wir Fachinhalte, die eher in der Höheren Mathematik III oder im Master-studium angesiedelt sind. Wir steigen gleich bei den Optimierungsproblemen ohne bzw. mit Nebenbedingungen ein, vgl. [1, Kapitel 24.6, Kapitel 35.2].

Optimierungsproblem im $\mathbb{R}^2$ ohne Nebenbedingungen

Löse bitte die folgende Aufgabe und gebe Deine Berechnungen als LATEX-Code aus:
Bestimmen Sie alle stationären Punkte der Funktion $f : \mathbb{R}^2 \to \mathbb{R}$, gegeben durch

$$f(x, y) = x^2 + x + y^2,$$

und untersuchen Sie, ob in diesen Punkten lokale Minima vorliegen.

Um die stationären Punkte der Funktion $f(x, y) = x^2 + x + y^2$ zu finden, berechnen wir die partiellen Ableitungen von f bezüglich x und y und setzen diese gleich Null:

$$\frac{\partial f}{\partial x} = 2x + 1, \quad \frac{\partial f}{\partial y} = 2y.$$

Nun lösen wir das Gleichungssystem:

$$2x + 1 = 0,$$
$$2y = 0.$$

Daraus ergibt sich: $x = -\frac{1}{2}$, $y = 0$. Daher gibt es genau einen stationären Punkt $(x, y) = \left(-\frac{1}{2}, 0\right)$. Um zu untersuchen, ob in diesem Punkt ein lokales Minimum vorliegt, berechnen wir die zweiten partiellen Ableitungen und erstellen die Hesse-Matrix:

$$\frac{\partial^2 f}{\partial x^2} = 2, \quad \frac{\partial^2 f}{\partial y^2} = 2, \quad \frac{\partial^2 f}{\partial x \partial y} = \frac{\partial^2 f}{\partial y \partial x} = 0.$$

Die Hesse-Matrix von f lautet:

$$H_f = \begin{pmatrix} 2 & 0 \\ 0 & 2 \end{pmatrix}.$$

Die Determinante der Hesse-Matrix ist: $\det(H_f) = (2)(2) - (0)(0) = 4 > 0$. Da die Determinante der Hesse-Matrix positiv ist und $\frac{\partial^2 f}{\partial x^2} > 0$, handelt es sich bei dem stationären Punkt $(x, y) = \left(-\frac{1}{2}, 0\right)$ um ein lokales Minimum.

Die Aufgabe wurde mit ChatGPT 4 ausführlich und richtig gelöst!
Testweise gaben wir diesen Prompt auch bei ChatGPT 3.5 ein. Die Version 3.5 hatte mit

Aufgaben dieses Typs Schwierigkeiten: Manchmal fehlte die Berücksichtigung der Hesse-Matrix in der Berechnung. Nach einem Hinweis berichtigte jedoch die KI seine Antwort.

> *Könntest Du die obige Funktion im Bereich um das Lokale Minimum mittels „pgfplots"*
> *plotten.*

Natürlich! Hier ist der LaTeX-Quelltext, um die Funktion $f(x, y) = x^2 + x + y^2$ im Bereich um das lokale Minimum mit pgfplots zu plotten:

$$f(x, y) = x^2 + x + y^2$$

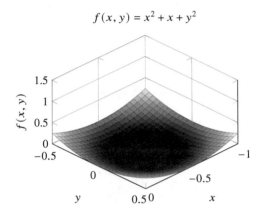

Oben ist nur die mit dem Code generierte Vektorgrafik zu sehen. Den Code haben wir der Kürze halber ausgeblendet. ChatGPT hat die Aufgabe erfüllt. Zusätzlich erscheint aber im Plot ein Punkt, der vermutlich das Minimum im Graph markieren sollte. Allerdings stimmt seine Position nicht ganz, siehe den nächsten Prompt.

> *Im Plot kommt ein Scatter-Punkt vor. Stimmt seine z-Koordinate wirklich?*

Entschuldigung für das Missverständnis. Hier ist meine Antwort als LaTeX-Quelltext: Um die z-Koordinate des Scatter-Punkts zu überprüfen, setzen wir die Werte des stationären Punkts $(x, y) = \left(-\frac{1}{2}, 0\right)$ in die Funktion $f(x, y) = x^2 + x + y^2$ ein:

$$f\left(-\frac{1}{2}, 0\right) = \left(-\frac{1}{2}\right)^2 - \frac{1}{2} + 0^2 = \frac{1}{4} - \frac{1}{2} = -\frac{1}{4}.$$

Die z-Koordinate des Scatter-Punkts ist korrekt: $f\left(-\frac{1}{2}, 0\right) = -\frac{1}{4}$.

Nach dem Hinweis erkennt die KI den Fehler und berechnet die richtige z-Koordinate.

Könntest Du bitte Deine Berechnung auch im Plot berichtigen. Der Scatter-Punkt im Plot ist nicht gut sichtbar. Könntest Du das auch nachbessern und die Surf-Farbe etwas heller gestalten.

Entschuldigung für das Missverständnis. Hier ist der aktualisierte LaTeX-Quelltext für den Plot. Der lokale Minimumpunkt bei $(-\frac{1}{2}, 0)$ ist nun mit der z-Koordinate $-\frac{1}{4}$ markiert und besser sichtbar. Die Surf-Farbe ist auch heller gestaltet, um den Kontrast zu erhöhen.

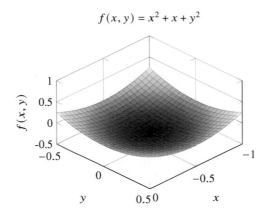

$$f(x, y) = x^2 + x + y^2$$

Die Surf-Farbe wurde entsprechend dem Wunsch heller gestaltet und man erkennt den Punkt ganz gut. Den Code dieses Plots werden wir später, siehe Abschnitt 15.2, bei der TikZ-zu-Text-Konvertierung nochmals beanspruchen.

In der obigen Aufgabe ist die Hesse-Matrix eine Diagonalmatrix, wodurch die Bestimmung der Eigenwerte besonders einfach ist, denn sie lassen sich in so einem Fall direkt auf der Hauptdiagonale der Matrix ablesen bzw. lässt sich das charakteristische Polynom leicht aufstellen. Wir möchten mit dem nächsten Prompt testen, ob ChatGPT auch mit komplizierteren Hesse-Matrizen zurechtkommt. Folgende Aufgaben wurde unverändert als LaTeX-Code aus einem Vorlesungsskript übernommen.

Bestimmen Sie alle stationären Punkte der Funktion $f : \mathbb{R}^2 \to \mathbb{R}$, gegeben durch

$$f(x, y) = -x^3 - 3xy - y^3,$$

und untersuchen Sie, ob in diesen Punkten lokale Minima bzw. Maxima vorliegen.

Zur Bestimmung der stationären Punkte setzen wir die partiellen Ableitungen von f gleich null:

$$\frac{\partial f}{\partial x}(x, y) = -3x^2 - 3y,$$

$$\frac{\partial f}{\partial y}(x, y) = -3x - 3y^2.$$

Somit erhalten wir das Gleichungssystem

$$-3x^2 - 3y = 0,$$
$$-3x - 3y^2 = 0.$$

Durch Umformung der Gleichungen erhalten wir

$$y = -x^2,$$
$$-y^2 = x.$$

Einsetzen der ersten Gleichung in die zweite ergibt $-x^4 = x$, also $x(x^3 + 1) = 0$. Somit folgt, dass $x = 0$ oder $x = -1$. Für $x = 0$ erhalten wir $y = 0$, für $x = -1$ erhalten wir $y = 1$. Somit gibt es zwei stationäre Punkte $(0, 0)$ und $(-1, 1)$.

Zur Untersuchung, ob es sich bei diesen Punkten um lokale Minima bzw. Maxima handelt, berechnen wir die Hesse-Matrix von f:

$$H_f(x, y) = \begin{pmatrix} -6x & -3 \\ -3 & -6y \end{pmatrix}.$$

Für den stationären Punkt $(0, 0)$ erhalten wir

$$H_f(0, 0) = \begin{pmatrix} 0 & -3 \\ -3 & 0 \end{pmatrix}.$$

Die Eigenwerte dieser Matrix sind $\lambda_1 = 3$ und $\lambda_2 = -3$. Da beide Eigenwerte ungleich null und entgegengesetzt sind, handelt es sich um einen Sattelpunkt. Für den stationären Punkt $(-1, 1)$ erhalten wir

$$H_f(-1, 1) = \begin{pmatrix} 6 & -3 \\ -3 & 12 \end{pmatrix}.$$

Die Eigenwerte dieser Matrix sind $\lambda_1 = 3$ und $\lambda_2 = 15$. Da beide Eigenwerte positiv sind, handelt es sich um einen lokalen Minimumpunkt.

Somit haben wir zwei stationäre Punkte gefunden, wobei $(0, 0)$ ein Sattelpunkt ist und $(-1, 1)$ ein lokales Minimum ist.

 Die Lösung von ChatGPT ist fehlerfrei! Die Nebenrechnung zur Bestimmung des charakteristischen Polynoms fehlt, kann jedoch nach Bedarf angefragt werden. Es gab nur einen Schönheitsfehler im LaTeX-Quelltext: In der `align`*-Umgebung wurde am Ende der Zeilen das Symbol Backslash nur einfach verwendet, d.h. der Zeilensprung fehlte und das Gleichungssystem erschien in einer Zeile, was wir manuell nacheditiert haben.*

Auch diese Aufgabe möchten wir mit einer Vektorgrafik versehen.

Könntest Du die obige Funktion im Bereich $x \in [-2, 1]$ sowie $y \in [-2, 1]$ mittels „pgfplots" plotten.

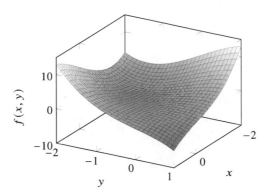

Der TikZ-Quelltext ließ sich auf Anhieb nicht kompilieren. Nach einer Analyse wurde festgestellt, dass der Parameter `samples=30` *im Befehl* `addplot3` *fehlt. Nach einem Hinweis berichtigte ChatGPT seine Ausgabe und die Abbildung ließ sich nun darstellen. Bei den beiden vorangegangenen Plotausgaben gab es diesen Fehler nicht. Im vorliegenden Fall entschied sich ChatGPT für ein Darstellung in Graustufen.*

Optimierungsproblem im $\mathbb{R}^2$ mit Nebenbedingungen

In der Anwendung und somit auch in der Ausbildung sind Optimierungsprobleme meistens unter Restriktionen zu lösen. Wir möchten prüfen, inwiefern man Aufgaben vom Typ aus dem vorherigen Kapitel, nun versehen mit Nebenbedingungen, vom ChatGPT lösen lassen kann. Wohl wissend, dass es dabei zu nichtlinearen Gleichungssystemen kommen kann, die schwer zu lösen sind, beginnen wir mit einem einfachen Beispiel und erhöhen anschließend die Komplexität. Zunächst wählen wir die zu minimierende Funktion f aber auch die Nebenbedingung als lineare Funktionen in x bzw. y. Alle Prompts dieses Abschnitts wurden im demselben Chat ausgeführt und dem ChatGPT eine Rückmeldung gegeben, ob seine Antwort korrekt ist. Dies verbessert gewöhnlicherweise die Qualität der Antworten von ChatGPT. Wir halten das als einen Tipp fest:

Prompt-Tipp: Die Rückmeldungen an ChatGPT innerhalb eines Chats mit der Bewertung seiner Antworten verbessern gewöhnlicherweise die Qualität der darauffolgenden Antworten.

Bestimmen Sie mittels der Lagrange'schen Multiplikatorenregel das Minimum der Funktion $f : \mathbb{R}^2 \rightarrow \mathbb{R}$, gegeben durch

$$f(x, y) = x + y,$$

unter der Nebenbedingung $h(x, y) = 2x + y - 4 = 0$.

Um das Minimum der Funktion $f(x, y) = x + y$ unter der Nebenbedingung $h(x, y) = 2x + y - 4 = 0$ zu finden, verwenden wir die Methode der Lagrange-Multiplikatoren. Die Lagrange-Funktion ist gegeben durch: $L(x, y, \lambda) = f(x, y) - \lambda \cdot h(x, y)$. In unserem Fall ist das:

$$L(x, y, \lambda) = (x + y) - \lambda \cdot (2x + y - 4).$$

Um die Extremstellen zu finden, setzen wir die partiellen Ableitungen der Lagrange-Funktion gleich Null:

$$\begin{cases} \frac{\partial L}{\partial x} = 1 - 2\lambda = 0 \\ \frac{\partial L}{\partial y} = 1 - \lambda = 0 \\ \frac{\partial L}{\partial \lambda} = -2x - y + 4 = 0 \end{cases}$$

Lösen wir die ersten beiden Gleichungen nach λ, erhalten wir: $\lambda = \frac{1}{2}, \lambda = 1$.

Da diese beiden Werte für λ nicht übereinstimmen, gibt es keinen Punkt (x, y), der sowohl die Funktion f als auch die Nebenbedingung h erfüllt und gleichzeitig ein Extremum ist. Daher gibt es kein Minimum der Funktion $f(x, y) = x + y$ unter der gegebenen Nebenbedingung.

Die Vorgehensweise, die Zwischenschritte sowie das Ergebnis stimmen. Wir erhöhen die Komplexität und geben im nächsten Prompt eine nichtlineare Funktion $f(x, y) = y^2$ vor, die aber nach wie vor entlang einer Geraden minimiert werden soll. Auch für die nächsten fünf Prompts soll dieses f beibehalten werden. Die Komplexitätszunahme werden wir durch die Nebenbedingung steuern.

Bestimmen Sie mittels der Lagrange'schen Multiplikatorenregel das Minimum der Funktion $f : \mathbb{R}^2 \rightarrow \mathbb{R}$, gegeben durch

$$f(x, y) = y^2,$$

unter der Nebenbedingung $h(x, y) = 2x + y - 4 = 0$.

Um das Minimum der Funktion $f(x, y) = y^2$ unter der Nebenbedingung $h(x, y) = 2x + y - 4 = 0$ zu finden, verwenden wir die Methode der Lagrange-Multiplikatoren. Die Lagrange-Funktion ist definiert als: $L(x, y, \lambda) = f(x, y) - \lambda * h(x, y)$. In diesem Fall ist die Lagrange-Funktion:

$$L(x, y, \lambda) = y^2 - \lambda(2x + y - 4).$$

Wir setzen die partiellen Ableitungen der Lagrange-Funktion gleich Null, um die Extremstellen zu finden:

$$\begin{cases} \frac{\partial L}{\partial x} = -2\lambda = 0 \\ \frac{\partial L}{\partial y} = 2y - \lambda = 0 \\ \frac{\partial L}{\partial \lambda} = 2x + y - 4 = 0 \end{cases}$$

Aus der ersten Gleichung erhalten wir $\lambda = 0$. Setzen wir dies in die zweite Gleichung ein, erhalten wir $y = 0$. Setzen wir $y = 0$ in die dritte Gleichung ein, erhalten wir $x = 2$. Daher ist das Minimum der Funktion $f(x, y) = y^2$ unter der Nebenbedingung $h(x, y) = 2x + y - 4 = 0$ bei $(x, y) = (2, 0)$ und der Funktionswert an dieser Stelle ist

$$f(2, 0) = 0^2 = 0.$$

Auch diese Aufgabe meistert ChatGPT. Zu beachten ist, dass das resultierende Gleichungssystem in den letzten zwei Aufgaben jeweils linear sind. Wir geben nun eine nichtlineare Nebenbedingung vor: Es soll entlang einer Parabel nach einem Minimum gesucht werden.

Bestimmen Sie mittels der Lagrange'schen Multiplikatorenregel das Minimum der Funktion $f : \mathbb{R}^2 \to \mathbb{R}$, gegeben durch $f(x, y) = y^2$, unter der Nebenbedingung

$$h(x, y) := -x^2 + y - 1 = 0.$$

Um das Minimum der Funktion $f(x, y) = y^2$ unter der Nebenbedingung $h(x, y) = -x^2 + y - 1 = 0$ zu finden, verwenden wir die Methode der Lagrange-Multiplikatoren. Diese Methode wird verwendet, um das Minimum oder Maximum einer Funktion unter einer gegebenen Nebenbedingung zu finden. Die Lagrange-Funktion ist gegeben durch:

$$L(x, y, \lambda) = f(x, y) - \lambda \cdot h(x, y) = y^2 - \lambda(-x^2 + y - 1).$$

Um das Minimum zu finden, setzen wir die partiellen Ableitungen der Lagrange-Funktion gleich Null und lösen das resultierende Gleichungssystem.

$$\begin{cases} \frac{\partial L}{\partial x} = 2\lambda x = 0 \\ \frac{\partial L}{\partial y} = 2y - \lambda = 0 \\ \frac{\partial L}{\partial \lambda} = -x^2 + y - 1 = 0 \end{cases}$$

Aus der ersten Gleichung erhalten wir, dass entweder $\lambda = 0$ oder $x = 0$. Wenn $\lambda = 0$, dann ergibt die zweite Gleichung $y = 0$. Aber das widerspricht der dritten Gleichung, also muss $x = 0$ sein. Setzen wir $x = 0$ in die dritte Gleichung ein, erhalten wir $y = 1$. Setzen wir $x = 0$ und $y = 1$ in die zweite Gleichung ein, erhalten wir $\lambda = 2$. Also ist das Minimum der Funktion $f(x, y) = y^2$ unter der Nebenbedingung $h(x, y) = -x^2 + y - 1 = 0$ bei $(x, y) = (0, 1)$ und der minimale Wert ist $f(0, 1) = 1^2 = 1$.

Die 2. und 3. Gleichung im System ist nichtlinear, vgl. die Terme λx sowie x^2. ChatGPT kommt aber damit zurecht und findet die eindeutige Lösung. Als nächstes lassen wir nach Minima auf dem Einheitskreis suchen, wobei die Lösung nicht eindeutig ist.

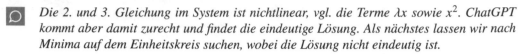

Bestimmen Sie mittels der Lagrange'schen Multiplikatorenregel das Minimum der Funktion $f : \mathbb{R}^2 \to \mathbb{R}$, gegeben durch $f(x, y) = y^2$, unter der Nebenbedingung

$$h(x, y) = x^2 + y^2 - 1 = 0.$$

Wir wollen das Minimum der Funktion $f(x, y) = y^2$ unter der Nebenbedingung $h(x, y) = x^2 + y^2 - 1 = 0$ finden. Dazu verwenden wir die Methode der Lagrange-Multiplikatoren und definieren die Lagrange-Funktion $L(x, y, \lambda) = f(x, y) - \lambda h(x, y)$:

$$L(x, y, \lambda) = y^2 - \lambda(x^2 + y^2 - 1).$$

Nun berechnen wir die partiellen Ableitungen von L und setzen sie gleich Null:

$$\begin{cases} \frac{\partial L}{\partial x} = -2\lambda x = 0, \\ \frac{\partial L}{\partial y} = 2y - 2\lambda y = 0, \\ \frac{\partial L}{\partial \lambda} = -(x^2 + y^2 - 1) = 0. \end{cases}$$

Aus der ersten Gleichung folgt, dass entweder $\lambda = 0$ oder $x = 0$.

Wenn $\lambda = 0$, dann ergibt die zweite Gleichung $y = 0$. Aber wenn $y = 0$, dann ist die Nebenbedingung $h(x, y) = x^2 + y^2 - 1 = 0$ nicht erfüllt, es sei denn, $x = \pm 1$. Daher sind die Punkte $(1, 0)$ und $(-1, 0)$ mögliche Lösungen.

Wenn $x = 0$, dann ergibt die Nebenbedingung $y = \pm 1$. Daher sind die Punkte $(0, 1)$ und $(0, -1)$ weitere mögliche Lösungen.

Um zu bestimmen, welcher dieser Punkte ein Minimum der Funktion f unter der Nebenbedingung h ist, setzen wir sie in die Funktion f ein:

$$f(1, 0) = 0^2 = 0,$$

$$f(-1, 0) = 0^2 = 0,$$

$$f(0, 1) = 1^2 = 1,$$

$$f(0, -1) = (-1)^2 = 1.$$

Daher sind die Punkte $(1, 0)$ und $(-1, 0)$ Minima der Funktion f unter der Nebenbedingung h, und der Minimalwert ist 0.

Jede der Gleichungen im System ist nun nichtlinear. Die beiden Minimalstellen wurden trotzdem richtig bestimmt. Zu betonen ist hier, dass ChatGPT zum Schluss die vier Kandidaten für die Minimastelle einem Auswerten an diesen Stellen unterzieht, um feststellen zu können, welches von beiden das tatsächliche Minimum ist. Dieses Vorgehen ist gerechtfertigt, da f stetig ist, durch die Nebenbedingung ein geschlossener Weg (also eine kompakte Menge) beschrieben wird und somit darauf ein globales Minimum bzw. globales Maximum existieren.

Für den nächsten Prompt verschieben wir den Einheitskreis in der Ebene, wodurch die Berechnungen etwas komplizierter werden.

Bestimmen Sie mittels der Lagrange'schen Multiplikatorenregel das Minimum der Funktion $f : \mathbb{R}^2 \to \mathbb{R}$, gegeben durch $f(x, y) = y^2$, unter der Nebenbedingung

$$h(x, y) = (x - 3)^2 + (y - 2)^2 - 1 = 0.$$

Die Methode der Lagrange-Multiplikatoren ist eine Methode zur Lösung von Optimierungsproblemen mit Nebenbedingungen. In diesem Fall wollen wir das Minimum der Funktion $f(x, y) = y^2$ unter der Nebenbedingung $h(x, y) = (x - 3)^2 + (y - 2)^2 - 1 = 0$ finden. Wir führen den Lagrange-Multiplikator λ ein und betrachten die Funktion:

$$L(x, y, \lambda) = f(x, y) - \lambda h(x, y)$$
$$= y^2 - \lambda[(x - 3)^2 + (y - 2)^2 - 1].$$

Wir setzen die partiellen Ableitungen von L gleich Null, um die kritischen Punkte zu finden:

$$\begin{cases} \frac{\partial L}{\partial x} = -2\lambda(x - 3) = 0, \\ \frac{\partial L}{\partial y} = 2y - 2\lambda(y - 2) = 0, \\ \frac{\partial L}{\partial \lambda} = -(x - 3)^2 - (y - 2)^2 + 1 = 0. \end{cases}$$

Aus der ersten Gleichung folgt, dass entweder $\lambda = 0$ oder $x = 3$. Wenn $\lambda = 0$, dann ergibt die zweite Gleichung $y = 0$, was nicht die Nebenbedingung erfüllt. Daher muss $x = 3$ sein.

Setzen wir $x = 3$ in die dritte Gleichung ein, erhalten wir $(y - 2)^2 = 1$, also $y = 1$ oder $y = 3$.

Setzen wir nun $x = 3$ und $y = 1$ bzw. $y = 3$ in die zweite Gleichung ein, erhalten wir die entsprechenden Werte für λ.

Für $y = 1$ erhalten wir $\lambda = -1/2$ und für $y = 3$ erhalten wir $\lambda = 1/2$.

Also haben wir zwei mögliche Lösungen: $(3, 1, -1/2)$ und $(3, 3, 1/2)$. Um zu bestimmen, welche dieser Lösungen ein Minimum ist, setzen wir sie in die Funktion $f(x, y)$ ein: Für $(3, 1, -1/2)$ erhalten wir $f(3, 1) = 1^2 = 1$ und für $(3, 3, 1/2)$ erhalten wir $f(3, 3) = 3^2 = 9$. Daher ist das Minimum der Funktion $f(x, y) = y^2$ unter der gegebenen Nebenbedingung bei $(3, 1)$ und der minimale Wert ist 1.

Die Lösung stimmt! Aus Erfahrung wissen wir, dass ChatGPT mit Zahlen aus $\mathbb{R} \backslash \mathbb{Z}$ etwas unsicher ist. Vermutlich liegt es auch daran, dass sie für die Darstellung mehr Textzeichen benötigen. Daher stellen wir fast dieselbe Aufgabe, aber verschieben den Mittelpunkt des Einheitskreises auf $(-\pi, 0)$, setzen den Radius auf π und erleben eine Überraschung.

Bestimmen Sie mittels der Lagrange'schen Multiplikatorenregel das Minimum der Funktion $f : \mathbb{R}^2 \to \mathbb{R}$, gegeben durch $f(x, y) = y^2$, unter der Nebenbedingung

$$h(x, y) = (x - \pi)^2 + y^2 - \pi^2 = 0.$$

Um das Minimum der Funktion $f(x, y) = y^2$ unter der Nebenbedingung $h(x, y) = (x - \pi)^2 + y^2 - \pi^2 = 0$ zu finden, verwenden wir die Methode der Lagrange-Multiplikatoren. Die Lagrange-Funktion ist dann gegeben durch:

$$L(x, y, \lambda) = f(x, y) - \lambda h(x, y)$$
$$= y^2 - \lambda[(x - \pi)^2 + y^2 - \pi^2].$$

Um das Minimum zu finden, setzen wir die partiellen Ableitungen von L gleich Null:

$$\begin{cases} \frac{\partial L}{\partial x} = -2\lambda(x - \pi) = 0 & (1) \\ \frac{\partial L}{\partial y} = 2y - 2\lambda y = 0 & (2) \\ \frac{\partial L}{\partial \lambda} = -(x - \pi)^2 - y^2 + \pi^2 = 0 & (3) \end{cases}$$

Aus Gleichung (1) folgt, dass $\lambda = 0$ oder $x = \pi$. Wenn $\lambda = 0$, dann folgt aus Gleichung (2), dass $y = 0$. Aber das widerspricht Gleichung (3), da $(x - \pi)^2 + 0^2 - \pi^2 \neq 0$ für $x \neq \pi$. Daher kann λ nicht Null sein, und wir haben $x = \pi$.

Setzen wir $x = \pi$ in Gleichung (3) ein, erhalten wir $y^2 = \pi^2$, also $y = \pm\pi$. Setzen wir nun $x = \pi$ und $y = \pm\pi$ in die Funktion f ein, erhalten wir $f(\pi, \pi) = f(\pi, -\pi) = \pi^2$. Daher ist das Minimum der Funktion $f(x, y) = y^2$ unter der Nebenbedingung $h(x, y) = (x - \pi)^2 + y^2 - \pi^2 = 0$ gleich π^2 und tritt auf bei den Punkten (π, π) und $(\pi, -\pi)$.

Die ersten zwei Schritte beim Auflösen des nichtlinearen Gleichungssystems stimmen zwar, aber dann scheitert ChatGPT an dieser Aufgabe, siehe den rot markierten Text. Das Ergebnis stimmt auch nicht.

Zusammenfassend konstatieren wir, dass man mit ChatGPT einfache bis mittelschwere Aufgaben zum Thema Lagrange'sche Multiplikatorenregel lösen lassen kann. Abschließend möchten wir zu einigen der obigen Optimierungsproblemen TikZ-Grafiken erstellen lassen und geben einen Tipp:

Prompt-Tipp: Mit ganzen Zahlen kommt ChatGPT besser als mit Dezimal-, Brüchen oder irrationalen Zahlen zurecht.

Durch die folgenden zwei Prompts, in welchen man die Plotbereiche sowie f bzw. h beliebig vorgeben kann, wird ein TikZ-Quelltext generiert, der nach dem Kompilieren die unten angegebenen Plots ergibt.

Gegeben sei die Funktion $f : \mathbb{R}^2 \to \mathbb{R}$ durch $f(x, y) = y^2$. Plotte f mittels TikZ im Bereich $[-1, 1] \times [-1, 1]$.

Hier ist der entsprechende TikZ-Quelltext für Ihre Funktion:

```
\begin{tikzpicture}[scale=0.6]
    \begin{axis}[
        title={$f(x,y)=y^2$},
        xlabel=$x$, ylabel=$y$, zlabel={$f(x,y)$},
        domain=-1:1,
        y domain=-1:1,
        view={60}{30}]
    \addplot3[surf] {y^2};
    \end{axis}
\end{tikzpicture}
```

Sie können diesen Code in Ihr LaTeX-Dokument einfügen und kompilieren, um den 3D-Plot zu erstellen. Bitte beachten Sie, dass Sie das Paket pgfplots benötigen, um diesen Code auszuführen.

Prima! Ergänze den obigen Quelltext wie folgt:
Der Plotbereich sollte nun sein: $[1, 5] \times [0, 4]$.
Plotte darin eine Kurve

$$\gamma : t \mapsto (x, y, z)^\top$$

so, dass die x- und y-Koordinaten von γ durch die Gleichung

$$(x - 3)^2 + (y - 2)^2 = 1$$

beschrieben werden und die z-Koordinate soll den Werten $f(x, y)$ entsprechen.

```
\begin{tikzpicture}[scale=0.6]
    \begin{axis}[
        title={$f(x,y)=y^2$},
        xlabel=$x$, ylabel=$y$, zlabel={$f(x,y)$},
        domain=1:5,
        y domain=0:4,
        view={60}{30},
                colormap={custom}{color(0)=(black!50) color(1)=(black!25) color(2)=(
                    black!0)}]
    \addplot3[surf] {y^2};
    \addplot3[black, thick, samples y=0, domain=0:2*pi] ({3+cos(deg(x))}, {2+sin(deg(
        x))}, {(2+sin(deg(x)))^2});
    \end{axis}
\end{tikzpicture}
```

PDF Wir kompilieren den obigen TikZ-Code für zwei der behandelten Optimierungsaufgaben und erhalten die Vektorgrafiken:

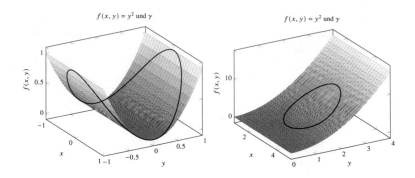

Für relativ einfache f bzw. h lassen sich also Plots offensichtlich erstellen. Ein Optimierungsproblem, vgl. Aufgabe 9.4.5 in [2], mit der Nebenbedingung

$$h(x, y) = (x^2 + y^2)^2 - 2x^2 + 2y^2 = 0,$$

ergab zwar einen TikZ-Quelltext, in dem jedoch noch vieles nachgebessert werden musste, bevor der Plot erstellt werden konnte. Wir reduzieren die Anforderungen und möchten klären, ob die Kurve h(x, y) = 0 allein geplottet werden kann.

Erstelle einen TikZ-Quelltext zum Plotten einer Kurve im $\mathbb{R}^2$, die durch Lösung der Gleichung $(x^2 + y^2)^2 - 2x^2 + 2y^2 = 0$ beschrieben wird. Stelle die Kurve in Parameterform dar.

Die gegebene Gleichung ist eine Form der Lemniskate von Bernoulli, die in Parameterform wie folgt dargestellt werden kann:

$$x = \sqrt{2}\cos(t)/\left(\sin^2(t) + 1\right)$$
$$y = \sqrt{2}\sin(t)\cos(t)/\left(\sin^2(t) + 1\right),$$

für $t \in [0, 2\pi)$. Die Parameterform ist besonders nützlich, wenn wir die Kurve in TikZ plotten wollen. Hier ist der entsprechende LaTeX-Code:

```
\begin{tikzpicture}[scale=0.7]
    \begin{axis}[
        axis lines = middle,
        xlabel = \(x\),
        ylabel = \(y\),
        domain = 0:2*pi,
        samples = 200,
```

```
          enlargelimits = false,
          clip = false,
          axis on top,
          grid = major,
          grid style = {dashed, gray!30},
          unit vector ratio*=1 1,
          legend pos = outer north east,
          legend style={cells={align=left}},
          legend cell align={left},
    ]
\addplot [domain=0:2*pi, samples=200, smooth, thick, color=blue] ({sqrt(2)*cos(
     deg(x))/(sin(deg(x))^2 + 1)}, {sqrt(2)*sin(deg(x))*cos(deg(x))/(sin(deg(x))
     ^2 + 1)});
\addlegendentry{\(x = \frac{\sqrt{2} \cos(t)}{\sin^2(t) + 1}, y = \frac{\sqrt{2}
     \sin(t) \cos(t)}{\sin^2(t) + 1}\)}
    \end{axis}
\end{tikzpicture}
```

Nach dem Kompilieren des Quelltextes erhält man folgende Abbildung:

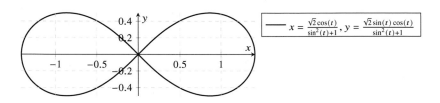

ChatGPT erkennt richtigerweise, dass bei dieser Kurve es sich um die Lemniskate von Bernoulli handelt. Der generierte TikZ-Quelltext ließ sich fehlerfrei kompilieren. Zu bemerken ist, dass bei wiederholten Ausführung des Prompts ChatGPT verschiedene Lösungsansätze zum Darstellen der Kurve lieferte, z.B. eine Darstellung im Polarkoordinatensystem, die jedoch ungünstig war, da diese um den Ursprung eine recht hohe Dichte der Samples voraussetzte.

Kurvenintegrale

Zusätzlich betrachten wir Vektorfelder im Zusammenhang mit Integralen und lassen auch MATLAB-Quelltexte zum Plotten erstellen. Die folgende Aufgabe wurde unverändert dem Werk [2, Kapitel 8.5] entnommen und wird auch in der Vorlesung Höhere Mathematik III der Hochschule Karlsruhe eingesetzt.

Integrieren Sie das Vektorfeld $\mathbf{f} : \mathbb{R}^3 \rightarrow \mathbb{R}^3$*, gegeben durch*

$$\mathbf{f}(x, y, z) = \begin{pmatrix} x\,y^2 \\ -x\,z \\ z \end{pmatrix}, \text{ über die Kurve } \gamma(t) = \begin{pmatrix} t \\ t^2 \\ t^3 \end{pmatrix}, \ t \in [0; 1].$$

Um das Vektorfeld **f** entlang der Kurve $\boldsymbol{\gamma}(t)$ zu integrieren, verwenden wir das Linienintegral:

$$\int_{\gamma} \mathbf{f} \cdot d\boldsymbol{\gamma} = \int_{0}^{1} \mathbf{f}(\boldsymbol{\gamma}(t)) \cdot \boldsymbol{\gamma}'(t)\, dt$$

Zuerst berechnen wir die Ableitung von $\boldsymbol{\gamma}(t)$:

$$\boldsymbol{\gamma}'(t) = \begin{pmatrix} 1 \\ 2t \\ 3t^2 \end{pmatrix}$$

Als nächstes setzen wir $\boldsymbol{\gamma}(t)$ in **f** ein:

$$\mathbf{f}(\boldsymbol{\gamma}(t)) = \begin{pmatrix} t(t^2)^2 \\ -t(t^3) \\ t^3 \end{pmatrix} = \begin{pmatrix} t^5 \\ -t^4 \\ t^3 \end{pmatrix}$$

Jetzt berechnen wir das Skalarprodukt von $\mathbf{f}(\boldsymbol{\gamma}(t))$ und $\boldsymbol{\gamma}'(t)$:

$$\mathbf{f}(\boldsymbol{\gamma}(t)) \cdot \boldsymbol{\gamma}'(t) = \begin{pmatrix} t^5 \\ -t^4 \\ t^3 \end{pmatrix} \cdot \begin{pmatrix} 1 \\ 2t \\ 3t^2 \end{pmatrix} = t^5 - 2t^5 + 3t^5 = 2t^5$$

Schließlich integrieren wir das Skalarprodukt über das gegebene Intervall und erhalten:

$$\int_{0}^{1} 2t^5\, dt = \left[\frac{2}{6} t^6\right]_{0}^{1} = \frac{2}{6} = \frac{1}{3}.$$

ChatGPT hat die LaTeX-Notation aus der Aufgabenstellung übernommen, die benutzten Formeln, die Zwischenergebnisse (siehe Skalarprodukt, Integration) und das Ergebnis sind korrekt!

Aus didaktischen Gründen möchten wir zu der obigen Aufgabe noch einen entsprechenden Plot erstellen lassen. Hierzu soll ein MATLAB-Quelltext geschrieben werden, siehe den nächsten Prompt. Eine Einführung in die Programmiersprache MATLAB findet man z.B. in [4].

*Schreibe einen MATLAB-Quelltext zum Plotten des Weges $\boldsymbol{\gamma}$ und plotte auch das Vektorfeld **f** ausgewertet auf dem Weg an 30 Stellen. Beschrifte den Anfangspunkt des Wegs mit $\boldsymbol{\gamma}(0)$ und den Endpunkt mit $\boldsymbol{\gamma}(1)$. Wähle für den Weg und die Anfangssowie Endpunkt die Farbe blau. Die Achsen bitte mit LaTeX-Interpreter beschriften. Zusätzlich soll in der yx-Ebene der orthogonale Schatten des Wegs $\boldsymbol{\gamma}$ in grau einzeichnen werden. Dasselbe bitte auch mit den geplotteten Vektoren des Vektorfelds **f** umsetzen.*

Hier ist der MATLAB-Quelltext zum Plotten des Weges γ, des Vektorfeldes **f** ausgewertet auf dem Weg an 30 Stellen, sowie des orthogonalen Schattens des Wegs γ und der Vektoren des Vektorfelds **f** in der yx-Ebene:

```matlab
% Kurve gamma
t = linspace(0, 1, 100);
gamma_x = t;
gamma_y = t.^2;
gamma_z = t.^3;

% Vektorfeld f
f_x = gamma_x .* gamma_y.^2;
f_y = -gamma_x .* gamma_z;
f_z = gamma_z;

% Wegpunkte für Vektorfeldauswertung
n_points = 30;
t_sample = linspace(0, 1, n_points);
x_sample = t_sample;
y_sample = t_sample.^2;
z_sample = t_sample.^3;

% Vektorfeld auf Weg ausgewertet
f_x_sample = x_sample .* y_sample.^2;
f_y_sample = -x_sample .* z_sample;
f_z_sample = z_sample;

% Plot
figure
hold on

% Schatten der Vektoren des Vektorfelds in der yx-Ebene
quiver(x_sample, y_sample, f_x_sample, f_y_sample, 'Color', [0.5 0.5 0.5], 'LineWidth', 1)

% Schatten des Wegs in der yx-Ebene
plot3(gamma_x, gamma_y, zeros(size(gamma_z)), 'Color', [0.5 0.5 0.5], 'LineWidth', 2)

% Vektorfeld f ausgewertet auf dem Weg
quiver3(x_sample, y_sample, z_sample, f_x_sample, f_y_sample, f_z_sample, 'r')

% Weg gamma
plot3(gamma_x, gamma_y, gamma_z, 'b', 'LineWidth', 2)
scatter3(gamma_x(1), gamma_y(1), gamma_z(1), 50, 'b', 'filled')
text(gamma_x(1), gamma_y(1), gamma_z(1), ' \gamma(0)')
scatter3(gamma_x(end), gamma_y(end), gamma_z(end), 50, 'b', 'filled')
text(gamma_x(end), gamma_y(end), gamma_z(end), ' \gamma(1)')

hold off

xlabel('$x$', 'Interpreter', 'latex')
ylabel('$y$', 'Interpreter', 'latex')
zlabel('$z$', 'Interpreter', 'latex')
title('Weg $\gamma$, Vektorfeld $f$ auf $\gamma$ und Schatten in der $yx$-Ebene', 'Interpreter', 'latex')
grid on
axis equal
```

Führen Sie diesen Code in MATLAB aus, um den Weg γ, das Vektorfeld **f** ausgewertet auf dem Weg an 30 Stellen, sowie den orthogonalen Schatten des Wegs γ und der Vektoren des Vektorfelds **f** in der yx-Ebene zu visualisieren.

M   Das Ausführen des Codes ergab die Abbildung:

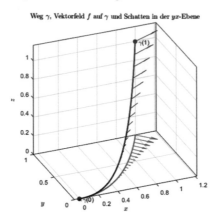

Der Quelltext ist fehlerfrei und der Plot ist genau so, wie angefragt. Wir bemerken, dass die
einzelnen Vektoren äquidistant bzgl. der Zeitvariable und nicht bzgl. der Ortsvariable sind,
was die Parametrisierung der Kurve γ sichtbar widerspiegelt. Beim genauen Studieren
der Abbildung fällt auf, dass die Schattenvektoren nicht exakt ihre Länge haben. Das
lag daran, dass im MATLAB-Befehl `quiver` (für zweidimensionale Darstellungen) bzw.
`quiver3` (für dreidimensionale Darstellungen) eine Skalierung der Vektoren eingestellt
ist, die vom Benutzer manuell nachjustiert wurde.

Erstelle nun einen MATLAB-Quelltext zum Ploten wie oben, aber für den Weg $\gamma(t) =
(\cos(t), \sin(t), t)^\top$, $t \in [0, 2\pi]$ und dasselbe Vektorfeld.

M   Das Ausführen des Codes ergab die Abbildung:

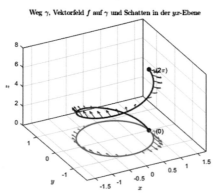

Der Quelltext wurde von ChatGPT richtig angepasst. Auch hier musste der Benutzer die
Skalierung der Schattenvektoren manuell nachjustieren. Diese wurden geplottet, um die
Orientierung der Vektoren im Raum besser optisch erfassen zu können.

5.3 Differentialgleichungssysteme

Es hat sich nach einigen Tests gezeigt, dass ChatGPT Schwierigkeiten damit hat, das folgende Anfangswertproblem zu lösen, vgl. [3, Aufgabe 14.30]:

Aufgabe Bestimmen Sie die Lösung des Anfangswertproblems

$$\begin{cases} x'(t) + y(t) = \sin(2t) \\ y'(t) - x(t) = \cos(2t) \end{cases}$$

mit den Anfangswerten $x(0) = 1$ und $y(0) = 0$. □

Wir reduzieren die Komplexität der Aufgabe durch das Weglassen der Anfangswerte bzw. der Inhomogenität und formulieren den folgenden Prompt. Dabei leisten wir eine Hilfestellung bzgl. der Matrix-Vektor-Darstellung.

> *Wir betrachten das System von linearen Differentialgleichungen*
>
> $$\begin{cases} x'(t) + y(t) = 0 \\ y'(t) - x(t) = 0 \end{cases},$$
>
> *ohne Anfangswerte. Wandle das System in Matrix-Vektor-Schreibweise um und löse das System analytisch. Gebe Deine Berechnungen als LaTeX-Code aus.*

Wir können das System in Matrix-Vektor-Schreibweise umwandeln:

$$\frac{d}{dt} \begin{pmatrix} x(t) \\ y(t) \end{pmatrix} = \begin{pmatrix} 0 & -1 \\ 1 & 0 \end{pmatrix} \begin{pmatrix} x(t) \\ y(t) \end{pmatrix}$$

Die Matrix auf der rechten Seite wird oft als Koeffizientenmatrix bezeichnet und mit A bezeichnet:

$$A = \begin{pmatrix} 0 & -1 \\ 1 & 0 \end{pmatrix}$$

Um das System analytisch zu lösen, können wir die Eigenwerte und Eigenvektoren der Matrix A bestimmen. Die Eigenwerte λ_1 und λ_2 erhalten wir durch die Lösung der charakteristischen Gleichung $\det(A - \lambda I) = 0$:

$$\begin{vmatrix} -\lambda & -1 \\ 1 & -\lambda \end{vmatrix} = \lambda^2 + 1 = 0$$

Die charakteristische Gleichung hat keine reellen Lösungen, sondern komplexe Lösungen $\lambda = \pm i$. Für jeden Eigenwert λ_i berechnen wir den zugehörigen Eigenvektor $\mathbf{v}_i$ durch die Gleichung $(A - \lambda_i I)\mathbf{v}_i = \mathbf{0}$:

$$(A - \lambda_1 I)\mathbf{v}_1 = \begin{pmatrix} -i & -1 \\ 1 & -i \end{pmatrix} \begin{pmatrix} v_{11} \\ v_{21} \end{pmatrix} = \mathbf{0}$$

Daraus ergibt sich der Eigenvektor $\mathbf{v}_1 = \begin{pmatrix} 1 \\ i \end{pmatrix}$. Analog erhalten wir für den Eigenwert $\lambda_2 = -i$

den Eigenvektor $\mathbf{v}_2 = \begin{pmatrix} 1 \\ -i \end{pmatrix}$. Die allgemeine Lösung des Systems lautet dann:

$$\begin{pmatrix} x(t) \\ y(t) \end{pmatrix} = c_1 \begin{pmatrix} 1 \\ i \end{pmatrix} e^{it} + c_2 \begin{pmatrix} 1 \\ -i \end{pmatrix} e^{-it}$$

Hierbei sind c_1 und c_2 beliebige Konstanten.

Die Lösung stimmt. Sie ist allerdings komplexwertig. Wir möchten die reelle Lösung haben, vgl. nächsten Prompt.

Gebe bitte aus der allgemeinen Lösung die reelle Lösung an.

Wir haben die allgemeine Lösung des Systems von linearen Differentialgleichungen in Vektorschreibweise als:

$$X(t) = c_1 e^{it} \begin{pmatrix} 1 \\ i \end{pmatrix} + c_2 e^{-it} \begin{pmatrix} 1 \\ -i \end{pmatrix}.$$

Um eine reelle Lösung zu erhalten, nutzen wir die Euler'sche Formel $e^{it} = \cos(t) + i\sin(t)$ und $e^{-it} = \cos(t) - i\sin(t)$. Setzen wir dies in die allgemeine Lösung ein:

$$\begin{aligned}
X(t) &= c_1 (\cos(t) + i\sin(t)) \begin{pmatrix} 1 \\ i \end{pmatrix} + c_2 (\cos(t) - i\sin(t)) \begin{pmatrix} 1 \\ -i \end{pmatrix} \\
&= c_1 \begin{pmatrix} \cos(t) \\ i\cos(t) + i^2 \sin(t) \end{pmatrix} + c_2 \begin{pmatrix} \cos(t) \\ -i\cos(t) - i^2 \sin(t) \end{pmatrix} \\
&= c_1 \begin{pmatrix} \cos(t) \\ i\cos(t) - \sin(t) \end{pmatrix} + c_2 \begin{pmatrix} \cos(t) \\ -i\cos(t) + \sin(t) \end{pmatrix} \\
&= \begin{pmatrix} c_1 \cos(t) + c_2 \cos(t) \\ c_1(i\cos(t) - \sin(t)) + c_2(-i\cos(t) + \sin(t)) \end{pmatrix} \\
&= \begin{pmatrix} (c_1 + c_2) \cos(t) \\ (c_1 - c_2) \sin(t) \end{pmatrix}.
\end{aligned}$$

Somit erhalten wir die reelle Lösung des Systems von linearen Differentialgleichungen als:

$$\begin{cases} x(t) = (c_1 + c_2) \cos(t) \\ y(t) = (c_1 - c_2) \sin(t) \end{cases},$$

wobei c_1 und c_2 beliebige reelle Konstanten sind. Bitte beachte, dass in der reellen Lösung die Konstanten c_1 und c_2 reell sein müssen, um eine reelle Lösung zu erhalten.

Die Umformung stimmt, vgl. die Lösungen zu [3]. Die Versuche, das vorliegende Anfangswertproblem für einen inhomogenen Fall zu lösen, führte zu instabilen und falschen Antworten, sodass wir das weitere Vorgehen hier einstellen.

An dieser Stelle möchten wir bemerken, dass ein späterer Aufruf desselben Prompts in einem neuen Chat eine Antwort mit einem anderen Lösungsweg unter Verwendung der exponentiellen Matrixfunktion ergab:

Wir betrachten das System von linearen Differentialgleichungen

$$\begin{cases} x'(t) + y(t) = 0 \\ y'(t) - x(t) = 0 \end{cases},$$

ohne Anfangswerte. Wandle das System in Matrix-Vektor-Schreibweise um und löse das System analytisch.

Das gegebene System von Differentialgleichungen lautet:

$$\begin{cases} x'(t) + y(t) = 0 \\ y'(t) - x(t) = 0 \end{cases}$$

Um das System in Matrix-Vektor-Schreibweise umzuwandeln, können wir die Ableitungen in Matrixform ausdrücken:

$$\begin{bmatrix} x'(t) \\ y'(t) \end{bmatrix} + \begin{bmatrix} 0 & 1 \\ -1 & 0 \end{bmatrix} \begin{bmatrix} x(t) \\ y(t) \end{bmatrix} = \begin{bmatrix} 0 \\ 0 \end{bmatrix}$$

Die Matrix-Vektor-Schreibweise lautet:

$$\mathbf{x}'(t) + \mathbf{A}\mathbf{x}(t) = \mathbf{0},$$

wobei

$$\mathbf{x}(t) = \begin{bmatrix} x(t) \\ y(t) \end{bmatrix}, \quad \mathbf{A} = \begin{bmatrix} 0 & 1 \\ -1 & 0 \end{bmatrix}, \quad \mathbf{0} = \begin{bmatrix} 0 \\ 0 \end{bmatrix}$$

Die analytische Lösung für das System kann durch exponentielle Matrixfunktionen ausgedrückt werden. Zuerst müssen wir die Matrix $\mathbf{A}$ diagonalisieren:

$$\mathbf{A} = \mathbf{P}\mathbf{D}\mathbf{P}^{-1}$$

wobei $\mathbf{D}$ eine Diagonalmatrix ist und $\mathbf{P}$ eine invertierbare Matrix, die die Eigenvektoren von $\mathbf{A}$ als Spalten enthält. Für $\mathbf{A}$ erhalten wir:

$$\mathbf{D} = \begin{bmatrix} i & 0 \\ 0 & -i \end{bmatrix}, \quad \mathbf{P} = \begin{bmatrix} \frac{1}{\sqrt{2}} & -\frac{1}{\sqrt{2}} \\ \frac{1}{\sqrt{2}} & \frac{1}{\sqrt{2}} \end{bmatrix}$$

Die Lösung des Systems lautet dann:

$$\mathbf{x}(t) = e^{\mathbf{A}t}\mathbf{C}$$

wobei $\mathbf{C}$ ein Vektor von Integrationskonstanten ist. Die exponentielle Matrixfunktion $e^{\mathbf{A}t}$ kann mit der Jordan-Normalform oder der Potenzreihenmethode berechnet werden.

Das generelle Vorgehen und die angegebenen Zwischenergebnisse stimmen. Auch der Hinweis auf z.B. die Potenzreihenmethode zur Bestimmung der exponentiellen Matrixfunktion ist korrekt, vgl. [5, Kapitel 18]. Wir geben uns mit dieser Antwort zufrieden und fragen uns, ob ChatGPT das obige System numerisch lösen kann, siehe die nächste Eingabeaufforderung.

Zum Schluss versehen wir das Gleichungssystem mit Anfangswerten und bitten ChatGPT das Problem mit dem Euler-Polygonzugverfahren zu lösen.

Bestimmen Sie die Lösung des Anfangswertproblems

$$\begin{cases} x'(t) + y(t) = 0 \\ y'(t) - x(t) = 0 \end{cases}$$

mit den Anfangswerten $x(0) = 1$ *und* $y(0) = 0$. *Verwende das Euler-Polygonzugverfahren für* $t \in \{0, \pi/4, \pi/2\}$.

Mit dem Euler-Polygonzugverfahren erhalten wir die iterative Formel:

$$\begin{cases} x_{n+1} = x_n + h\,(-y_n) \\ y_{n+1} = y_n + h\,(x_n) \end{cases},$$

wobei h der Schrittweite entspricht. Für das gegebene Anfangswertproblem mit den Anfangswerten $x(0) = 1$ und $y(0) = 0$ wählen wir $h = \frac{\pi}{4}$ und berechnen die numerische Lösung für die Zeitpunkte $t = 0, \frac{\pi}{4}, \frac{\pi}{2}$. Beginnen wir mit $t = 0$:

$$x_1 = x_0 + h\,(-y_0) = 1 + \frac{\pi}{4} \cdot (-0) = 1$$

$$y_1 = y_0 + h\,(x_0) = 0 + \frac{\pi}{4} \cdot 1 = \frac{\pi}{4}$$

Für $t = \frac{\pi}{4}$:

$$x_2 = x_1 + h\,(-y_1) = 1 + \frac{\pi}{4} \cdot \left(-\frac{\pi}{4}\right) = 1 - \frac{\pi^2}{16}$$

$$y_2 = y_1 + h\,(x_1) = \frac{\pi}{4} + \frac{\pi}{4} \cdot 1 = \frac{\pi}{2}$$

Schließlich für $t = \frac{\pi}{2}$:

$$x_3 = x_2 + h\,(-y_2) = 1 - \frac{\pi^2}{16} + \frac{\pi}{4} \cdot \left(-\frac{\pi}{2}\right) = 1 - \frac{\pi^2}{16} - \frac{\pi^2}{8}$$

$$y_3 = y_2 + h\,(x_2) = \frac{\pi}{2} + \frac{\pi}{4} \cdot \left(1 - \frac{\pi^2}{16}\right) = \frac{\pi}{2} + \frac{\pi}{4} - \frac{\pi^3}{64}$$

Somit erhalten wir die numerische Lösung des Anfangswertproblems für $t = 0, \frac{\pi}{4}, \frac{\pi}{2}$:

$$x(0) \approx 1$$

$$x\left(\frac{\pi}{4}\right) \approx 1 - \frac{\pi^2}{16}$$

$$x\left(\frac{\pi}{2}\right) \approx 1 - \frac{\pi^2}{16} - \frac{\pi^2}{8}$$

und

$$y(0) \approx 0$$

$$y\left(\frac{\pi}{4}\right) \approx \frac{\pi}{4}$$

$$y\left(\frac{\pi}{2}\right) \approx \frac{\pi}{2} + \frac{\pi}{4} - \frac{\pi^3}{64}$$

Bitte beachte, dass dies numerische Approximationen sind und nicht exakte Lösungen des Anfangswertproblems.

Das Verfahren wurde auf das System richtig angewendet. Lediglich an den rot markierten Stellen sollte „=" anstatt „≈" stehen.

Zustandsvariablen

Die nachfolgende Aufgabe zielt darauf ab, eine Differentialgleichung höherer Ordnung mit konstanten Koeffizienten mithilfe von Zustandsvariablen in ein System von Differentialgleichungen erster Ordnung zu transformieren. Diese Transformation wird vorgenommen, um numerische Methoden, wie beispielsweise das zuvor diskutierte Euler-Polygonzugverfahren, auf das resultierende System anwenden zu können.

Aufgabe 14.8 aus [3]: Transformieren Sie die lineare Differenzialgleichung mit konstanten Koeffizienten

$$y''' - 2y'' + 3y' - y = 0$$

auf die Normalform $\dot{x} = Ax$ und bestimmen Sie die charakteristische Gleichung.

Um die gegebene Differenzialgleichung dritter Ordnung in die Normalform $\dot{x} = Ax$ zu transformieren, führen wir eine Zustandsraumdarstellung ein. Wir definieren die Zustandsvariablen x_1, x_2, x_3 wie folgt:

$$x_1 = y,$$
$$x_2 = y',$$
$$x_3 = y''.$$

Dann können wir die gegebene Differenzialgleichung umschreiben als:

$$\dot{x}_1 = x_2,$$
$$\dot{x}_2 = x_3,$$
$$\dot{x}_3 = 2x_3 - 3x_2 + x_1.$$

Das lässt sich in Matrixform darstellen als:

$$\begin{pmatrix} \dot{x}_1 \\ \dot{x}_2 \\ \dot{x}_3 \end{pmatrix} = \begin{pmatrix} 0 & 1 & 0 \\ 0 & 0 & 1 \\ 1 & -3 & 2 \end{pmatrix} \begin{pmatrix} x_1 \\ x_2 \\ x_3 \end{pmatrix}$$

Also haben wir

$$A = \begin{pmatrix} 0 & 1 & 0 \\ 0 & 0 & 1 \\ 1 & -3 & 2 \end{pmatrix}.$$

Die charakteristische Gleichung erhält man durch Berechnung des charakteristischen Polynoms, das durch die Determinante von $A - \lambda I$ gegeben ist, wobei I die Einheitsmatrix ist und λ die Eigenwerte sind. Das führt zur charakteristischen Gleichung:

$$\det(A - \lambda I) = -\lambda^3 + 2\lambda^2 - 3\lambda + 1 = 0$$

Diese Gleichung bestimmt die Eigenwerte der Matrix A, die die Dynamik des Systems bestimmen.

 Sowohl die Umsetzung als auch das Ergebnis sind richtig.

In diesem Kapitel wurden insgesamt 29 Prompts behandelt. Davon wurden vier etwa zur Hälfte korrekt umgesetzt, drei nahezu fehlerfrei bearbeitet und die übrigen wurden einwandfrei gelöst. ChatGPT zeigte insbesondere bei den Optimierungsaufgaben, sowohl ohne als auch mit Nebenbedingungen, herausragende Leistungen. Schwierigkeiten traten bei einer Abschätzaufgabe auf, bei einer Definitionslücke sowie in einem Fall, in dem die Lösung eines Optimierungsproblems eine irrationale statt einer ganzen Zahl erforderte.

Literaturverzeichnis

1. Arens, T., Hettlich, F., Karpfinger, Ch., Kockelkorn, U., Lichtenegger, K., Stachel, H.: Mathematik, 5. Auflage, Springer Spektrum, 2022
2. Helfrich-Schkarbanenko A., Rapedius, K., Rutka, V., Sommer, A.: Mathematische Aufgaben und Lösungen automatisch generieren, Effizientes Lehren und Lernen mit MATLAB, Springer Spektrum, 2018
3. Koch, J., Stämpfle, M.: Mathematik für das Ingenieurstudium, 4. Auflage, Hanser-Verlag, 2018
4. Schweizer,W.: MATLAB Kompakt, De Gruyter, 7. Auflage, 2022
5. Walter, W.: Gewöhnliche Differentialgleichungen, 7. Auflage, Springer, 2000

Kapitel 6
Partielle Differentialgleichungen

Das Unendliche kann uns nur in endlicher
Form sichtbar werden.

Julius Langbehn (1851-1907), deutscher
Schriftsteller und Kulturkritiker

6.1 Eindimensionale Wärmeleitungsgleichung

In dem unten an das ChatGPT gestellte Anfangs-Randwertproblem zur Wärmeleitungsgleichung, vgl. [1, Kapitel 29.2] oder [2, Beispiel 5.1], wird die Anfangsbedingung nicht
konkret, sondern als eine Funktion $u(x, 0) = u_0(x)$ vorgegeben, was eine Herausforderung
beim Lösen darstellt. Wir teilen absichtlich nicht mit, dass $t \geq 0$ sein soll, um zu überprüfen,
ob ChatGPT intuitiv dies voraussetzt. Eine der Besonderheiten dieses Problems ist, dass
die allgemeine Form der Lösung durch eine unendliche Summe gegeben ist, siehe unten.

Löse mittels der Separation der Variablen das Anfangs-Randwertproblem

$$u_t - u_{xx} = 0, \quad u(0, t) = u(\pi, t) = 0,$$

$u(x, 0) = u_0(x)$. Verwende LaTeX und beginne mit 'documentclass'.

Wir betrachten die Wärmeleitungsgleichung

$$u_t - u_{xx} = 0, \quad 0 < x < \pi, \quad t > 0,$$
$$u(0, t) = u(\pi, t) = 0, \quad t \geq 0,$$
$$u(x, 0) = u_0(x), \quad 0 \leq x \leq \pi.$$

Wir versuchen eine Lösung der Form $u(x, t) = X(x)T(t)$ zu finden. Einsetzen in die
Differentialgleichung führt zu

$$X(x)T'(t) = X''(x)T(t).$$

Umformen ergibt

$$\frac{T'(t)}{T(t)} = \frac{X''(x)}{X(x)} = -\lambda,$$

wobei λ eine Konstante ist. Wir lösen nun die beiden Gleichungen

$$T'(t) + \lambda T(t) = 0,$$
$$X''(x) + \lambda X(x) = 0.$$

Die allgemeine Lösung der ersten Gleichung ist

$$T(t) = A \exp(-\lambda t),$$

wobei A eine Konstante ist. Die allgemeine Lösung der zweiten Gleichung hängt von λ ab. Für $\lambda > 0$ ist sie

$$X(x) = B \cos(\sqrt{\lambda}x) + C \sin(\sqrt{\lambda}x),$$

wobei B und C Konstanten sind. Da $u(0,t) = u(\pi,t) = 0$, muss $X(0) = X(\pi) = 0$ sein, was dazu führt, dass $B = 0$ und $\sqrt{\lambda} = n$, wobei n eine natürliche Zahl ist. Damit haben wir

$$X_n(x) = \sin(nx),$$
$$T_n(t) = A_n \exp(-n^2 t).$$

Die Gesamtlösung ist die Summe über alle solchen Lösungen

$$u(x,t) = \sum_{n=1}^{\infty} A_n \sin(nx) \exp(-n^2 t).$$

Um die Koeffizienten A_n zu bestimmen, verwenden wir die Anfangsbedingung $u(x,0) = u_0(x)$, was zu

$$u_0(x) = \sum_{n=1}^{\infty} A_n \sin(nx)$$

führt. Durch Multiplikation mit $\sin(mx)$ und Integration über das Intervall $[0,\pi]$ können die A_n bestimmt werden:

$$A_n = \frac{2}{\pi} \int_0^{\pi} u_0(x) \sin(nx)\, dx.$$

Das geforderte Lösungsverfahren, nämlich die Variablentrennung, wurde angewandt. Beeindruckend ist, dass die fehlende Konkretisierung der Angaben bzgl. der Zeit $t \geq 0$ sowie der Gültigkeitsbereich für den Anfangswert, nämlich $x \in [0,\pi]$ erkannt und hin-

zugefügt wird. Die Berechnung ist richtig, vgl. z.B. [2, Beispiel 5.1]. Die Funktionen $\sin(nx)\exp(-n^2 t)$*, aus welchen die Lösung zusammengesetzt wird, möchten wir mittels MATLAB, vgl. [3], gerne veranschaulichen, siehe nächsten Prompt. Bei der Berechnung von* A_n *wurden einige Überlegungen übersprungen, die wir mit dem übernächsten Prompt anfordern.*

Die Lösung des Anfangs-Randwertproblems setzt sich ja zusammen aus den Funktionen

$$\sin(nx)\exp(-n^2 t).$$

Schreibe bitte einen MATLAB-Funktion, mit der man für vorgegebenes n so eine Funktion mittels des MATLAB-Befehls `imagesc` *plotten kann. Dabei soll gelten:* $x \in [0, \pi]$ *und* $t \in [0, 1]$.

```
function plot_heat_solution(n)
    % Define the range of x and t values
    x = linspace(0, pi, 100);
    t = linspace(0, 1, 100);

    % Create a grid of x and t values
    [X, T] = meshgrid(x, t);

    % Calculate the heat solution
    U = sin(n*X) .* exp(-n^2*T);

    % Plot the solution
    imagesc(x, t, U);
    %axis equal; axis tight;
    axis square
    colorbar;
    xlabel('$x$','Interpreter','latex');
    ylabel('$t$','Interpreter','latex');
    title(['Heat solution for $n = ', num2str(n),'$'],'Interpreter','latex');
end
```

Nach dem sukzessiven Ausführen der generieren Funktion `plot_heat_solution(n)` für die Parameterwerte $n \in \{1, 2, 3, 4\}$ erhält man folgende „Bausteine" $\sin(nx)\exp(-n^2 t)$ der Lösung $u(x, t)$.

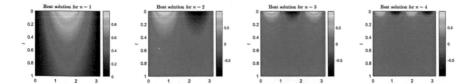

Die MATLAB-Funktion ist einwandfrei. An den Plots erkennt man das für Wellengleichungslösungen typische Verhalten, dass diese mit der Zeit immer „glatter" werden. Die Zeitachse ist im Plot vertikal von oben nach unten ausgerichtet. Die Ortsachse ist horizontal. Nachdem wir nun im Bilde sind, aus welchen Funktionen die Lösung zusammengesetzt wird, stellen wir die angedachte Frage bzgl. A_n.

Kannst Du die Berechnung der Koeffizienten A_n aus der Formel für $u_0(x)$ ausführlicher darstellen?

Die allgemeine Form der Lösung $u(x, t)$ ist gegeben durch die unendliche Summe

$$u(x, t) = \sum_{n=1}^{\infty} A_n \sin(nx) \exp(-n^2 t). \tag{6.1}$$

Die Koeffizienten A_n sind unbekannt und müssen aus der Anfangsbedingung $u(x, 0) = u_0(x)$ bestimmt werden. Das führt zur Gleichung

$$u_0(x) = \sum_{n=1}^{\infty} A_n \sin(nx). \tag{6.2}$$

Die Koeffizienten A_n können durch Multiplikation beider Seiten dieser Gleichung mit $\sin(mx)$ und Integration über das Intervall $[0, \pi]$ berechnet werden:

$$\int_0^{\pi} u_0(x) \sin(mx)\, dx = \int_0^{\pi} \left(\sum_{n=1}^{\infty} A_n \sin(nx) \right) \sin(mx)\, dx. \tag{6.3}$$

Aufgrund der Orthogonalitätseigenschaft der Sinusfunktionen verschwinden alle Integrale auf der rechten Seite, außer wenn $m = n$. Daher erhalten wir

$$\int_0^{\pi} u_0(x) \sin(mx)\, dx = A_m \int_0^{\pi} \sin^2(mx)\, dx. \tag{6.4}$$

Das Integral auf der rechten Seite ist $\pi/2$, daher ist

$$A_m = \frac{2}{\pi} \int_0^{\pi} u_0(x) \sin(mx)\, dx. \tag{6.5}$$

Diese Gleichung gibt uns eine Methode zur Berechnung der Koeffizienten A_n aus der gegebenen Anfangsbedingung $u_0(x)$. Beachten Sie, dass dies ein Integral ist, das im Allgemeinen numerisch berechnet werden muss, es sei denn, $u_0(x)$ ist eine besonders einfache Funktion.

Die Berechnung stimmt. Wir möchten nun erfahren, wie man das Integral über $\sin^2(mx)$ bestimmt.

Wie bestimmt man das Integral $\int_0^{\pi} \sin^2(mx)\, dx$? Gebe bitte nur die Lösungsidee an.

Für das Integral $\int_0^{\pi} \sin^2(mx)\, dx$ kann man eine trigonometrische Identität verwenden, um das Quadrat der Sinusfunktion zu eliminieren. Die Identität lautet:

$$\sin^2(x) = \frac{1 - \cos(2x)}{2}. \tag{6.6}$$

Wenn wir diese Identität in das Integral einsetzen, erhalten wir:

$$\int_0^\pi \sin^2(mx)\, dx = \int_0^\pi \frac{1 - \cos(2mx)}{2}\, dx. \tag{6.7}$$

Dieses Integral lässt sich nun leicht als Summe zweier Integrale berechnen: Einmal das Integral über eine Konstante, was zu $\pi/2$ führt, und einmal das Integral über eine Kosinusfunktion, das über das Intervall von 0 bis π verschwindet, da es sich um eine volle Periode der Funktion handelt. Daher ist das gesuchte Integral gleich $\pi/2$.

Nun ist der Lösungsweg des Anfangs-Randwertproblems bis ins Detail vollständig und richtig. Wir möchten einen konkreten Anfangswert $u_0(x)$ vorgeben.

Berechne die Koeffizienten A_n für $u_0(x) = \sin(2x)$.

Um die Koeffizienten A_n zu berechnen, verwenden wir die Gleichung

$$A_n = \frac{2}{\pi} \int_0^\pi u_0(x) \sin(nx)\, dx. \tag{6.8}$$

In diesem Fall ist die Funktion $u_0(x) = \sin(2x)$. Setzen wir diese Funktion in die Gleichung ein, erhalten wir:

$$A_n = \frac{2}{\pi} \int_0^\pi \sin(2x) \sin(nx)\, dx. \tag{6.9}$$

Dieses Integral kann durch die Produkt-zu-Summe-Identität vereinfacht werden, die lautet:

$$\sin(a)\sin(b) = \frac{1}{2}\left[\cos(a - b) - \cos(a + b)\right]. \tag{6.10}$$

Setzen wir diese Identität in das Integral ein, erhalten wir:

$$A_n = \frac{2}{\pi} \int_0^\pi \frac{1}{2}\left[\cos((n - 2)x) - \cos((n + 2)x)\right] dx. \tag{6.11}$$

Die Integrale von Cosinus-Funktionen über ein volles Intervall ihrer Periode sind Null. Daher ist das Ergebnis Null für alle $n \neq 2$, und für $n = 2$ ist das Integral gleich π (da wir dann das Integral von $\cos(0)$ über das Intervall von 0 bis π haben). Daher erhalten wir:

$$A_n = \begin{cases} 1 & \text{für } n = 2, \\ 0 & \text{für } n \neq 2. \end{cases} \tag{6.12}$$

ChatGPT zeigt gute Leistung. Wir stellen hierzu jedoch eine Frage, da wir denken, dass man dies etwas kürzer hätte lösen können.

Hätte man bei der obigen Berechnung auch mit Orthogonalitätseigenschaft argumentieren können?

Ja, das ist richtig. Bei der Berechnung der Koeffizienten A_n kann man die Orthogonalitätseigenschaft der Sinusfunktionen nutzen, was den Rechenaufwand erheblich reduziert. Die Sinusfunktionen $\sin(nx)$ und $\sin(mx)$ (mit $n \neq m$) sind auf dem Intervall $[0, \pi]$ orthogonal zueinander. Dies bedeutet, dass das Integral des Produkts dieser Funktionen über dieses Intervall gleich Null ist:

$$\int_0^\pi \sin(nx) \sin(mx)\, dx = 0 \quad \text{für} \quad n \neq m. \tag{6.13}$$

Das ist äquivalent zur Aussage, dass der Koeffizient A_n nur dann von Null verschieden ist, wenn n gleich der Frequenz der Funktion $u_0(x)$ ist, in diesem Fall 2. Daher ist $A_2 = 1$ und $A_n = 0$ für $n \neq 2$, was das gleiche Ergebnis ist, das wir zuvor durch direkte Berechnung erhalten haben.

Die Antwort ist mehr als zufriedenstellend. Wir möchten nun die bestimmten A_n in die Lösung $u(x, t)$ einsetzen lassen, in der Hoffnung, dass ChatGPT sich daran noch erinnert, denn diese wurde fünf Prompts früher aufgestellt.

Nun, nachdem A_n bestimmt wurde, gebe bitte die entsprechende Lösung $u(x, t)$ an.

Nach der Bestimmung der Koeffizienten A_n können wir die Lösung $u(x, t)$ der Wärmeleitungsgleichung durch folgende Reihe darstellen:

$$u(x, t) = \sum_{n=1}^{\infty} A_n \sin(nx) e^{-n^2 t}. \tag{6.14}$$

Da wir gefunden haben, dass $A_n = 0$ für $n \neq 2$ und $A_2 = 1$, wird die Summe auf nur einen Term reduziert und wir erhalten die Lösung:

$$u(x, t) = \sin(2x) e^{-4t}. \tag{6.15}$$

ChatGPT versteht den Kontext, führt die Anweisung richtig um und wir erhalten eine explizite analytische Lösung, deren Plot übrigens bereits in der vorherigen Abbildung ganz links zu finden ist.

Im Folgenden möchten wir eine nicht-glatte Funktion als Anfangswert angeben, um zu testen, wie gut ChatGPT damit zurecht kommt.

Berechne die Koeffizienten A_n für $u_0(x) = \frac{\pi}{2} - |x - \frac{\pi}{2}|$.

Um die Koeffizienten A_n zu berechnen, verwenden wir die Gleichung

$$A_n = \frac{2}{\pi} \int_0^{\pi} u_0(x) \sin(nx)\, dx. \tag{6.16}$$

Die Funktion $u_0(x) = \pi/2 - |x - \pi/2|$ ist eine Dreiecksfunktion, die bei $x = \pi/2$ ihren Höhepunkt erreicht. Wir können das Integral daher in zwei Teile zerlegen, für $0 \le x \le \pi/2$ und für $\pi/2 < x \le \pi$. In diesen Bereichen können wir $u_0(x)$ durch die Funktionen $u_0(x) = x$ bzw. $u_0(x) = \pi - x$ ersetzen. Damit erhalten wir:

$$A_n = \frac{2}{\pi} \left(\int_0^{\pi/2} x \sin(nx)\, dx + \int_{\pi/2}^{\pi} (\pi - x) \sin(nx)\, dx \right). \tag{6.17}$$

Beide Integrale können durch partielle Integration gelöst werden. Der allgemeine Ansatz für das erste Integral ist

$$\int_0^{\pi/2} x \sin(nx)\, dx = \left[-\frac{x \cos(nx)}{n} \right]_0^{\pi/2} + \frac{1}{n} \int_0^{\pi/2} \cos(nx)\, dx, \tag{6.18}$$

und ähnlich für das zweite Integral. Nach Berechnung der Integrale und Einsetzen der Grenzen erhält man den Ausdruck für die Koeffizienten A_n. Beachten Sie, dass das Ergebnis von der Parität von n abhängt, d.h. es gibt unterschiedliche Ausdrücke für gerade und ungerade n.

ChatGPT erkennt, dass es sich hier um eine Dreiecksfunktion handelt und schlägt daher sinnvollerweise eine Aufteilung des Integrationsbereiches ein. Bei der partiellen Integration hört es auf, explizite Lösung anzustreben und skizziert das weitere Vorgehen. Man hätte ChatGPT nun um detailliertere Lösung bitten können. Wir geben uns jedoch mit den vorhergehenden Berechnungen sehr zufrieden und wenden uns der Wellengleichung zu.

6.2 Eindimensionale Wellengleichung

Die eindimensionale Wellengleichung ist ein fundamentales Konzept in der Physik und Mathematik, das die Ausbreitung von Wellen in einem eindimensionalen Medium beschreibt. Sie hat Anwendungen in vielen Bereichen der Physik und soll daher auch hier behandelt werden.

Sei h(x, t) die Querverschiebung einer beanspruchten elastischen Sehne, z. B. der schwingenden Saiten eines Saiteninstruments, in Abhängigkeit von der Position x entlang der Saite und der Zeit t. Die Funktion h erfüllt die partielle Differentialgleichung

$$\frac{\partial^2 h}{\partial t^2} = \frac{\partial^2 h}{\partial x^2}.$$

Randbedingungen: $h(0, t) = 0$ und $\frac{\partial}{\partial x} h(\pi, t) = 0$ für alle $t > 0$; Anfangsbedingungen: $h(x, 0) = \sin(x)$, $\frac{\partial}{\partial t} h(x, 0) = 0$. Löse diese Gleichung. Verwenden Sie LaTeX Code für Deine Berechnung. Beginne mit 'documentclass'.

Die gegebene Gleichung ist eine Wellengleichung mit der Ausbreitungsgeschwindigkeit $c = 1$. Die Wellengleichung kann mit Hilfe der Methode der Variablentrennung gelöst werden. Wir suchen nach Lösungen der Form

$$h(x, t) = X(x)T(t),$$

wobei X eine Funktion von x allein und T eine Funktion von t allein ist. Einsetzen in die Gleichung ergibt:

$$X(x)T''(t) = X''(x)T(t).$$

Teilen beider Seiten durch XT ergibt:

$$\frac{T''(t)}{T(t)} = \frac{X''(x)}{X(x)}.$$

Die linke Seite ist eine Funktion von t allein und die rechte Seite ist eine Funktion von x allein. Daher müssen beide Seiten gleich einer Konstanten sein, die wir mit $-\lambda$ bezeichnen. So erhalten wir zwei gewöhnliche Differentialgleichungen:

1. $T''(t) + \lambda T(t) = 0$,
2. $X''(x) + \lambda X(x) = 0$.

Die allgemeine Lösung der zweiten Gleichung ist:

$$X(x) = A \cos(\sqrt{\lambda}x) + B \sin(\sqrt{\lambda}x),$$

wobei A und B beliebige Konstanten sind. Die Randbedingungen $h(0, t) = 0$ und $h_x(\pi, t) = 0$ für alle $t > 0$ implizieren $X(0) = 0$ und $X'(\pi) = 0$. Die erste Bedingung ergibt $A = 0$ und die zweite $B\sqrt{\lambda} \cos(\sqrt{\lambda}\pi) = 0$. Nichttriviale Lösungen existieren nur, wenn $\sqrt{\lambda}\pi = n\pi$, $n = 1, 2, \ldots$. So erhalten wir $\lambda_n = n^2$ und die Lösungen sind:

$$X_n(x) = B_n \sin(nx),$$

wobei B_n Konstanten sind. Die allgemeine Lösung der ersten Gleichung, unter Verwendung von $\lambda_n = n^2$, ist:

$$T_n(t) = C_n \cos(nt) + D_n \sin(nt),$$

wobei C_n und D_n beliebige Konstanten sind. Die allgemeine Lösung der ursprünglichen PDE ist eine Überlagerung dieser Lösungen:

$$h(x,t) = \sum_{n=1}^{\infty} (C_n \cos(nt) + D_n \sin(nt)) \sin(nx).$$

Die Anfangsbedingungen $h(x,0) = \sin(x)$ und $h_t(x,0) = 0$ implizieren $C_n = \delta_{n1}$ (das Kronecker-Delta, das 1 ist, wenn $n = 1$ und sonst 0), und $D_n = 0$. Daher ist die Lösung, die die gegebenen Rand- und Anfangsbedingungen erfüllt:

$$h(x,t) = \cos(t)\sin(x).$$

Diese Funktion erfüllt die ursprüngliche PDE und die gegebenen Rand- und Anfangsbedingungen.

Die Lösung stimmte auf Anhieb. Es ist üblich, so eine Aufgabe mittels der Variablentrennung zu lösen. Diesen Weg schlägt auch ChatGPT ein. Da die Ausgabe von ChatGPT unterbrach, musste ein Prompt mit Bitte um Fortsetzung nachgereicht werden. Zu bemerken ist, dass die eindimensionale Wellengleichung eine des Standardaufgaben zum Thema partielle Differentialgleichungen ist. Oben wurde allerdings das Lösen der gewöhnlichen Differentialgleichungen für $T(t)$ sowie $X(x)$ ausgelassen, die übrigens vom gleichen Typ sind. Daher fragen wir nach, vgl. nächsten Prompt.

Wie löst man die gewöhnliche Differentialgleichung $X''(x) + \lambda X(x) = 0$ für $\lambda > 0$?

Die gegebene Differentialgleichung ist ein Beispiel für eine homogene lineare Differentialgleichung zweiter Ordnung. Die Lösung dieser Gleichung hängt vom Vorzeichen von λ ab. Da $\lambda > 0$ in Ihrer Frage gegeben ist, setzen wir $\lambda = k^2$ für $k = \sqrt{\lambda}$ und wir erhalten die Gleichung

$$X''(x) + k^2 X(x) = 0.$$

Wir setzen den Ansatz $X(x) = e^{rx}$ ein, was zu $X'(x) = re^{rx}$ und $X''(x) = r^2 e^{rx}$ führt. Wenn wir das in die Differentialgleichung einsetzen, erhalten wir

$$r^2 e^{rx} + k^2 e^{rx} = 0,$$

was wir zu

$$r^2 + k^2 = 0$$

vereinfachen können, indem wir durch e^{rx} teilen. Da e^{rx} nie null ist, ändert dies die Lösungen nicht. Dies führt zu

$$r^2 = -k^2,$$

also

$$r = \pm ki,$$

wobei i die imaginäre Einheit ist. Daher ist die allgemeine Lösung der Differentialgleichung:

$$X(x) = A \cos(kx) + B \sin(kx),$$

wobei A und B Konstanten sind, die durch Anfangs- oder Randbedingungen bestimmt werden können.

Nun sind alle Zwischenschritte der Berechnung vorhanden und sie stimmen. Wir wenden uns der graphischen Darstellung der Lösung zu.

Erstelle einen MATLAB-Quelltext zum Plotten der Lösung $h(x,t)$ mittels des Befehls 'waterfall'.

```matlab
% Definiere das Gitter in x und t
x = linspace(0, pi, 100);
t = linspace(0, 10, 100);

clc; close all
% Erstelle ein Gitter
[X, T] = meshgrid(x, t);

% Berechne die Lösung h(x, t)
h = cos(T) .* sin(X);

% Erstelle den Plot
figure;
waterfall(X, T, h);
axis equal
xlabel('$x$','Interpreter','latex');
ylabel('$t$','Interpreter','latex');
zlabel('$h(x,t)$','Interpreter','latex');
%title('Lösung der Wellengleichung');
```

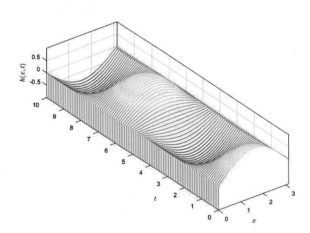

Der Plot stimmt. Der Zeitbereich wurde von ChatGPT auf $[0, 10]$ gesetzt, ohne, dass der Benutzer dazu eine Anweisung geben musste. Die Lösung $h(x,t)$ wurde zum Plotten

im erstellten Quelltext exakt nachprogrammiert. Im Quelltext wurde nachträglich für die Achsenbeschriftung lediglich der 'Interpreter' auf 'latex' gesetzt.

Schreibe einen MATLAB-Quelltext zum Erstellen eines Videos der Lösung $h(x,t)$ über die Zeit.

Um ein Video der Lösung $h(x,t)$ zu erstellen, können Sie einen MATLAB-Quelltext verwenden, der einen Plot der Lösung zu jedem Zeitschritt erstellt und dann diese Plots in ein Video zusammenfügt. Hier ist ein Beispiel, wie Sie das tun können:

```
% Definiere das Gitter in x und t
x = linspace(0, pi, 100);
t = linspace(0, 10, 100);

% Erstelle ein VideoWriter-Objekt
v = VideoWriter('wave_equation_solution.avi');
open(v);

% Iteriere über die Zeitpunkte
for k = 1:length(t)
    % Berechne die Lösung h(x, t) zum aktuellen Zeitpunkt
    h = cos(t(k)) .* sin(x);

    % Erstelle den Plot
    plot(x, h,'LineWidth',2);
    xlim([0 pi]);
    ylim([-1 1]);
    xlabel('x');
    ylabel('h(x,t)');
    title(['Lösung der Wellengleichung bei t = ', num2str(t(k))]);

    % Füge den aktuellen Frame zum Video hinzu
    frame = getframe(gcf);
    writeVideo(v, frame);
end
% Schließe das Video
close(v);
```

Der obige Quelltext ist fehlerfrei und generiert eine Videodatei im avi-Format mit Animation der Lösung $h(x,t)$ für den Zeitbereich $t \in [0, 10]$.

Die KI zeigte bei der Bearbeitung der eindimensionalen Wärmeleitungs- und Wellengleichung exzellente Ergebnisse. Es ist jedoch anzumerken, dass es uns nicht gelang, mit ChatGPT einen funktionsfähigen MATLAB-Quellcode zur Simulation einer Kármánschen Wirbelstraße zu generieren. Der mathematische bzw. numerische Schwierigkeitsgrad dieses Problems übertrifft aber den der zuvor genannten Aufgabenstellungen.

Literaturverzeichnis

1. Arens, T., Hettlich, F., Karpfinger, Ch., Kockelkorn, U., Lichtenegger, K., Stachel, H.: Mathematik, 5. Auflage, Springer Spektrum, 2022

2. Großmann, Ch., Roos, H.-G.: Numerische Behandlung partieller Differentialgleichungen, 3., völlig überarbeitete und erweiterte Auflage, Vieweg & Teubner, 2005
3. Schweizer,W.: MATLAB Kompakt, De Gruyter, 7. Auflage, 2022

◇ ◇ ◇

Kapitel 7
Beweise

Ein Beweis ist in der Mathematik die als fehlerfrei anerkannte Herleitung der Richtigkeit bzw. der Unrichtigkeit einer Aussage aus einer Menge von Axiomen, die als wahr vorausgesetzt werden, und anderen Aussagen, die bereits bewiesen sind. Sie bilden das Kernstück der Mathematik, auf dem jede Theorie aufbaut. Es gibt viele Beweistechniken, wie z.B. Existenzbeweis, direkter bzw. indirekter Beweis, Vollständige Induktion, u.v.m., vgl. [1, 2]. Aus Platzgründen können wir hier keinen vollständigen Überblick geben und gehen nur auf einige davon ein. Wir beginnen mit Beweisen, die den Studierenden z.B. der Fachrichtung Maschinenbau bzw. Mathematik an einer Universität im ersten Semester begegnen.

7.1 Gaußsche Summenformel

Beweise bitte die Gaußsche Summenformel.
Gebe Deine Antwort als LaTeX-Code aus.

Wir möchten die Summe der ersten n natürlichen Zahlen berechnen, das heißt

$$S_n = 1 + 2 + 3 + \cdots + (n-1) + n.$$

Die Gaußsche Summenformel besagt, dass

$$S_n = \frac{n(n+1)}{2}.$$

Um dies zu beweisen, verwenden wir einen einfachen mathematischen Trick. Wir schreiben die Summe S_n noch einmal auf, aber in umgekehrter Reihenfolge:

$$S_n = n + (n-1) + (n-2) + \cdots + 2 + 1.$$

Nun addieren wir die beiden Gleichungen termweise:

$$2S_n = (1+n) + (2+(n-1)) + (3+(n-2)) + \cdots + ((n-1)+2) + (n+1)$$
$$= n+1+n+1+n+1+\cdots+n+1+n+1$$
$$= (n+1) \cdot n,$$

wobei jeder Term in der Summe $n+1$ ergibt und es insgesamt n Terme gibt. Um die Gaußsche Summenformel zu erhalten, teilen wir beide Seiten der Gleichung durch 2:

$$S_n = \frac{n(n+1)}{2}.$$

Damit haben wir die Gaußsche Summenformel bewiesen.

ChatGPT hat die Summenformel richtig wiedergegeben sowie sauber und gut nachvollziehbar bewiesen. Wir möchten aber prüfen, ob ChatGPT auch andere Beweise der Formel kennt, siehe den nächsten Prompt.

Führe bitte den Beweis mittels der Vollständiger Induktion durch.

Wir möchten die Summe der ersten n natürlichen Zahlen berechnen, das heißt

$$S_n = 1 + 2 + 3 + \cdots + (n-1) + n.$$

Die Gaußsche Summenformel besagt, dass

$$S_n = \frac{n(n+1)}{2}.$$

Um dies zu beweisen, verwenden wir die Methode der vollständigen Induktion.
Induktionsbasis: Für $n=1$ haben wir:

$$S_1 = 1 = \frac{1(1+1)}{2} = \frac{1 \cdot 2}{2}.$$

Die Gleichung ist wahr, also ist die Induktionsbasis erfüllt.
Induktionsannahme: Wir nehmen an, dass die Gaußsche Summenformel für ein beliebiges $n=k$ wahr ist, das heißt

$$S_k = \frac{k(k+1)}{2}.$$

Induktionsschritt: Wir müssen zeigen, dass die Gaußsche Summenformel auch für $n = k+1$ wahr ist:

$$S_{k+1} = 1 + 2 + \cdots + k + (k + 1)$$
$$= S_k + (k + 1)$$
$$= \frac{k(k + 1)}{2} + (k + 1)$$
$$= \frac{k(k + 1) + 2(k + 1)}{2}$$
$$= \frac{(k + 1)(k + 2)}{2}$$
$$= \frac{(k + 1)((k + 1) + 1)}{2}.$$

Da die Gaußsche Summenformel für $n = k + 1$ wahr ist, haben wir die Gaußsche Summenformel mittels vollständiger Induktion für alle $n \in \mathbb{N}$ bewiesen.

Auch diese Variante des Beweises meistert ChatGPT meisterhaft und optisch akkurat.

7.2 Bernoullische Ungleichung

Kennst Du die Bernoullische Ungleichung?

Ja, ich kenne die Bernoullische Ungleichung. Sie ist eine wichtige Ungleichung in der Mathematik und besagt, dass für alle reellen Zahlen x und alle natürlichen Zahlen n mit $x \geq -1$ und $n \geq 1$ gilt:

$$(1 + x)^n \geq 1 + nx.$$

Die Bernoullische Ungleichung ist eine Verallgemeinerung der binomischen Formel und zeigt, dass die Potenz $(1 + x)^n$ mindestens so groß ist wie das lineare Wachstum $1 + nx$. Sie spielt eine wichtige Rolle in der Analysis, insbesondere bei der Untersuchung von konvergenten Reihen und der Approximation von Funktionen.

ChatGPT gibt die Ungleichung sauber wieder und teilt uns auch Randinformationen *darüber mit. Da in diesem Kapitel es um Beweise geht, formulieren wir den nächsten Prompt.*

Kannst Du bitte diese Ungleichung beweisen.

Wir verwenden Induktion, um die Bernoullische Ungleichung zu beweisen.
Basisfall ($n = 1$):

$$(1 + x)^1 \geq 1 + 1 \cdot x$$

$$1 + x \geq 1 + x$$

Die Ungleichung gilt für $n = 1$.
Induktionsannahme: Für ein $k \in \mathbb{N}$ gilt

$$(1 + x)^k \geq 1 + kx.$$

Induktionsschritt ($k \rightarrow k + 1$): Wir müssen zeigen, dass

$$(1 + x)^{k+1} \geq 1 + (k + 1)x.$$

Da $x \geq -1$, haben wir $x + 1 \geq 0$. Multiplizieren wir beide Seiten der Induktionsannahme mit $x + 1$, erhalten wir:

$$(1 + x)^k (1 + x) \geq (1 + kx)(1 + x).$$

Daraus folgt:
$$(1 + x)^{k+1} \geq 1 + x + kx + kx^2 = 1 + (k + 1)x + kx^2.$$

Da $k \geq 1$ und $x^2 \geq 0$, haben wir $kx^2 \geq 0$. Dann folgt:

$$1 + (k + 1)x + kx^2 \geq 1 + (k + 1)x,$$

und somit
$$(1 + x)^{k+1} \geq 1 + (k + 1)x.$$

Die Bernoullische Ungleichung wurde damit für alle $n \in \mathbb{N}$ bewiesen.

Der Beweis ist richtig. Die Verwendung der Variable k war nicht nötig, ist aber in Ordnung. Anstatt des Begriffs „Induktionsbasis", vgl. Abschnitt 7.1, wird hier „Basisfall" benutzt. Wir möchten wissen, ob ChatGPT auch einen anderen bestimmten Beweis kennt, siehe den nächsten Prompt.

Kennst Du auch den Beweis mittels des binomischen Lehrsatzes?

Ja, ich kenne auch den Beweis der Bernoullischen Ungleichung unter Verwendung des binomischen Lehrsatzes. Hier ist der Beweis:

Um die Bernoullische Ungleichung zu beweisen, verwenden wir den binomischen Lehrsatz:

$$(1 + x)^n = \sum_{k=0}^{n} \binom{n}{k} x^k.$$

Da $\binom{n}{k} = \frac{n!}{k!(n-k)!}$ immer positiv ist, haben wir:

$$(1 + x)^n = 1 + nx + \sum_{k=2}^{n} \binom{n}{k} x^k.$$

Da $x \geq -1$, sind alle Terme in der Summe nicht-negativ. Insbesondere gilt:

$$\sum_{k=2}^{n} \binom{n}{k} x^k \geq 0.$$

Daraus folgt:

$$(1+x)^n \geq 1 + nx.$$

Die Bernoullische Ungleichung wurde unter Verwendung des binomischen Lehrsatzes bewiesen.

Auch mit dieser Aufgabenstellung wird ChatGPT gut fertig. Wir belassen es nun dabei und gehen zum Testen der KI bzgl. der Fähigkeit, auch geometrische Sachverhalte beweisen zu können.

7.3 Satz von Pythagoras

Beweise den Satz von Pythagoras mittels des Skalarproduktes.
Gebe Deine Antwort als LaTeX-Code an und verwende dabei die Vektorschreibweise
a. *Bitte keine Leerzeilen vor Termen, die mit „[" oder „$$" beginnen.*

Hier ist der Beweis des Satzes von Pythagoras unter Verwendung des Skalarprodukts und der Vektorschreibweise als LaTeX-Quelltext:

Betrachten wir ein rechtwinkliges Dreieck mit den Seitenlängen a, b und der Hypotenuse c. Wir modellieren dieses Dreieck in einem kartesischen Koordinatensystem und definieren die Vektoren **u** und **v** wie folgt:

$$\mathbf{u} = \begin{pmatrix} a \\ 0 \end{pmatrix} \quad \text{und} \quad \mathbf{v} = \begin{pmatrix} 0 \\ b \end{pmatrix}.$$

Da das Dreieck rechtwinklig ist, steht **u** senkrecht auf **v**. Das bedeutet, dass das Skalarprodukt dieser beiden Vektoren gleich Null ist:

$$\mathbf{u} \cdot \mathbf{v} = a \cdot 0 + 0 \cdot b = 0.$$

Jetzt betrachten wir den Vektor **w**, der die Differenz zwischen **v** und **u** ist:

$$\mathbf{w} = \mathbf{v} - \mathbf{u} = \begin{pmatrix} 0 \\ b \end{pmatrix} - \begin{pmatrix} a \\ 0 \end{pmatrix} = \begin{pmatrix} -a \\ b \end{pmatrix}.$$

Der Vektor **w** entspricht der Hypotenuse des rechtwinkligen Dreiecks. Die Länge der Hypotenuse ist c, also gilt

$$c^2 = \|\mathbf{w}\|^2 = (-a)^2 + b^2 = a^2 + b^2.$$

Da wir gezeigt haben, dass $c^2 = a^2 + b^2$, ist der Satz von Pythagoras bewiesen.

*Uns gefällt nicht, dass hier die Vektoren **u**, **v** teilweise mit Nullen belegt wurden und somit der Beweis nicht allgemein ist. Daher formulieren wir die obige Anfrage leicht um, in der Hoffnung, dass der obige Spezialfall nicht mehr vorkommt.*

Beweise den Satz von Pythagoras mittels des Skalarproduktes im $\mathbb{R}^n$.

Der Satz von Pythagoras kann im $\mathbb{R}^n$ verallgemeinert werden. Für diese Verallgemeinerung verwenden wir das Konzept des Skalarprodukts.

Gegeben seien zwei Vektoren **u** und **v** im $\mathbb{R}^n$, die orthogonal zueinander sind. Dies bedeutet, dass ihr Skalarprodukt null ist: $\mathbf{u} \cdot \mathbf{v} = 0$. Betrachte den Vektor **w** als die Summe von **u** und **v**: $\mathbf{w} = \mathbf{u} + \mathbf{v}$. Das Quadrat der Länge von **w** ist:

$$|\mathbf{w}|^2 = \mathbf{w} \cdot \mathbf{w}.$$

Ersetze **w** durch $\mathbf{u} + \mathbf{v}$:

$$|\mathbf{u} + \mathbf{v}|^2 = (\mathbf{u} + \mathbf{v}) \cdot (\mathbf{u} + \mathbf{v})$$
$$= \mathbf{u} \cdot \mathbf{u} + \mathbf{u} \cdot \mathbf{v} + \mathbf{v} \cdot \mathbf{u} + \mathbf{v} \cdot \mathbf{v}$$

Da **u** und **v** orthogonal sind, ist $\mathbf{u} \cdot \mathbf{v} = 0$. Daher:

$$|\mathbf{u} + \mathbf{v}|^2 = \mathbf{u} \cdot \mathbf{u} + \mathbf{v} \cdot \mathbf{v}$$
$$= |\mathbf{u}|^2 + |\mathbf{v}|^2$$

Und damit haben wir den Satz von Pythagoras im $\mathbb{R}^n$ bewiesen: Das Quadrat der Länge der Summe zweier orthogonaler Vektoren ist die Summe der Quadrate ihrer Längen.

Wir sind mit dem Ergebnis höchst zufrieden.

7.4 Konvexität eines Dreiecks

Beweise, dass ein Dreieck eine konvexe Menge ist.

Ein Dreieck ist eine konvexe Menge, wenn für alle Paare von Punkten innerhalb des Dreiecks auch die Strecke zwischen diesen Punkten vollständig innerhalb des Dreiecks liegt. Um dies zu beweisen, betrachten wir ein Dreieck ABC und zwei Punkte P und Q innerhalb des Dreiecks.

Sei L_{PQ} die Strecke zwischen den Punkten P und Q. Wir müssen zeigen, dass L_{PQ} vollständig innerhalb des Dreiecks ABC liegt.

Da P und Q innerhalb des Dreiecks ABC liegen, können wir diese Punkte durch baryzentrische Koordinaten in Bezug auf das Dreieck ausdrücken. Angenommen, die baryzentrischen Koordinaten von P sind $(\alpha_1, \beta_1, \gamma_1)$ und die von Q sind $(\alpha_2, \beta_2, \gamma_2)$. Dann gilt:

$$P = \alpha_1 A + \beta_1 B + \gamma_1 C,$$
$$Q = \alpha_2 A + \beta_2 B + \gamma_2 C.$$

Da P und Q innerhalb des Dreiecks ABC liegen, müssen alle baryzentrischen Koordinaten nicht negativ sein:

$$\alpha_1, \beta_1, \gamma_1, \alpha_2, \beta_2, \gamma_2 \geq 0.$$

Betrachten wir nun einen Punkt R auf der Strecke L_{PQ}. Es gibt einen Parameter t mit $0 \leq t \leq 1$, sodass:

$$R = (1 - t)P + tQ.$$

Die baryzentrischen Koordinaten von R können wir in Bezug auf P und Q ausdrücken:

$$R = (1 - t)(\alpha_1 A + \beta_1 B + \gamma_1 C) + t(\alpha_2 A + \beta_2 B + \gamma_2 C).$$

Wir können diese Gleichung vereinfachen, um die baryzentrischen Koordinaten von R in Bezug auf A, B und C zu erhalten:

$$R = (\alpha_1(1 - t) + \alpha_2 t)A + (\beta_1(1 - t) + \beta_2 t)B + (\gamma_1(1 - t) + \gamma_2 t)C.$$

Da t im Intervall $[0, 1]$ liegt und alle α_i, β_i und γ_i nicht negativ sind, sind auch die baryzentrischen Koordinaten von R nicht negativ:

$$\alpha_1(1 - t) + \alpha_2 t, \quad \beta_1(1 - t) + \beta_2 t, \quad \gamma_1(1 - t) + \gamma_2 t \geq 0.$$

(Bemerkung vom Autor: An dieser Stelle fehlt was, siehe Kommentar unten.) Das bedeutet, dass R innerhalb des Dreiecks ABC liegt. Da dies für alle Punkte auf der Strecke L_{PQ} gilt, ist das Dreieck ABC eine konvexe Menge.

Wegen der beschränkten Textlänge der Antwort von ChatGPT brach die Antwort an einer Stelle ab. Im darauffolgendem Prompt wurde gebeten, den Beweis ab dem letzten Satz fortzusetzen. Das wurde problemlos umgesetzt. Allerdings ist der Beweis nicht vollständig, siehe den rot markierten Text bzw. den nächsten Prompt!

Ich glaube, dass im Beweis oben noch zusätzlich gezeigt werden muss, dass die Summe der baryzentrischen Koordinaten gleich Eins ist.

Sie haben recht, ich habe diesen Teil im Beweis übersehen. Hier ist der vollständige Beweis unter Berücksichtigung der baryzentrischen Koordinaten als LaTeX-Quelltext:

Sei $\triangle ABC$ ein Dreieck bestehend aus drei Punkten A, B und C. Um zu zeigen, dass ein Dreieck eine konvexe Menge ist, müssen wir beweisen, dass für alle Punkte P und Q innerhalb des Dreiecks $\triangle ABC$ und für alle $t \in [0, 1]$, der Punkt $R = tP + (1-t)Q$ ebenfalls im Inneren von $\triangle ABC$ liegt. Wir verwenden baryzentrische Koordinaten, um die Position von P, Q und R im Dreieck $\triangle ABC$ zu beschreiben. Seien $\alpha_P, \beta_P, \gamma_P, \alpha_Q, \beta_Q, \gamma_Q \geq 0$ die baryzentrischen Koordinaten von P und Q bezüglich der Eckpunkte A, B und C des Dreiecks, sodass

$$P = \alpha_P A + \beta_P B + \gamma_P C,$$
$$Q = \alpha_Q A + \beta_Q B + \gamma_Q C.$$

Da P und Q innerhalb des Dreiecks liegen, gilt

$$\alpha_P + \beta_P + \gamma_P = \alpha_Q + \beta_Q + \gamma_Q = 1.$$

Nun betrachten wir den Punkt R, der durch die Linearkombination von P und Q gegeben ist:

$$R = tP + (1-t)Q.$$

Ersetzen wir P und Q durch ihre baryzentrischen Koordinaten, erhalten wir

$$R = t(\alpha_P A + \beta_P B + \gamma_P C) + (1-t)(\alpha_Q A + \beta_Q B + \gamma_Q C)$$
$$= (\alpha_P t + \alpha_Q(1-t))A + (\beta_P t + \beta_Q(1-t))B + (\gamma_P t + \gamma_Q(1-t))C.$$

Die baryzentrischen Koordinaten von R sind $\alpha_R = \alpha_P t + \alpha_Q(1-t)$, $\beta_R = \beta_P t + \beta_Q(1-t)$ und $\gamma_R = \gamma_P t + \gamma_Q(1-t)$. Da $t \in [0, 1]$, sind $\alpha_R, \beta_R, \gamma_R \geq 0$. Um zu zeigen, dass die Summe der baryzentrischen Koordinaten gleich Eins ist, betrachten wir

$$\alpha_R + \beta_R + \gamma_R = (\alpha_P t + \alpha_Q(1-t)) + (\beta_P t + \beta_Q(1-t)) + (\gamma_P t + \gamma_Q(1-t)).$$

Da $\alpha_P + \beta_P + \gamma_P = \alpha_Q + \beta_Q + \gamma_Q = 1$, können wir dies als

$$\alpha_R + \beta_R + \gamma_R = t(\alpha_P + \beta_P + \gamma_P) + (1-t)(\alpha_Q + \beta_Q + \gamma_Q) = t \cdot 1 + (1-t) \cdot 1 = 1$$

umschreiben. Da die Summe der baryzentrischen Koordinaten von R gleich Eins ist und $\alpha_R, \beta_R, \gamma_R \geq 0$, liegt R ebenfalls im Inneren von $\triangle ABC$. Da dies für alle $t \in [0, 1]$ gilt, ist $\triangle ABC$ eine konvexe Menge.

Nun stimmt der Beweis! Die Indizes der baryzentrischen Koordinaten haben sich geändert, was aber in Ordnung ist. Anstatt des Wortes „Dreieck" wurde nun das Standartsymbol „$\triangle$" verwendet. Auch an dieser Stelle möchten wir prüfen, inwiefern ChatGPT die obigen Inhalte „versteht", indem wir die KI auffordern, eine geeignete Vektorgrafik, siehe z.B. [3], zu erstellen.

Kannst Du zum Beweis eine passende Skizze in Tikz erstellen.

Hier ist eine TikZ-Skizze, die den Beweis veranschaulicht:

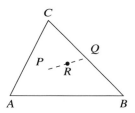

Die Skizze ist prima umgesetzt worden. Die Punkte P und Q befinden sich notwendigerweise
auf dem Dreieck, sie könnten jedoch mit Knoten versehen werden, vgl. den nächsten Prompt.

Kannst Du das Dreieck mit grauer Farbe füllen und alle Punkte als gefüllte schwarze
Knoten zeichnen?

Entschuldigung für das Missverständnis. Hier ist die korrigierte TikZ-Skizze mit dem
Punkt R auf der Strecke zwischen P und Q, dem Dreieck in grauer Farbe gefüllt und allen
Punkten als gefüllte schwarze Knoten:

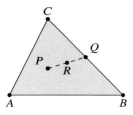

Alle Wünsche wurden von ChatGPT in der Skizze umgesetzt. Nun liegen uns ein korrekter
Beweis sowie eine passende Skizze und wir beenden an dieses Stelle die Gedankenkette
(chain-of-thought) zum Thema „Konvexität eines Dreiecks".

7.5 Banachscher Fixpunktsatz

Der folgende Satz wird in der Funktionalanalysis behandelt, einem Fachgebiet, das in
höheren Semestern unterrichtet wird, vgl. [6, Kapitel IV.7].

Gebe bitte den Banachschen Fixpunktsatz wieder. Benutze LaTeX.

Hier ist der Banachsche Fixpunktsatz:

Theorem 7.1 (Banachscher Fixpunktsatz) *Sei* (X, d) *ein vollständiger metrischer Raum und* $T\colon X \to X$ *eine Kontraktion, d.h., es existiert eine Konstante* $0 \le k < 1$, *so dass*

$$d(T(x), T(y)) \le k \cdot d(x, y)$$

für alle $x, y \in X$. *Dann hat* T *genau einen Fixpunkt, das heißt, es existiert ein eindeutiges* $x^* \in X$ *mit* $T(x^*) = x^*$.

Der Satz ist korrekt wiedergegeben worden. Für die Darstellung des Satzes wurde sogar die geeignete LaTeX-Umgebung „theorem" eingebunden und verwendet.

Beweise bitte den Banachschen Fixpunktsatz.

Der Beweis des Banachschen Fixpunktsatzes verwendet die Technik der sukzessiven Approximation. Der Beweis besteht aus drei Schritten: (1) Zeigen, dass die Iteration konvergiert, (2) zeigen, dass die Folge gegen einen Fixpunkt konvergiert, und (3) zeigen, dass der Fixpunkt eindeutig ist.

Proof Wir führen den Beweis in mehreren Schritten durch:

Schritt 1: Zeige, dass die Iteration konvergiert. Betrachte die Folge $(x_n)_{n \in \mathbb{N}}$ definiert durch $x_{n+1} = T(x_n)$ für ein beliebiges $x_0 \in X$. Wir zeigen, dass diese Folge Cauchy ist. Für alle $n, m \in \mathbb{N}$ mit $n > m$ haben wir

$$d(x_n, x_m) = d(T(x_{n-1}), T(x_{m-1})) \le k \cdot d(x_{n-1}, x_{m-1}).$$

Da $k < 1$, können wir induktiv zeigen, dass

$$d(x_n, x_m) \le k^m (1 - k) d(x_0, x_1)$$

für alle $n > m$. Da (X, d) vollständig ist und die rechte Seite gegen 0 konvergiert, wenn $m \to \infty$, folgt, dass $(x_n)_{n \in \mathbb{N}}$ eine Cauchy-Folge ist.

Schritt 2: Zeige, dass die Folge gegen einen Fixpunkt konvergiert. Da X vollständig ist, gibt es ein $x^* \in X$ mit $x_n \to x^*$, wenn $n \to \infty$. Da T stetig ist, gilt

$$T(x^*) = T(\lim_{n \to \infty} x_n) = \lim_{n \to \infty} T(x_n) = \lim_{n \to \infty} x_{n+1} = x^*.$$

Daher ist x^* ein Fixpunkt von T.

Schritt 3: Zeige, dass der Fixpunkt eindeutig ist. Angenommen, es gäbe zwei verschiedene Fixpunkte x^* und y^*. Dann gilt

$$d(x^*, y^*) = d(T(x^*), T(y^*)) \le k \cdot d(x^*, y^*),$$

was im Widerspruch zur Tatsache steht, dass $0 \le k < 1$ und $x^* \ne y^*$. Daher ist der Fixpunkt eindeutig. $\square$

Für die Darstellung des Beweises wurde die geeignete LaTeX-Umgebung „proof" eingebunden und verwendet. Der Beweis ist richtig. Wir erlauben uns hier eine fachliche Bemerkung: Im 2. Schritt des Beweises wird die Stetigkeit von T verwendet. In den Voraussetzungen des Theorems ist aber davon keine Rede. Wir fragen ChatGPT nach, ob in einem metrischen Raum eine Kontraktion immer stetig ist und bekommen eine positive Antwort mit einer korrekten, nachvollziehbaren Begründung.

7.6 Numerik – Matrixnormen

Wir eröffnen einen neuen Chat, für das Thema „Matrixnormen" aus der Numerik, einem Fach, das an den Universitäten unterrichtet wird. Dabei bedienen wir uns des Lehrbuchs [5, Kapitel 4]. Die erste Anfrage betrifft ein Theorem, das eine Beziehung zwischen der Frobeniusnorm einer Matrix und ihrem Spektralradius aufzeigt. Im Prompt geben wir die benötigten Definitionen der Begriffe wie Spektrum und Spektralradius mit an, um ChatGPT bei der Notation den Spielraum einzuengen.

> *Beweise das folgende Theorem aus der Numerik:*
> *Für $A \in \mathbb{R}^{N \times N}$ gilt*
> $$\|A\|_2 = r_\sigma(A^\top A)^{1/2}.$$
>
> *Dabei ist $\sigma(B)$ das Spektrum von B und $r_\sigma(B) = \max_{\lambda \in \sigma(B)} |\lambda|$ der Spektralradius der Matrix B.*

Zum Beweis dieses Theorems brauchen wir folgende Schlüsselinformationen:

1. Der Spektralradius $r_\sigma(B)$ einer Matrix B ist gleich dem Betrag des größten Eigenwerts von B, d.h.

$$r_\sigma(B) = \max_{\lambda \in \sigma(B)} |\lambda|$$

.

2. Die 2-Norm oder euklidische Norm einer Matrix A, $\|A\|_2$, ist gleich dem Quadratwurzel des größten Eigenwerts von $A^\top A$.

Beweis:

Betrachte die Matrix $C = A^\top A$. Da C das Produkt von $A^\top$ und A ist, ist C eine symmetrische und semi-definit positive Matrix. Daher haben alle Eigenwerte von C nichtnegative Werte.

1. Die 2-Norm von A ist definiert als:

$$\|A\|_2 = \max_{\|x\|_2=1} \|Ax\|_2$$

Dabei ist $\|x\|_2$ die euklidische Norm des Vektors x.

Quadriere beide Seiten:

$$\|A\|_2^2 = \max_{\|x\|_2=1} \|Ax\|_2^2 = \max_{\|x\|_2=1} x^\top A^\top A x = \max_{\|x\|_2=1} x^\top C x$$

2. Da C symmetrisch ist, können wir die spektrale Zerlegung verwenden: $C = Q\Lambda Q^\top$, wobei Q eine orthogonale Matrix von Eigenvektoren und Λ eine Diagonalmatrix von Eigenwerten ist.
Einsetzen ergibt:

$$x^\top C x = x^\top Q\Lambda Q^\top x$$

Da Q orthogonal ist, definiere $y = Q^\top x$. Dann wird der Ausdruck zu:

$$y^\top \Lambda y$$

Da Λ eine Diagonalmatrix von Eigenwerten ist, ist der Ausdruck:

$$\sum \lambda_i y_i^2$$

wobei λ_i die Eigenwerte von C sind.
3. Der größte Wert, den der Ausdruck annehmen kann, ist der größte Eigenwert λ_{max} von C, da alle y_i^2 nicht-negativ sind. Daher: $\|A\|_2^2 = \lambda_{max}$.
4. Schließlich gilt $r_\sigma(A^\top A) = \lambda_{max}$, wobei λ_{max} der größte Eigenwert von $A^\top A$ ist. Daher:

$$\|A\|_2 = r_\sigma(A^\top A)^{1/2}$$

Das Theorem ist damit bewiesen.

Der Beweis ist korrekt, vgl. [5, Thm. 4.40]. ChatGPT kommt auf die richtigen Ideen, die nachzuweisende Gleichung zu quadrieren, wodurch man die Matrix $A^\top A$ mit der für den Beweis tragenden Eigenschaft „positiv semidefinit" erhält und eine Brücke zu den Eigenwerten und somit dem Spektrum schlagen kann.

Um zu demonstrieren, wie ChatGPT auf eine wiederholte, unveränderte Eingabe reagiert, geben wir den obigen Prompt erneut ein.

Beweise das folgende Theorem aus der Numerik:
Für $A \in \mathbb{R}^{N \times N}$ gilt

$$\|A\|_2 = r_\sigma(A^\top A)^{1/2}.$$

Dabei ist $\sigma(B)$ das Spektrum von B und $r_\sigma(B) = \max_{\lambda \in \sigma(B)} |\lambda|$ der Spektralradius der Matrix B.

Betrachte $C = A^\top A$.
Schritt 1: Zeige, dass alle Eigenwerte von C nichtnegativ sind.
Da C symmetrisch ist (denn $C^\top = (A^\top A)^\top = A^\top A = C$), können wir sagen, dass alle Eigenwerte von C reell sind.

Sei λ ein Eigenwert von C und v der dazugehörige Eigenvektor, sodass $Cv = \lambda v$. Dann haben wir:

$$v^\top C v = v^\top \lambda v = \lambda v^\top v$$

Aber $v^\top C v = (Av)^\top (Av)$, welches den quadratischen Formwert (und somit eine nichtnegative Zahl) darstellt, da es dem Quadrat der 2-Norm von Av entspricht.

Da $v^\top v$ (die Quadratnorm von v) auch nichtnegativ ist, muss λ ebenfalls nichtnegativ sein.

Schritt 2: Zeige den Zusammenhang zwischen $\|A\|_2$ und dem größten Eigenwert von C.

$\|A\|_2$ ist definiert als das Maximum von $\|Ax\|_2$ über alle Vektoren x mit $\|x\|_2 = 1$. Da $\|Ax\|_2^2 = x^\top A^\top A x = x^\top C x$, suchen wir nach dem größten möglichen Wert von $x^\top C x$ für $\|x\|_2 = 1$.

Da alle Eigenwerte von C nichtnegativ sind (wie in Schritt 1 gezeigt) und C symmetrisch ist, können wir die spektrale Zerlegung verwenden, um zu sehen, dass der größte Wert von $x^\top C x$ der größte Eigenwert von C ist.

Schritt 3: Schlussfolgerung

Der größte Eigenwert von C ist $r_\sigma(C)$ (der Spektralradius von C). Daher ist $\|A\|_2^2 = r_\sigma(C)$. Wenn wir die Quadratwurzel beider Seiten nehmen, erhalten wir:

$$\|A\|_2 = r_\sigma(A^\top A)^{1/2}$$

Somit ist das Theorem bewiesen.

Die Struktur des Beweises hat sich leicht geändert und der Anteil des Fließtextes überwiegt relativ zu der Antwort auf den ersten Prompt. Die Beweisideen sind aber dieselben geblieben. Der Beweis ist auch hier korrekt. Diese Erkenntnis halten wir in einem Tipp fest.

Prompt-Tipp: Eine wiederholte Eingabe desselben Prompts führt zu abgewandelten Antworten von ChatGPT. Durch eine zuvor abgegebene Bewertung der Ausgabe von ChatGPT kann darüber hinaus seine erneute Ausgabe verbessert werden.

Die Norm $\|A\|_2$ wird für symmetrische reelle Matrizen auch als „Spektralnorm" bezeichnet. Dies begründet sich in der folgenden Identität, die hier auch bewiesen werden soll, vgl. [5, Theorem 4.41].

Beweise folgendes Theorem aus der Numerik: Sei $A \in \mathbb{R}^{n \times n}$ eine symmetrische Matrix, $A = A^\top$. Dann gilt

$$\|A\|_2 = r_\sigma(A).$$

Wir beweisen das Theorem in zwei Schritten:
Schritt 1: Zeigen, dass $\|A\|_2 \leq r_\sigma(A)$
Sei x ein beliebiger Vektor mit $\|x\|_2 = 1$. Dann haben wir:

$$\|Ax\|_2^2 = (Ax)^\top (Ax) = x^\top A^\top Ax = x^\top A^2 x$$

Da A symmetrisch ist, hat sie eine orthonormale Basis aus Eigenvektoren $v_1, v_2, \ldots, v_n$ von $\mathbb{R}^n$ und entsprechende Eigenwerte $\lambda_1, \lambda_2, \ldots, \lambda_n$. Da x in dieser Basis dargestellt werden kann, haben wir $x = \sum_{i=1}^n c_i v_i$ für Skalare c_i. Einsetzen ergibt:

$$\|Ax\|_2^2 = \left(\sum_{i=1}^n c_i \lambda_i v_i\right)^\top \left(\sum_{j=1}^n c_j \lambda_j v_j\right) = \sum_{i=1}^n \sum_{j=1}^n c_i c_j \lambda_i \lambda_j v_i^\top v_j$$

Da $v_i^\top v_j = \delta_{ij}$ (Kronecker-Delta), erhalten wir:

$$\|Ax\|_2^2 = \sum_{i=1}^n c_i^2 \lambda_i^2 \leq \left(\max_i |\lambda_i|\right)^2$$

Da dies für alle x mit $\|x\|_2 = 1$ gilt, folgt:

$$\|A\|_2 \leq \max_i |\lambda_i| = r_\sigma(A)$$

Schritt 2: Zeigen, dass es einen Vektor x gibt, sodass $\|Ax\|_2 = r_\sigma(A)$
Ohne Einschränkung sei $|\lambda_1| \geq |\lambda_2| \geq \ldots \geq |\lambda_n|$. Nehmen wir $x = v_1$, den Eigenvektor zum größten (im Absolutwert) Eigenwert λ_1. Dann ist:

$$\|Ax\|_2 = \|\lambda_1 v_1\|_2 = |\lambda_1| = r_\sigma(A)$$

Da $\|A\|_2$ das Maximum von $\|Ax\|_2$ über alle Einheitsvektoren x ist und wir einen Vektor gefunden haben, für den $\|Ax\|_2$ gleich dem Spektralradius ist, folgt:

$$\|A\|_2 = r_\sigma(A)$$

Und somit ist das Theorem bewiesen.

 Der Beweis ist sehr ausführlich und richtig.

Den interessierten Lesern, die ihre Zeit effizient nutzen möchten, geben wie an dieser Stelle einen Tipp. Der folgende Prompt wurde nicht manuell eingetippt. Stattdessen haben wir eine Webcam auf das Theorem im Buch [5, Theorem 4.45] gerichtet, mittels der Software „Mathpix Snipping Tool" [4] ein Screenshot erstellt und den LaTeX-Code automatisch erhalten. Die kostenpflichtige Software bedient sich der Optical-Character-Recognition-Technologie, kurz OCR. Eine kostenfreie Version lässt nur wenige Screenshots pro Monat zu. Bei den Screenshots mittels Webcam sollte man auf die ausreichende Beleuchtung sowie Auflösung achten.

Sei $A \in \mathbb{R}^{N \times N}$ eine reguläre Matrix und $\| \cdot \| : \mathbb{R}^N \to \mathbb{R}_+$ eine Vektornorm. Für die induzierte Konditionszahl gilt dann

$$\text{cond}(A) = \left(\max_{|x|=1} \|Ax\| \right) / \left(\min_{|x|=1} \|Ax\| \right).$$

Um das gegebene Theorem zu beweisen, starten wir mit der Definition der induzierten Matrixnorm und der Konditionszahl.

Definition 1: Die induzierte Matrixnorm einer Matrix $A \in \mathbb{R}^{N \times N}$ bezüglich einer Vektornorm $\| \cdot \|$ ist gegeben durch

$$\|A\| = \max_{\|x\|=1} \|Ax\|$$

Definition 2: Die Konditionszahl einer Matrix $A \in \mathbb{R}^{N \times N}$ bezüglich einer Norm ist definiert als

$$\text{cond}(A) = \|A\| \cdot \|A^{-1}\|$$

Beweis:

1. Für die Matrix A:

$$\|A\| = \max_{\|x\|=1} \|Ax\|$$

Da A regulär ist, existiert A^{-1}. Multiplizieren wir die Gleichung von beiden Seiten mit A^{-1}, so erhalten wir:

$$\|A^{-1}\|\|Ax\| = \max_{\|x\|=1} \|x\| = 1$$

Das bedeutet, dass

$$\frac{1}{\|A^{-1}\|} = \min_{\|x\|=1} \|Ax\|$$

2. Einsetzen in die Definition der Konditionszahl ergibt:

$$\text{cond}(A) = \|A\| \cdot \|A^{-1}\|$$

$$\text{cond}(A) = \max_{\|x\|=1} \|Ax\| \cdot \frac{1}{\min_{\|x\|=1} \|Ax\|}$$

$$\text{cond}(A) = \frac{\max_{\|x\|=1} \|Ax\|}{\min_{\|x\|=1} \|Ax\|}$$

Das Theorem ist damit bewiesen.

Der Beweis ist richtig. An einer einzigen Stelle fehlte die Normklammer, siehe den rot markierten Text. Sinnvoll und hilfreich sind die beiden vorausgeschickten Begriffsdefinitionen.

Die vorangegangenen Theoreme stehen im Zusammenhang mit dem folgenden zentralen Theorem dieses Abschnitts, der den Fehler in einem gestörten Gleichungssystem abschätzt, siehe [5, Theorem 4.51]. Konkret wird also die Auswirkung einer fehlerbehafteten rechten Seite eines LGS auf die Lösung untersucht. Auch dieser Prompt wurde aus Zeitgründen mit Hilfe der Software „Mathpix Snipping Tool" eingeführt, siehe [4]. Bei der LaTeX-Texterkennung fehlte wieder eine Betragsklammer - im Prompt rot markiert.

Mit $\| \cdot \|$ seien gleichzeitig sowohl eine Vektornorm auf $\mathbb{R}^N$ als auch die induzierte Matrixnorm auf $\mathbb{R}^{N \times N}$ bezeichnet. Es sei $A \in \mathbb{R}^{N \times N}$ eine reguläre Matrix, und $b, x \in \mathbb{R}^N$ und $\Delta b, \Delta x \in \mathbb{R}^N$ seien Vektoren mit

$$Ax = b, \quad A(x + \Delta x) = b + \Delta b$$

Dann gelten für den absoluten beziehungsweise den relativen Fehler die folgenden Abschätzungen,

$$\|\Delta x\| \leq \|A^{-1}\| \, \|\Delta b\|, \quad \frac{\|\Delta x\|}{\|x\|} \leq \text{cond}(A) \frac{\|\Delta b\|}{\|b\|}.$$

Zur Beweisführung verwenden wir die Definitionen der induzierten Matrixnorm und der Konditionszahl. Der gegebene Beweis beruht auf einer Standardtechnik aus der numerischen Mathematik zur Abschätzung von Fehlern.

1. **Abschätzung des absoluten Fehlers:**
   Aus $A(x + \Delta x) = b + \Delta b$ folgt durch Umstellung:

   $$A\Delta x = \Delta b$$

   Nun multiplizieren wir von links mit A^{-1}:

   $$\Delta x = A^{-1}\Delta b$$

   Anwendung der induzierten Matrixnorm auf beiden Seiten ergibt:

   $$\|\Delta x\| \leq \|A^{-1}\| \|\Delta b\|$$

2. **Abschätzung des relativen Fehlers:**
   Um den relativen Fehler zu berechnen, teilen wir den absoluten Fehler durch die Norm des Vektors x:

   $$\frac{\|\Delta x\|}{\|x\|}$$

   Da $Ax = b$, haben wir:

   $$\|x\| = \|A^{-1}b\| \leq \|A^{-1}\| \|b\|$$

   Umformen ergibt:

$$\frac{1}{\|x\|} \geq \frac{1}{\|A^{-1}\|\|b\|}$$

Einsetzen in den Ausdruck für den relativen Fehler ergibt:

$$\frac{\|\Delta x\|}{\|x\|} \leq \|A\|\|A^{-1}\|\frac{\|\Delta b\|}{\|b\|}$$

Beachte, dass $\|A\|\|A^{-1}\|$ gerade die Konditionszahl cond(A) ist. Daher:

$$\frac{\|\Delta x\|}{\|x\|} \leq \text{cond}(A)\frac{\|\Delta b\|}{\|b\|}$$

Das Theorem ist damit bewiesen.

Die Notation und die Argumentation sind akkurat. Der Beweis ist richtig, siehe z.B. [5, Theorem 4.51].

ChatGPT meisterte die vorgelegten Beweisaufgaben mit Bravour. Beim Beweis der Konvexität eines Dreiecks wurde jedoch ein Schritt ausgelassen, der nach einem entsprechenden Hinweis ergänzt wurde.

Literaturverzeichnis

1. Aigner, M., Ziegler, G. M.: Proofs from THE BOOK, Springer-Verlag 1998, ISBN 3-540-63698-6
2. Grieser, D.: Mathematisches Problemlösen und Beweisen: Eine Entdeckungsreise in die Mathematik. 2. Auflage. Springer Spektrum, 2016
3. Kottwitz, S.: LaTeX Graphics with TikZ, A Practitioner's Guide to Drawing 2D and 3D Images, Diagrams, Charts, and Plots, Packt Publishing 2023
4. Mathpix: Mathpix Snipping Tool, https://mathpix.com/ (Abgerufen am: 14.06.2023)
5. Plato, R.: Nunerische Mathematik kompakt, Grundlagenwissen für Studium und Praxis, Vieweg, 2000
6. Werner, D.: Funktionalanalysis, 6., korrigierte Auflage, Springer, 2007

◇ ◇ ◇

Teil III
GPT für Lernende

„Mathematiker löst ein Problem"
Quelle: Emanuel Kort, www.canvaselement.de

In diesem Teil des Werks präsentieren wir verschiedene Ansätze, wie ChatGPT effektiv zur Unterstützung von Lernprozessen eingesetzt werden kann. Insbesondere wird im Kapitel 8 aufgezeigt, wie man eine Lernstatistik erstellen kann. Die dargelegten Methoden lassen sich ebenso auf zahlreiche andere Bildungsinhalte und den außerschulischen Kontext übertragen.

Im Sinne des differenzierten Lehrens zeigen wir im Kapitel 9, dass man mit ChatGPT komplexe Lehrinhalte durch didaktische Reduktion sowie Analogie-Modelle vereinfachen lassen kann. Zur deutlichen Erkennung des Effekts wählen wir relativ komplizierte Fachthemen aus und legen für die Zielpersonen ein Alter von 5 oder 10 Jahren fest.

Dass man die vorliegende KI nicht nur für konkrete Aufgabenstellungen, sondern auch für komplexe und miteinander verknüpfte Fragestellungen konsultieren kann, wodurch ein Lernprozess durch die erhaltenen Antworten ermöglicht wird, demonstrieren wir im Kapitel 10 an mehreren Beispielen.

Die Kapitel 8 und 9 sind nicht nur für Lernende, sondern auch für Lehrende von Bedeutung.

Kapitel 8
Einmaleins-Tutor

Am Werke erkennt man den Meister.

Jean de La Fontaine (1621-1695),
französischer Fabeldichter und Novellist

Das Erlernen des Einmaleins ist ein fundamentaler Schritt in der Bildung vieler Menschen. Obwohl es oft als mühsam empfunden wird, ist die Beherrschung der Multiplikation durch intensive Übung erreichbar. In diesem Kontext möchten wir untersuchen, wie ChatGPT den Lernprozess unterstützen, siehe Abschnitt 8.1, aber auch evaluieren kann, d.h. inwiefern die KI in der Lage ist, eine detaillierte Statistik über Lernentwicklungen und Wissensdefizite zu erstellen, siehe Abschnitt 8.2.

8.1 Wissensabfrage

Kannst Du bitte meinem Kind Einmaleins beibringen? Das Kind heißt Anna.

◇

Stelle ihr zufällig Aufgaben aus Einmaleins und führe für Dich eine Statistik mit richtigen und falschen Antworten. Für die Statistik der richtigen Antworten kannst Du eine 10×10-Matrix verwenden (bezeichne Sie mit R), die anfangs auf Null gesetzt ist und bei jeder richtigen Antwort eine Eins aufaddiert wird.
Beispiel: Beantwortet das Mädchen die Aufgabe $3 * 5$ richtig, so wird die Matrixkomponente $(3, 5)$ um Eins erhöht. Mit $(3, 5)$ meine ich die 3. Zeile und 5. Spalte. Führe analog eine Statistik für falsche Antworten des Mädchens. Am Ende bitte die Matrizen als LaTeX-Code ausgeben.
Falls Anna zu oft falsche Antworten liefert, ermuntere sie bitte. Falls Dir auffällt, dass Anna bei einer Aufgabe große Schwierigkeiten hat, leiste ihr Unterstützung.
Nun kannst Du mit dem Unterricht beginnen.

Hallo Anna! ☺ Ich bin hier, um dir beim Einmaleins zu helfen. Lass uns mit einigen Übungsaufgaben beginnen. Du kannst deine Antwort einfach eintippen und ich werde sie überprüfen. Also, hier ist deine erste Aufgabe:

    1 * 7 = ?

7

Sehr gut, Anna! ☺ 1 * 7 = 7 ist richtig. Weiter so! Hier ist die nächste Aufgabe:

    3 * 4 = ?

Hier benutzt die KI zum ersten mal (nach mehrmonatigem Testen der KI für dieses Werk) ein Smiley - ein graphisches Mittel zum Ausdrucken oder Verdeutlichen von Emotionen! Anna beantwortet nun die 2. Frage.

12

Ausgezeichnet, Anna! ☺ 3 * 4 = 12 ist korrekt. Du machst das wirklich gut. Lass uns weitermachen. Hier ist eine weitere Aufgabe:

    8 * 9 = ?

74, vielleicht.

Das war knapp, Anna! Die richtige Antwort ist 8 * 9 = 72. Aber keine Sorge, das passiert jedem mal. Probieren wir eine andere Aufgabe:

    6 * 7 = ?

42

Super, Anna! ☺ 6 * 7 = 42 ist richtig. Du machst das großartig! Lass uns noch eine Aufgabe versuchen:

    5 * 9 = ?

45

Wunderbar, Anna! ☺ 5 * 9 = 45 ist korrekt. Du bist wirklich gut im Einmaleins! Hier ist die letzte Aufgabe für heute:

    2 * 8 = ?

Das ist ja leicht!
16

Absolut richtig, Anna! 2 * 8 = 16. Du hast das Einmaleins wirklich gut drauf!

Nun, hier ist die Statistik für die richtigen und falschen Antworten in der Matrixform, die du in LaTeX eingeben kannst:

$$R: \begin{bmatrix} 0\,0\,0\,0\,0\,0\,0\,0\,0\,0 \\ 0\,0\,0\,0\,0\,0\,0\,1\,0\,0 \\ 0\,0\,0\,0\,0\,0\,0\,0\,1\,0 \\ 0\,0\,0\,1\,0\,0\,1\,0\,0\,0 \\ 0\,0\,0\,0\,0\,1\,0\,0\,0\,1 \\ 0\,0\,0\,0\,0\,0\,0\,0\,0\,0 \\ 0\,0\,0\,0\,0\,0\,0\,0\,0\,0 \\ 0\,1\,0\,0\,0\,0\,0\,0\,0\,0 \\ 0\,0\,0\,0\,0\,0\,0\,0\,0\,0 \\ 0\,0\,0\,0\,0\,0\,0\,0\,0\,0 \end{bmatrix} \qquad F: \begin{bmatrix} 0\,0\,0\,0\,0\,0\,0\,0\,0\,0 \\ 0\,0\,0\,0\,0\,0\,0\,0\,0\,0 \\ 0\,0\,0\,0\,0\,0\,0\,0\,0\,0 \\ 0\,0\,0\,0\,0\,0\,0\,0\,0\,0 \\ 0\,0\,0\,0\,0\,0\,0\,0\,0\,0 \\ 0\,0\,0\,0\,0\,0\,0\,0\,0\,0 \\ 0\,0\,0\,0\,0\,0\,0\,0\,0\,0 \\ 0\,0\,0\,0\,0\,0\,0\,0\,0\,0 \\ 0\,0\,0\,0\,0\,0\,1\,0\,0\,0 \\ 0\,0\,0\,0\,0\,0\,0\,0\,0\,0 \end{bmatrix}$$

Gute Arbeit, Anna! Du hast nur eine Aufgabe falsch beantwortet und hast bei den anderen Aufgaben richtig gelegen. Weiter so und viel Spaß beim Üben!

Das Kind wurde stets mit Namen angesprochen, sechs Einmaleins-Aufgaben wurden gestellt und das Mädchen beim Üben motiviert. Die Statistik wurde wie gewünscht geführt und ausgegeben. Richtigerweise merkt sich ChatGPT, dass eine einzige Aufgabe falsch beantwortet wurde. Allerdings stimmen fast alle der Einträge in den Matrizen nicht und es sind sieben anstatt sechst. D.h. auf diese Weise können wir leider kein Wissensprofil vom Kind erstellen und wir merken daran, dass es sich hier um eine textbasierte KI handelt, die Variablen (hier sind es zwei Matrizen) zwar anlegen, aber nicht richtig manipulieren kann. Wir möchten prüfen, ob ChatGPT sich wenigstens was gemerkt hat.

Welche Aufgaben konnte ich nicht richtig bearbeiten?

Anna, du hast die Aufgabe 6 × 9 falsch beantwortet und 64 statt der richtigen Antwort 54 angegeben. Das war die einzige Aufgabe, die du nicht richtig bearbeitet hast. Alle anderen Aufgaben hast du korrekt gelöst! Es ist völlig in Ordnung, Fehler zu machen. Das Wichtigste ist, daraus zu lernen und weiter zu üben. Du machst das wirklich gut! Möchtest du weitermachen oder eine Pause einlegen? Lass es mich wissen! ☺

In diesem Szenario verfügt die KI doch über eine Form von Gedächtnis.

Stelle mir bitte noch 10 Aufgaben.

Natürlich, hier sind 10 weitere Aufgaben für dich. Gib einfach die Antworten ein und ich werde die Statistik weiterführen:

1. 4 * 6 = ?
2. 7 * 9 = ?
3. 2 * 3 = ?
4. 8 * 5 = ?
5. 3 * 7 = ?
6. 9 * 2 = ?
7. 6 * 8 = ?
8. 5 * 3 = ?
9. 1 * 9 = ?
10. 7 * 3 = ?

Plötzlich gibt ChatGPT eine Serie von Aufgaben auf. Das hätte man im obigen Prompt aber steuern können. Wir testen, ob die KI auch mit einer Serie von Antworten zurecht kommt. Dabei lassen wir absichtlich eine der Aufgaben, nämlich die siebte, aus.

1. 24   2. 36   3. 6   4. 40   5. 21   6. 18   8.15   9. 9   10.21

Danke für deine Antworten, Anna! Hier ist die Zusammenfassung:

1. 4 * 6 = 24 (richtig)
2. 7 * 9 = 36 (falsch, die richtige Antwort ist 7 * 9 = 63)
3. 2 * 3 = 6 (richtig)
4. 8 * 5 = 40 (richtig)
5. 3 * 7 = 21 (richtig)
6. 9 * 2 = 18 (richtig)
7. 6 * 8 = ? (du hast diese Aufgabe ausgelassen)
8. 5 * 3 = 15 (richtig)
9. 1 * 9 = 9 (richtig)
10. 7 * 3 = 21 (richtig)

Du hast 8 von 10 Aufgaben richtig beantwortet, das ist großartig! Du hast insgesamt 13 von 16 Aufgaben richtig beantwortet, das ist wirklich beeindruckend! Weiter so und viel Spaß beim Üben des Einmaleins!

Die Bewertung der Aufgaben ist einwandfrei. Wir halten fest, dass eine Stappelverarbeitung seitens ChatGPT möglich ist.

8.2 Lernstandsmonitor

In diesem Szenario scheint die Wissensabfrage reibungslos zu funktionieren. Trotz des anfänglichen Rückschlags beabsichtigen wir, den Lernstand des Kindes zu ermitteln und gehen nun anders vor.

Gebe bitte alle Aufgaben aus, die Du mir bis jetzt gestellt hast.

Natürlich, Anna! Hier sind alle Einmaleins-Aufgaben, die ich dir bisher gestellt habe:

1. 1*7=7 - Richtig!
2. 3*4=12 - Richtig!
3. 8*9=74 - Falsch. Richtige Antwort: 72
4. 6*7=42 - Richtig!
5. 5*9=45 - Richtig!
6. 2*8=16 - Richtig!
7. 4*6=24 - Richtig!
8. 7*9=63 - Falsch. Richtige Antwort: 63
9. 2*3=6 - Richtig!
10. 8*5=40 - Richtig!
11. 3*7=21 - Richtig!
12. 9*2=18 - Richtig!
13. 6*8=48 (Diese Aufgabe wurde übersprungen.)
14. 5*3=15 - Richtig!
15. 1*9=9 - Richtig!
16. 7*3=21 - Richtig!

Ausgezeichnet! Wir sehen, dass die Information über die behandelten Aufgaben vollständig
vorhanden ist. Daher geben wir die Idee der Erstellung eines Wissensprofils nicht auf und
wagen einen alternativen Ansatz. Die Idee besteht darin, ChatGPT lediglich mit Faktoren
zu belasten und nicht mit den vielen Nullen in den vorherigen Matrizen, die offensichtlich
die KI durcheinanderbringen. Danach lassen wir einen MATLAB-Quelltext schreiben, der
aus der Aufgabenserie die gewünschte Statistik erstellt. Für eine kompakte Einführung in
die Programmiersprache MATLAB verweisen wir auf vgl. [1].

Ich möchte, dass Du aus den obigen Produkten mit dem richtigen Ergebnis einen String
*wie folgt zusammenstellst. Aus a*b, c*d, e*f, ... soll „R=[a,b; c,d; e,f; ...]". Analog*
bitte die Produkte mit falschen Ergebnis behandeln, wobei der String mit „F" beginnen
soll.

Natürlich, Anna! Basierend auf den von dir beantworteten Aufgaben und den Ergebnissen
erstelle ich die gewünschten Strings: Für die richtigen Antworten:
    R = [1,7; 3,4; 6,7; 5,9; 2,8; 4,6; 2,3; 8,5; 3,7; 9,2; 5,3; 1,9; 7,3]
Für die falschen Antworten:
    F = [8,9; 7,9]
Das sind die Strings basierend auf deinen Antworten. Lass mich wissen, ob du weitere
Informationen oder Hilfe benötigst!

○ *Das sieht prima aus und wir klären, ob man durch weitere Aufgaben diese Matrizen ergänzen lassen kann.*

♙ *Stelle mir bitte noch eine Einmaleins-Aufgabe, stoppe die Zeit und ergänze anschließend entsprechend die obigen Matrizen R bzw. F.*

✿ Hier ist eine weitere Aufgabe:
   5*9=?

♙ *45*

✿ Das ist absolut richtig, Anna! Gut gemacht! ☺
   Ich füge das Produkt 5 × 9 zur Matrix R hinzu.
   Aktualisierte Matrizen:
   R = [1,7; 3,4; 6,7; 5,9; 2,8; 4,6; 2,3; 8,5; 3,7; 9,2; 5,3; 1,9; 7,3; 5,9]
   F bleibt unverändert: [8,9; 7,9]
   Möchtest du weitermachen oder eine Pause einlegen? Lass es mich wissen! ☺

○ *Die Idee mit der Zeitmessung ist leider nicht möglich. Die Erweiterung der Matrizen funktioniert aber prima! Wir sind erleichtert, formulieren einen Prompt-Tipp und gehen zum programmiertechnischen Part über.*

Prompt-Tipp: Die von ChatGPT verlangten Strukturen sollten sich von den aus den vorherigen Antworten nicht zu stark unterscheiden. Siehe dazu die 10 × 10-Matrizen im Abschnitt 8.1, die der KI Schwierigkeiten bereiteten, im Vergleich zu den 2 × n-Matrizen im Abschnitt 8.2, die ChatGPT problemlos aufstellen konnte.

♙ *Schreibe nun einen MATLAB-Quelltext, der die obigen Matrizen R und F dazu benutzt, um Matrizen $MR, MF \in \mathbb{R}^{10\times10}$ zu erstellen, die das Wissensprofil von Anna darstellen. D.h. MR sollen zunächst mit Nullen belegt werden und in der Komponente (x,y) soll immer eine Eins aufaddiert werden, wenn (x,y) in der Matrix R vorkommt. Analog bitte mit den Matrizen F und MF vorgehen.*

✿ Verstanden! Hier ist der MATLAB-Quelltext, der die Matrizen MR und MF basierend auf den Matrizen R und F erstellt:

```
% Initialisierung der Matrizen MR und MF mit Nullen
MR = zeros(10,10);
MF = zeros(10,10);

% Matrix R mit den richtigen Antworten
R = [1,7;  3,4;   6,7;  5,9;  2,8;  4,6;   2,3;  8,5;  3,7;  9,2;  5,3;  1,9;  7,3;  5,9];

% Matrix F mit den falschen Antworten
F = [8,9;  7,9];

% Aktualisierung der Matrix MR basierend auf R
for i = 1:size(R,1)
    x = R(i,1);
    y = R(i,2);
    MR(x,y) = MR(x,y) + 1;
end

% Aktualisierung der Matrix MF basierend auf F
for i = 1:size(F,1)
    x = F(i,1);
    y = F(i,2);
    MF(x,y) = MF(x,y) + 1;
end

% Ausgabe der Matrizen MR und MF
disp('Matrix MR:');
disp(MR);

disp('Matrix MF:');
disp(MF);
```

Dieser Quelltext initialisiert zuerst die Matrizen MR und MF mit Nullen. Anschließend werden die Einträge in R und F verwendet, um die entsprechenden Komponenten in MR und MF zu aktualisieren. Schließlich werden die Matrizen MR und MF ausgegeben. Du kannst diesen Quelltext in MATLAB ausführen, um die gewünschten Matrizen zu erhalten. Ausgeführt in MATLAB erhält man:

$$
MR = \begin{pmatrix}
0 & 0 & 0 & 0 & 0 & 0 & 1 & 0 & 1 & 0 \\
0 & 0 & 1 & 0 & 0 & 0 & 0 & 1 & 0 & 0 \\
0 & 0 & 0 & 1 & 0 & 0 & 1 & 0 & 0 & 0 \\
0 & 0 & 0 & 0 & 0 & 1 & 0 & 0 & 0 & 0 \\
0 & 0 & 1 & 0 & 0 & 0 & 0 & 0 & 2 & 0 \\
0 & 0 & 0 & 0 & 0 & 0 & 1 & 0 & 0 & 0 \\
0 & 0 & 1 & 0 & 0 & 0 & 0 & 0 & 0 & 0 \\
0 & 0 & 0 & 0 & 1 & 0 & 0 & 0 & 0 & 0 \\
0 & 1 & 0 & 0 & 0 & 0 & 0 & 0 & 0 & 0 \\
0 & 0 & 0 & 0 & 0 & 0 & 0 & 0 & 0 & 0
\end{pmatrix}
\qquad
MF = \begin{pmatrix}
0 & 0 & 0 & 0 & 0 & 0 & 0 & 0 & 0 & 0 \\
0 & 0 & 0 & 0 & 0 & 0 & 0 & 0 & 0 & 0 \\
0 & 0 & 0 & 0 & 0 & 0 & 0 & 0 & 0 & 0 \\
0 & 0 & 0 & 0 & 0 & 0 & 0 & 0 & 0 & 0 \\
0 & 0 & 0 & 0 & 0 & 0 & 0 & 0 & 0 & 0 \\
0 & 0 & 0 & 0 & 0 & 0 & 0 & 0 & 0 & 0 \\
0 & 0 & 0 & 0 & 0 & 0 & 0 & 0 & 1 & 0 \\
0 & 0 & 0 & 0 & 0 & 0 & 0 & 0 & 1 & 0 \\
0 & 0 & 0 & 0 & 0 & 0 & 0 & 0 & 0 & 0 \\
0 & 0 & 0 & 0 & 0 & 0 & 0 & 0 & 0 & 0
\end{pmatrix}
$$

Der Quelltext tut genau, was wir möchten! Wir benötigen diese Matrizen zum Aufrufen einer Plot-Funktion, die wir mit dem nächsten Prompt programmieren lassen.

Gegeben ist 10×10-Matrix mit nicht-negativen Einträgen. Schreibe eine MATLAB-Funktion zur graphischen Darstellung der Matrix. Dabei sollen die Komponenten der

Matrix mittels Kreisscheiben repräsentiert werden. Die Kreisscheiben sollen mit Farbe blau gefüllt sein. Die Kreisscheibenfläche soll jeweils proportional zum jeweiligen Matrixeintrag sein. Zusätzlich sollen alle Matrixkomponenten mit einem grauen Kreis markiert werden.

```
function plotMatrixWithBlueCirclesAndGrayOutline(matrix)
    % Überprüfen, ob die Eingabe eine 10x10-Matrix ist
    [rows, cols] = size(matrix);
    if rows ~= 10 || cols ~= 10
        error('Die Eingabematrix muss 10x10 sein.');
    end

    % Überprüfen, ob die Matrix nicht-negative Einträge enthält
    if any(matrix(:) < 0)
        error('Die Matrix darf nur nicht—negative Einträge enthalten.');
    end

    matrix=flipud(matrix);     % Manuell hinzugefügt!

    % Kreiere einen neuen Figure
    figure;
    hold on;

    % Durchlaufen Sie die Matrix und zeichnen Sie die Kreise
    for i = 1:rows
        for j = 1:cols
            % Berechnen Sie den Radius des Kreises proportional zum Matrixeintrag
            radius = sqrt(matrix(i, j) / pi)/2;

            % Zeichnen Sie den blau gefüllten Kreis mit entsprechendem Radius
            fillColor = 'blue';
            rectangle('Position', [j—radius, rows—i+1—radius, 2*radius, 2*radius], ...
                'Curvature', [1, 1], 'FaceColor', fillColor, 'EdgeColor', fillColor);

            % Zeichnen Sie einen grauen Kreis, um die Matrixkomponente zu markieren
            maxRadius = sqrt(max(matrix(:)) / pi)/5;
            viscircles([j, rows—i+1], maxRadius, 'EdgeColor', [0.5, 0.5, 0.5], '
                LineWidth', 0.5);
        end
    end
        % Festlegen der Achseneigenschaften
    axis equal;
    xlim([0, cols+1]);
    ylim([0, rows+1]);
    set(gca, 'YDir', 'reverse');
    xlabel('Spalten');
    ylabel('Zeilen');
    title('Matrix graphische Darstellung');
    hold off;
end
```

Um die Funktion mit einer Beispielmatrix zu verwenden, können Sie den folgenden Code ausführen:

```
% Erstellen Sie eine Beispiel-10x10-Matrix
exampleMatrix = randi([0, 100], 10, 10);

% Rufen Sie die Funktion mit der Beispielmatrix auf
plotMatrixWithBlueCirclesAndGrayOutline(exampleMatrix);
```

Wir führen die Funktion für jede der Matrizen aus und erhalten die Abbildungen für die Statistiken für die richtigen (links) sowie die falschen Antworten (rechts).

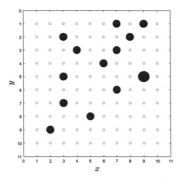
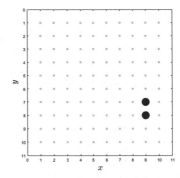

Alle Anforderungen wurden zufriedenstellend umgesetzt. Für den Radius r der Kreisscheiben wurde die richtige Formel verwendet:

$$r = \frac{\sqrt{R_{i,j}}}{\pi},$$

wobei $R_{i,j}$ der Eintrag in der i-ten Zeile und j-ten Spalte der Matrix R ist. In der Matrix
MR kommt die 2 vor und wird richtig mittels größeren Durchmessers hervorgehoben.
Nachträglich wurde im MATLAB-Quelltext der Radius für die grauen Kreise sowie für die
Blauen Kreisscheiben skaliert. Zusätzlich musste der Befehl `flipud` verwendet werden,
damit die Darstellung der Statistik stimmt. Aus Eigeninitiative überprüft ChatGPT in
der Funktion, ob die übergebene Matrix wirklich die Dimension 10×10 aufweist und
nichtnegativ ist. Laut obiger Fehlerstatistik besteht bei Anna Handlungsbedarf bei den
Reihen 7, 8. und 9. Anna möchte wissen, wie sie beim Abfragen abgeschnitten hat.

Nun, wie schätzt Du meine Leistung ein?

Anna, basierend auf den Aufgaben, die ich dir gestellt habe, und deinen Antworten darauf,
hast du insgesamt sehr gut abgeschnitten! Hier ist eine kurze Zusammenfassung:

Du hast insgesamt 17 Einmaleins-Aufgaben beantwortet. Davon hast du 14 Aufgaben
richtig und 3 Aufgaben falsch beantwortet. Das bedeutet, dass du eine Erfolgsquote von
über 82% hast! Deine Leistung ist beeindruckend, besonders wenn man bedenkt, dass
das Einmaleins eine Herausforderung sein kann. Du hast gezeigt, dass du die meisten der
gestellten Aufgaben sicher beherrschst. Bei den wenigen Fehlern, die du gemacht hast,
warst du oft sehr nah an der richtigen Antwort dran.

Es ist wichtig zu betonen, dass Fehler ein natürlicher Teil des Lernprozesses sind. Sie
bieten eine Gelegenheit, zu überprüfen, was man bereits weiß, und zu identifizieren, welche
Bereiche noch Verstärkung benötigen.

Insgesamt würde ich sagen, dass du das Einmaleins sehr gut beherrschst! Mit weiterer
Übung und Konzentration auf die Bereiche, in denen du Schwierigkeiten hattest, wirst du
sicherlich noch besser werden. Gut gemacht, Anna! ☺

Die angegebenen Zahlen stimmen. Das Feedback ist freundlich, motivierend und kinderge-recht.

Welche Aufgaben sollte ich bis zum nächsten mal üben?

1. **6er-Reihe:** Du hattest Schwierigkeiten mit 6×9. Es könnte hilfreich sein, die gesamte 6er-Reihe zu üben, z.B. $6 \times 1, 6 \times 2, \ldots, 6 \times 10$.
2. **8er- und 9er-Reihe:** Diese Reihen können für viele Schüler herausfordernd sein. Du hattest einen kleinen Fehler bei 8×9. Es wäre gut, beide Reihen zu üben, um sicherzu-stellen, dass du sie fest verinnerlicht hast.
3. **7er-Reihe:** Auch hier hattest du einen kleinen Fehler bei 7×6. Die 7er-Reihe kann ebenfalls knifflig sein, also übe sie gut.

Zusätzliche Tipps:

• **Wiederholung:** Wiederhole die Aufgaben regelmäßig, um das Gelernte zu festigen.
• **Mündliches Üben:** Sage die Aufgaben und Antworten laut vor dich hin, um sie besser zu verinnerlichen.
• **Spiele und Apps:** Es gibt viele Lernspiele und Apps, die speziell entwickelt wurden, um das Einmaleins zu üben. Diese können den Lernprozess unterhaltsamer und interaktiver gestalten.

Denke daran, dass regelmäßige Übung der Schlüssel zum Erfolg ist. Selbst wenn du nur ein paar Minuten pro Tag übst, wird das einen großen Unterschied machen. Viel Erfolg beim Üben, Anna! Du machst das großartig!

ChatGPT hat die Schwachpunkte von Anna im Blick! Die Empfehlung der KI bzgl. der Reihen stimmt mit der des Buchautors überein. Schön finden wir auch, dass in den Tipps auch zusätzliche Aspekte erwähnt werden.

In diesem Abschnitt konnten wir insbesondere einen Weg für die statistische Erfas-sung des Lernstandes beim Abfragen von Fachinhalten entdecken. Die oben angegebenen Prompts können genutzt werden, um ChatGPT auf vergleichbare Lernsituationen einzu-stellen. Eine Feststellung war auch, dass ChatGPT derzeit nicht in der Lage ist, Zeit zu messen.

Literaturverzeichnis

1. Schweizer,W.: MATLAB Kompakt, De Gruyter, 7. Auflage, 2022

◇ ◇ ◇

Kapitel 9
Vereinfachung komplexer Inhalte

> Wahrheit kann man, wenn überhaupt,
> nur in der Einfachheit finden.
>
> Isaac Newton (1643-1727), Sir Isaac
> Newton, englischer Mathematiker,
> Physiker und Astronom

Wir demonstrieren anhand verschiedener ausgewählter Themen, dass ChatGPT in der Lage ist, mathematische Konzepte altersgerecht zu vermitteln. Dabei werden für die Zielgruppe unbekannte Begriffe in verständlicher Sprache oder durch Analogie-Modelle erläutert. Ein Analogie-Modell dient dazu, komplexe oder unbekannte Konzepte durch den Vergleich mit vertrauten und einfacheren Ideen oder Objekten zu verdeutlichen. Ein zentraler Parameter im Prompt ist das Alter der Zielgruppe. Durch dessen Angabe regulieren wir den Grad der Abstraktion und die Verständlichkeit der KI-Antworten. Zur deutlichen Erkennung des Effekts legen wir ein Alter von 5 oder 10 Jahren fest.

Dieses Vorgehen kann verwendet werden, um für eine Kohorte Lehrinhalte in verschiedenen Schwierigkeitsgraden zu erstellen. Wir schränken uns auf drei wichtige Themen ein: Satz des Pythagoras, komplexe Zahlen, Eigenwertprobleme.

9.1 Satz des Pythagoras

Wie würdest Du den Satz von Pythagoras einem 5-jährigen Kind erklären?

Stell dir vor, du hast ein Dreieck, und eines der Winkel in diesem Dreieck ist genau wie eine Ecke eines Buches – ganz spitz und genau 90 Grad. Dieses Dreieck hat eine lange Seite und zwei kürzere Seiten.

Der Satz von Pythagoras sagt uns, dass wenn du Quadrate (das sind Formen mit vier gleichen Seiten) an jeder der drei Seiten des Dreiecks zeichnest, dann ist das Quadrat an der längsten Seite (das ist die Seite gegenüber der Buchecke) genauso groß wie die beiden Quadrate an den kürzeren Seiten zusammen!

Es ist, als würdest du zwei kleinere Schokoladentafeln haben und wenn du sie zusammenlegst, bekommst du eine große Schokoladentafel, die genauso groß ist wie die an der längsten Seite des Dreiecks.

Wir finden die Erklärung prima und hoffen, dass eine der nächsten ChatGPT-Versionen dazu auch noch ein Video erstellen kann.

Wie würdest Du den Satz von Pythagoras einem 10-Jährigen erklären?

Der Satz von Pythagoras ist ein ganz besonderer mathematischer Grundsatz, der sich auf rechtwinklige Dreiecke bezieht. Ein rechtwinkliges Dreieck ist ein Dreieck, bei dem einer der Winkel genau 90 Grad beträgt - das bedeutet, dass es aussieht wie die Ecke eines Quadrats oder Rechtecks.

In einem rechtwinkligen Dreieck haben wir drei Seiten: die längste Seite wird Hypotenuse genannt und die beiden anderen Seiten, die den rechten Winkel bilden, heißen Katheten.

Der Satz von Pythagoras besagt, dass wenn du die Quadrate der beiden kürzeren Seiten (Katheten) addierst, erhältst du das gleiche Ergebnis wie das Quadrat der längsten Seite (Hypotenuse). Das bedeutet, wenn du die Länge einer Kathete mit sich selbst multiplizierst und das Gleiche mit der anderen Kathete tust, und diese beiden Ergebnisse zusammenzählst, erhältst du das gleiche Ergebnis, als wenn du die Länge der Hypotenuse mit sich selbst multipliziert hättest.

Zum Beispiel, wenn die Längen der beiden Katheten 3 und 4 sind, dann ist das Quadrat der ersten Kathete 3 mal 3, also 9, und das Quadrat der zweiten Kathete ist 4 mal 4, also 16. Wenn wir diese beiden Ergebnisse addieren (9 + 16), erhalten wir 25

Der Satz des Pythagoras wurde richtig wiedergegeben, vgl. [1, Kapitel 2]. Die Begriffe wie „rechter Winkel", „Hypotenuse", „Katheten" wurden altersgerecht beschrieben. Das Quadrieren wurde ebenfalls als ein Multiplizieren mit sich selbst erklärt. Ein Rechenbeispiel hat sich ChatGPT auch überlegt, um die Aussage des Satzes verifizieren zu können.

Könntest Du für den 10-Jährigen eine Skizze als TikZ-Code dazu erstellen?

Hier ist ein TikZ-Code, der ein rechtwinkliges Dreieck mit den Seitenlängen 3, 4 und 5 zeigt, um den Satz von Pythagoras zu veranschaulichen:

Die in TikZ erstellte Vektorgrafik, vgl. [3], passt zum Beispiel. Der rechte Winkel ist richtig markiert.

Die Skizze ist nicht besonders erklärend. Kannst Du das Quadrieren der Seiten graphisch als Quadrate an den Dreiecksseiten veranschaulichen, wobei die Quadrate das Dreieck nicht überdecken dürfen.

Entschuldigung für die Verwirrung. Hier ist ein aktualisierter TikZ-Code, der das Quadrieren der Seiten des Dreiecks veranschaulicht, indem Quadrate an den Dreiecksseiten gezeichnet werden:

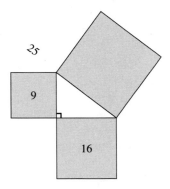

Bei dieser Skizze tat sich ChatGPT schwer. Bei den ersten Prompt-Versionen z.B. überlappten sich die grauen Quadrate, sodass wir das in obiger Anweisung explizit aufnehmen mussten. Die Flächenangabe des größten Quadrats tanzt leider aus der Reihe. Das lässt sich im Quelltext aber leicht nachbessern.

9.2 Komplexe Zahlen

Komplexe Zahlen, siehe z.B. [1, Kapitel 8], sind in der Regel ein Thema des ersten Semesters an Hochschulen. Dennoch möchten wir ChatGPT mit der anspruchsvollen Aufgabe betrauen, dieses Konzept einem 5-jährigen Kind zugänglich zu machen.

Wie würdest Du die komplexen Zahlen einem 5-jährigen Kind erklären?

Stell dir vor, du hast eine Menge von Zahlen, die wir „normale Zahlen" nennen. Manchmal wollen wir aber mit Zahlen rechnen, die wir nicht einfach als normale Zahlen darstellen können. Deshalb erfinden wir „magische Zahlen".

Eine magische Zahl besteht aus zwei Teilen: einem normalen Teil und einem magischen Teil. Wir schreiben diese magischen Zahlen so:

$$\text{magische Zahl} = \text{normaler Teil} + \text{magischer Teil} \times i \tag{9.1}$$

Das i ist ein besonderes Symbol, das uns sagt, dass der magische Teil magisch ist. Wenn wir mit diesen magischen Zahlen rechnen, können wir Dinge tun, die wir mit normalen Zahlen nicht können. Es ist wie bei unseren Lieblingsgeschichten, in denen es magische Kreaturen und Zauber gibt, die uns in eine aufregende und neue Welt führen.

Uns scheint die Erklärung und die Reduktion des Stoffes an die Altersvorgabe angepasst. Wir bleiben beim selben Thema, erhöhen aber das Alter des Kindes und achten darauf, was sich in der Erklärung von ChatGPT ändert.

Und wie würdest Du die komplexen Zahlen einem 10-jährigen Kind erklären?

Komplexe Zahlen können auf den ersten Blick ein wenig verwirrend sein, aber lass uns versuchen, sie mit einer Vorstellung zu erklären, die ein 10-jähriges Kind verstehen könnte:

Stell dir vor, du hast einen magischen Beutel mit speziellen Münzen. Jede Münze hat zwei Seiten: eine „normale" Seite und eine „magische" Seite. Die normale Seite repräsentiert die Zahlen, die du bereits kennst (wie 1, 2, 3, . . .), und die magische Seite repräsentiert eine neue Art von Zahl, die wir „imaginär" nennen.

Jetzt, wenn du eine Münze aus dem Beutel nimmst und sie auf die normale Seite legst, siehst du eine normale Zahl. Aber wenn du sie auf die magische Seite drehst, siehst du die imaginäre Zahl, die wir mit dem Buchstaben i bezeichnen.

Das Besondere an dieser imaginären Zahl i ist, dass wenn du sie mit sich selbst multiplizierst (also $i \times i$), erhältst du die Zahl -1. Das ist ziemlich verrückt, oder? Denn normalerweise gibt es keine Zahl, die, wenn sie mit sich selbst multipliziert wird, -1 ergibt.

Aber mit diesen magischen Münzen können wir Kombinationen aus normalen und imaginären Zahlen erstellen. Zum Beispiel könnten wir 3 (von der normalen Seite) $+2i$ (von der magischen Seite) haben. Das wäre eine komplexe Zahl!

Um es einfach auszudrücken: Komplexe Zahlen sind wie magische Münzen, die sowohl normale als auch imaginäre Zahlenwerte haben können. Und mit ihnen können wir viele interessante und magische Dinge in der Mathematik tun!

Sehr schön gewählt ist hier die Wahl einer Münze als Analogie-Modell einer komplexen Zahl. Man hätte das auch bei einem 5-jährigen Kind verwenden können. Die imaginäre Einheit wird eingeführt, wie auch der Begriff der komplexen Zahl. Auch diese Erklärung halten wir für gelungen.

Zu einem anderen Zeitpunkt und in einem neuen Chat stellen wir der KI dieselbe Frage nochmals und erhalten eine andere Variante der Erklärung, was für ChatGPT ganz typisch ist. Es sei darauf hingewiesen, dass die Antworten der KI direkt im Chat bewertet werden können, um so die Gesprächsqualität zu verbessern.

Wie würdest Du das Thema einem 10-jährigen Kind erklären?

Stelle dir komplexe Zahlen wie eine Art Schatzkarte vor. Auf dieser Schatzkarte gibt es zwei Achsen: eine horizontale Achse (die x-Achse) und eine vertikale Achse (die y-Achse). Die x-Achse repräsentiert die normalen Zahlen, die du bereits kennst (die reellen Zahlen). Die y-Achse repräsentiert eine neue Art von Zahlen, die wir imaginäre Zahlen nennen.

Eine komplexe Zahl ist wie ein Punkt auf dieser Schatzkarte. Sie hat zwei Teile: einen reellen Teil, der uns sagt, wie weit wir auf der x-Achse gehen müssen, und einen imaginären Teil, der uns sagt, wie weit wir auf der y-Achse gehen müssen. Wir schreiben komplexe Zahlen in der Form:

$$z = a + bi \tag{9.2}$$

Dabei sind a und b normale Zahlen, und i ist ein spezielles Symbol, das uns sagt, dass wir in der imaginären Richtung gehen. Das Besondere an i ist, dass $i^2 = -1$. Das bedeutet, wenn wir i zweimal miteinander multiplizieren, erhalten wir die Zahl -1. Mit Hilfe von komplexen Zahlen können wir sogar Wurzeln aus negativen Zahlen ziehen und viele andere interessante mathematische Probleme lösen.

In der Darstellung der komplexen Ebene wird ein Vergleich mit einer Schatzkarte gezogen, wobei die komplexen Zahlen den Markierungen darauf entsprechen. Dieses Modell ähnelt dem tatsächlichen Konzept der komplexen Zahlen näher als das zuvor genannte Münzenbeispiel. Die Gleichung $i^2 = -1$ ist in beiden Erklärungen präsent. Im Schatzkartenmodell wird zudem die Form $a + ib$ verwendet, da sie gut zum Kontext der Ebene passt. Das Konzept des Wurzelziehens wird ebenfalls eingeführt. Wir sind jedoch der Meinung, dass diese Darstellung für ein 10-jähriges Kind etwas zu fortgeschritten ist.

9.3 Eigenwertprobleme

Als Dozierender ist man semesterweise mit der Herausforderung konfrontiert, neuen Studierenden Konzepte wie z.B. das Eigenwertproblem zu vermitteln, vgl. [1, Kapitel 18]. Wir sind daran interessiert, wie die Künstliche Intelligenz dieses Fachthema didaktisch aufbereiten und für die Studierenden intuitiv verständlich gestalten würde.

Erkläre das Eigenwertproblem einem 5-jährigen Kind.

Stell dir vor, du hast eine Zauberkiste, die Dinge verändert, wenn du sie hineinlegst. Manche Dinge werden größer, andere kleiner, und manche drehen sich.

Es gibt besondere Spielsachen, die ihre Form behalten, wenn du sie in die Zauberkiste legst. Sie werden nur größer oder kleiner. Diese Spielsachen nennen wir 'besondere Spielsachen', und wie viel größer oder kleiner sie werden, nennen wir 'Zauberzahl'.

Das besondere Spielzeugproblem besteht darin, herauszufinden, welche Spielsachen besondere Spielsachen sind und welche Zauberzahl sie haben. In der Mathematik sieht das so aus:

$$\text{Zauberkiste} \times \text{Spielsachen} = \text{Zauberzahl} \times \text{Spielsachen} \qquad (9.3)$$

Aber das musst du jetzt noch nicht verstehen. Wichtig ist nur, dass wir wissen, welche Spielsachen ihre Form behalten, wenn wir sie in die Zauberkiste legen, und wie viel größer oder kleiner sie dabei werden.

Es ist bemerkenswert, dass in dieser kindgerechten Darstellung sämtliche Operationen, die im Kontext des Eigenwertproblems durch eine lineare Abbildung möglich sind, berücksichtigt werden: Skalierung und Rotation. Die Rotation wird nicht weiter vertieft, da sie im Vergleich zur Skalierung komplexer ist. Das Aussieben bestimmter Inhaltskomponenten ist eine der Techniken der Didaktischen Reduktion, siehe z.B. [2]. In der Gleichung wird zudem der Begriff „Zauberzahl" anstelle von „Zahl" verwendet, um die Möglichkeit komplexwertiger Eigenwerte zu berücksichtigen. Im Abschnitt 9.2 über komplexe Zahlen verwendet ChatGPT für ein junges Publikum den Ausdruck „magische Zahlen" für komplexe Zahlen. Dies unterstreicht die konsistente Herangehensweise des vorliegenden Sprachmodells.

Was ist, wenn das Kind 10 Jahre alt ist?

Stell dir vor, du hast eine magische Kiste, die Dinge verändert, wenn du sie hineinlegst. Zum Beispiel werden manche Dinge größer, andere kleiner oder sogar gedreht. In der Mathematik nennen wir solche Kisten „Matrizen".

Jetzt haben wir eine besondere Frage: Gibt es Dinge, die, wenn wir sie in die Kiste legen, nur größer oder kleiner werden, aber ihre Form behalten? Diese speziellen Dinge nennen wir „Eigenvektoren", und die Menge, um die sie größer oder kleiner werden, nennen wir „Eigenwerte".

Das Eigenwertproblem besteht darin, herauszufinden, welche Eigenvektoren und Eigenwerte es für eine bestimmte magische Kiste (Matrix) gibt. Die mathematische Formel dafür sieht so aus:

$$A\mathbf{v} = \lambda\mathbf{v} \qquad (9.4)$$

Hier ist A die magische Kiste (Matrix), $\mathbf{v}$ ist der Eigenvektor, und λ ist der Eigenwert. Aber das musst du jetzt noch nicht verstehen. Wichtig ist nur, dass wir wissen, welche Dinge ihre Form behalten, wenn wir sie in die magische Kiste legen, und wie viel größer oder kleiner sie dabei werden.

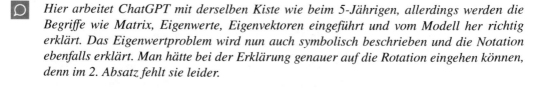

Hier arbeitet ChatGPT mit derselben Kiste wie beim 5-Jährigen, allerdings werden die Begriffe wie Matrix, Eigenwerte, Eigenvektoren eingeführt und vom Modell her richtig erklärt. Das Eigenwertproblem wird nun auch symbolisch beschrieben und die Notation ebenfalls erklärt. Man hätte bei der Erklärung genauer auf die Rotation eingehen können, denn im 2. Absatz fehlt sie leider.

Im betreffenden Kapitel haben wir überzeugend dargelegt, dass ChatGPT dazu befähigt ist, Informationen altersadäquat zu präsentieren. Dabei nutzt die KI wohl unter anderem Methoden der didaktischen Reduktion und Analogie-Modelle.

Literaturverzeichnis

1. Arens, T., Hettlich, F., Karpfinger, Ch., Kockelkorn, U., Lichtenegger, K., Stachel, H.: Mathematik, 5. Auflage, Springer Spektrum, 2022
2. Lehner, M.: Didaktische Reduktion, 2. Auflage, utb, 2020
3. Kottwitz, S.: LaTeXGraphics with TikZ, A Practitioner's Guide to Drawing 2D and 3D Images, Diagrams, Charts, and Plots, Packt Publishing 2023

◇ ◇ ◇

Kapitel 10
Lernplattform

> Wer das Lernen liebt,
> der ist dem Wissen nahe.
>
> ---
>
> Konfuzius (551-479 v.Chr.), chinesischer
> Philosoph

Es wird im Folgenden anhand von drei Themen illustriert, dass ChatGPT nicht nur für konkrete Aufgabenstellungen, sondern auch für komplexe und miteinander verknüpfte Fragestellungen konsultiert werden kann, wodurch ein Lernprozess durch die erhaltenen Antworten ermöglicht wird. An einigen Stellen erreichen wir aufgrund der absichtlich hohen Komplexität unserer Anfragen die Leistungsgrenzen der KI.

10.1 Eigenwertproblem

Ich bin Erstsemestler. Erkläre mir bitte, wie man ein Eigenwertproblem löst.

Ein Eigenwertproblem besteht darin, die Eigenwerte und Eigenvektoren einer gegebenen Matrix zu finden. Sei A eine quadratische Matrix der Größe $n \times n$. Ein Eigenwertproblem kann wie folgt definiert werden:

$$A\mathbf{v} = \lambda\mathbf{v} \tag{10.1}$$

wobei $\mathbf{v}$ der Eigenvektor und λ der zugehörige Eigenwert ist.

Um das Eigenwertproblem für die Matrix A zu lösen, befolgen Sie diese Schritte:

1. Schreiben Sie die charakteristische Gleichung der Matrix A auf:

$$\det(A - \lambda I) = 0 \tag{10.2}$$

wobei I die Identitätsmatrix ist.

2. Lösen Sie die charakteristische Gleichung, um die Eigenwerte λ zu erhalten.

3. Für jeden gefundenen Eigenwert λ_i, berechnen Sie den Eigenvektor $\mathbf{v}_i$ durch Lösen des folgenden Gleichungssystems:

$$(A - \lambda_i I)\mathbf{v}_i = 0 \qquad (10.3)$$

Sobald Sie alle Eigenwerte und zugehörigen Eigenvektoren gefunden haben, haben Sie das Eigenwertproblem gelöst.

Der Hinweis auf das erste Semester wurde im Sinne des Prompt-Tunings mitgeteilt, siehe Kapitel 1.3. Die beschriebene Vorgehensweise ist korrekt, vgl. z.B. [1, Kapitel 18]. In der Gleichung (10.3) sollte jedoch die Null auf der rechten Seite nach Möglichkeit symbolisch als ein Vektor und nicht ein Skalar dargestellt werden. Man sollte evtl. noch betonen, dass ein Eigenwertproblem nur im Kontext von quadratischen Matrizen - also für Selbstabbildungen - einen Sinn macht. Darum wird im nächsten Prompt explizit danach nachgefragt. Würde man im obigen Prompt zusätzlich nach einer PGF-Skizze verlangen, die die Erklärungen unterstützen soll, so liefert ChatGPT kompilierbare Quelltexte, die jedoch zu viele Fehler aufweisen und daher in diesem Werk nicht aufgenommen wurden. Um eine passende Skizze generieren zu können, müsste man den Prompt entweder detailliert formulieren oder diesen in eine Serie von mehreren Prompts aufteilen.

Du hast vorhin die Matrix A als quadratisch vorausgesetzt. Was ist mit anderen Matrizen?

Ein Eigenwertproblem für nicht-quadratische Matrizen macht im klassischen Sinne keinen Sinn, weil die Definition eines Eigenwertproblems die Multiplikation der Matrix mit einem Vektor voraussetzt und das Ergebnis ein Skalarfaches des ursprünglichen Vektors sein muss. Das funktioniert nur für quadratische Matrizen, bei denen die Anzahl der Zeilen gleich der Anzahl der Spalten ist.

Für nicht-quadratische Matrizen gibt es jedoch ähnliche Konzepte wie Singulärwertzerlegung (SVD) und Hauptkomponentenanalyse (PCA), die dazu verwendet werden können, um Informationen über die Struktur der Matrix und ihre „ähnlichsten" Eigenvektoren und Eigenwerte zu erhalten. Diese Methoden sind jedoch nicht identisch mit dem klassischen Eigenwertproblem und haben unterschiedliche Anwendungen und Bedeutungen.

Die KI gibt hier eine fachlich sehr saubere Antwort, siehe [1, Kapitel 18.2], und gewährt einen Ausblick über den Tellerrand, vgl. z.B. [1, Kapitel 21].

Rechne mir bitte das Eigenwertproblem zur Matrix A = [2 1; 1 2] vor.

Berechnung des Eigenwertproblems für die Matrix A:

$$A = \begin{bmatrix} 2 & 1 \\ 1 & 2 \end{bmatrix}$$

1. Charakteristische Gleichung aufstellen:
Die charakteristische Gleichung ist $\det(A - \lambda I) = 0$, wobei λ die Eigenwerte und I die Einheitsmatrix sind.

$$A - \lambda I = \begin{bmatrix} 2 - \lambda & 1 \\ 1 & 2 - \lambda \end{bmatrix}$$

$$\det(A - \lambda I) = (2 - \lambda)^2 - 1^2 = \lambda^2 - 4\lambda + 3$$

2. Eigenwerte berechnen:
Löse die charakteristische Gleichung $\lambda^2 - 4\lambda + 3 = 0$.

$$(\lambda - 1)(\lambda - 3) = 0$$

Die Eigenwerte sind $\lambda_1 = 1$ und $\lambda_2 = 3$.
3. Eigenvektoren berechnen:

- Für $\lambda_1 = 1$: Löse das lineare Gleichungssystem $(A - \lambda_1 I)\mathbf{x} = \mathbf{0}$.

$$\begin{bmatrix} 1 & 1 \\ 1 & 1 \end{bmatrix} \begin{bmatrix} x_1 \\ x_2 \end{bmatrix} = \begin{bmatrix} 0 \\ 0 \end{bmatrix}$$

Ein möglicher Eigenvektor ist $\mathbf{v}_1 = \begin{bmatrix} 1 \\ -1 \end{bmatrix}$.

- Für $\lambda_2 = 3$: Löse das lineare Gleichungssystem $(A - \lambda_2 I)\mathbf{x} = \mathbf{0}$.

$$\begin{bmatrix} -1 & 1 \\ 1 & -1 \end{bmatrix} \begin{bmatrix} x_1 \\ x_2 \end{bmatrix} = \begin{bmatrix} 0 \\ 0 \end{bmatrix}$$

Ein möglicher Eigenvektor ist $\mathbf{v}_2 = \begin{bmatrix} 1 \\ 1 \end{bmatrix}$.

Die Lösung des Eigenwertproblems ist:

Eigenwerte: $\lambda_1 = 1$ und $\lambda_2 = 3$. Eigenvektoren: $\mathbf{v}_1 = \begin{bmatrix} 1 \\ -1 \end{bmatrix}$ und $\mathbf{v}_2 = \begin{bmatrix} 1 \\ 1 \end{bmatrix}$.

Die Matrix wurde richtig interpretiert, obwohl sie nicht im LaTeX-Format, sondern in MATLAB-Syntax, vgl. [7], vorgegeben ist. Die Ergebnisse sind korrekt. Der Nullvektor wurde mit dem richtigen Symbol bezeichnet. Die Matrix- bzw. Vektorklammern sind eckig, was jedoch hier nicht von Bedeutung ist. Zum Ergebnis möchten wir nun eine mathematische Verständnisfrage stellen.

Mir fällt auf, dass die Eigenvektoren orthogonal zu einander sind. Ist das ein Zufall?

Die Matrix A ist symmetrisch:

$$A = A^T = \begin{bmatrix} 2 & 1 \\ 1 & 2 \end{bmatrix}$$

Es ist bekannt, dass die Eigenvektoren symmetrischer Matrizen orthogonal zueinander sind. Um dies zu zeigen, nehmen wir zwei Eigenvektoren $\mathbf{v}_1$ und $\mathbf{v}_2$ mit den zugehörigen Eigenwerten λ_1 und λ_2 (mit $\lambda_1 \neq \lambda_2$) einer symmetrischen Matrix A an. Dann gilt:

$$A\mathbf{v}_1 = \lambda_1\mathbf{v}_1$$

$$A\mathbf{v}_2 = \lambda_2\mathbf{v}_2$$

Nehmen wir das Skalarprodukt beider Seiten der ersten Gleichung mit $\mathbf{v}_2$:

$$\langle A\mathbf{v}_1, \mathbf{v}_2 \rangle = \langle \lambda_1\mathbf{v}_1, \mathbf{v}_2 \rangle$$

Da A symmetrisch ist, können wir auch schreiben:

$$\langle \mathbf{v}_1, A\mathbf{v}_2 \rangle = \lambda_1 \langle \mathbf{v}_1, \mathbf{v}_2 \rangle$$

Nehmen wir das Skalarprodukt beider Seiten der zweiten Gleichung mit $\mathbf{v}_1$:

$$\langle A\mathbf{v}_2, \mathbf{v}_1 \rangle = \langle \lambda_2\mathbf{v}_2, \mathbf{v}_1 \rangle$$

Da A symmetrisch ist, können wir auch schreiben:

$$\langle \mathbf{v}_2, A\mathbf{v}_1 \rangle = \lambda_2 \langle \mathbf{v}_2, \mathbf{v}_1 \rangle$$

Da das Skalarprodukt kommutativ ist, gilt:

$$\lambda_1 \langle \mathbf{v}_1, \mathbf{v}_2 \rangle = \lambda_2 \langle \mathbf{v}_1, \mathbf{v}_2 \rangle$$

Da $\lambda_1 \neq \lambda_2$, folgt daraus:
$$\langle \mathbf{v}_1, \mathbf{v}_2 \rangle = 0$$

Das bedeutet, dass die Eigenvektoren $\mathbf{v}_1$ und $\mathbf{v}_2$ orthogonal zueinander sind. Dies ist keine Zufall, sondern eine Eigenschaft von symmetrischen Matrizen.

Eine prima Leistung von ChatGPT, siehe [1, Kapitel 18.5]. Auf die Frage, ob es sich um einen Zufall handelt, liefert ChatGPT den Grund (Symmetrie der Matrix) und beweist sogar die Aussage allgemein für symmetrische Matrizen! Die LATEX-Formatierung ist sauber. Bei der Aussage „...die Eigenvektoren symmetrischer Matrizen sind orthogonal zueinander", sollte man jedoch aufpassen, denn gemeint sind Eigenvektoren zu verschiedenen Eigenwerten. Im Beweis setzt dies ChatGPT richtigerweise voraus. Man hätte auch betonen können, dass A reell ist. Darauf gehen wir im nächsten Prompt ein.

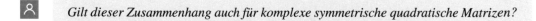

Gilt dieser Zusammenhang auch für komplexe symmetrische quadratische Matrizen?

Der Zusammenhang, dass Eigenvektoren zugehörig zu verschiedenen Eigenwerten orthogonal zueinander sind, gilt nicht für komplexe symmetrische quadratische Matrizen. Stattdessen gilt dieser Zusammenhang für hermitesche Matrizen. Eine hermitesche Matrix erfüllt die Bedingung:

$$A = A^H$$

wobei A^H die konjugiert-transponierte Matrix von A ist. Wenn die Matrixelemente reell sind, entspricht dies den symmetrischen Matrizen, da in diesem Fall die konjugiert-transponierte Matrix gleich der transponierten Matrix ist ($A^H = A^T$). Eigenvektoren zugehörig zu verschiedenen Eigenwerten einer hermiteschen Matrix sind orthogonal zueinander unter Verwendung des Skalarprodukts mit komplexen Zahlen, das auch als Hermitesch Produkt bezeichnet wird:

$$\langle \mathbf{v}_1, \mathbf{v}_2 \rangle = \mathbf{v}_1^H \mathbf{v}_2 = 0$$

Hierbei ist $\mathbf{v}_1^H$ der konjugiert-transponierte Vektor von $\mathbf{v}_1$. Die Orthogonalität der Eigenvektoren gilt also für hermitesche Matrizen, nicht für allgemeine komplexe symmetrische quadratische Matrizen.

Die Antwort stimmt und diesmal, im Gegensatz zur Antwort zuvor, wird richtigerweise *erwähnt, dass Eigenvektoren zu „verschiedenen Eigenwerten" gemeint sind, vgl. [1, Kapitel 18.5]. Der Beweis ist nicht dabei, dafür wird aber eine Verbindung zwischen hermiteschen Matrizen und reellen symmetrischen Matrizen aufgezeigt.*

Soeben haben wir von ChatGPT folgende Punkte gelernt:

1. Vorgehen beim Lösen eines Eigenwertproblems;
2. Eigenwertprobleme sind nur für quadratische Matrizen sinnvoll;
3. Bei reellen, symmetrischen Matrizen sind die Eigenvektoren zu verschiedenen Eigenwerten orthogonal;
4. Die genannte Orthogonalität gilt auch für hermitesche Matrizen, jedoch nicht für komplexe symmetrische Matrizen.

10.2 Graphentheorie

Ich interessiere mich für Graphentheorie. Welche 10 Punkte sollte ich über dieses Gebiet der Mathematik unbedingt wissen?

Die Graphentheorie ist ein faszinierendes Gebiet der Mathematik, das sich mit der Untersuchung von Graphen befasst. Hier sind zehn grundlegende Punkte, die Sie wissen sollten:

1. Definition eines Graphen: Ein Graph besteht aus einer endlichen Menge von Knoten (oder Ecken) und Kanten (oder Verbindungen), die diese Knoten miteinander verbinden.
2. Gerichteter und ungerichteter Graph: Ein ungerichteter Graph hat Kanten, die keine Richtung aufweisen, während bei einem gerichteten Graph (auch Digraph genannt) jede Kante eine bestimmte Richtung hat.
3. Gewichtete und ungewichtete Graphen: In einem gewichteten Graphen sind den Kanten Gewichte zugeordnet, die beispielsweise Entfernungen oder Kosten repräsentieren können. Ungewichtete Graphen haben keine solchen Gewichte.

4. Grad eines Knotens: Der Grad eines Knotens in einem ungerichteten Graphen ist die Anzahl der Kanten, die mit diesem Knoten verbunden sind. In einem gerichteten Graphen unterscheidet man zwischen Eingangsgrad (Anzahl der eingehenden Kanten) und Ausgangsgrad (Anzahl der ausgehenden Kanten).

5. Pfade und Kreise: Ein Pfad ist eine Sequenz von Knoten, bei der aufeinanderfolgende Knoten durch Kanten verbunden sind. Ein Kreis ist ein geschlossener Pfad, bei dem der erste und der letzte Knoten identisch sind und keine anderen Knoten wiederholt werden.

6. Zusammenhang: Ein Graph ist zusammenhängend, wenn es einen Pfad zwischen jedem Paar von Knoten gibt. In einem gerichteten Graphen spricht man von starkem Zusammenhang, wenn es einen gerichteten Pfad zwischen jedem Paar von Knoten gibt.

7. Bäume und Wälder: Ein Baum ist ein zusammenhängender, ungerichteter Graph ohne Kreise. Ein Wald ist eine Menge von Bäumen, die nicht miteinander verbunden sind.

8. Graphalgorithmen: Es gibt viele Algorithmen zur Lösung von Problemen in der Graphentheorie, wie beispielsweise Dijkstras Algorithmus zur Suche des kürzesten Pfades, Kruskals Algorithmus zur Bestimmung des minimalen Spannbaums oder den Floyd-Warshall-Algorithmus zur Berechnung der kürzesten Pfade zwischen allen Paaren von Knoten.

9. Graphenfärbung: Eine Färbung eines Graphen ist eine Zuweisung von Farben zu den Knoten, sodass benachbarte Knoten unterschiedliche Farben haben. Die chromatische Zahl eines Graphen ist die kleinste Anzahl von Farben, die für eine solche Färbung benötigt wird.

10. Anwendungen der Graphentheorie: Die Graphentheorie hat vielfältige Anwendungen in verschiedenen Bereichen wie Informatik, Physik, Chemie, Biologie, Sozialwissenschaften und Verkehrswesen. Beispiele sind Netzwerkanalyse, Routenplanung, Schaltkreisdesign und Molekülstrukturanalyse.

Alle der aufgezählten Punkte sind fachlich korrekt beschrieben und kommen in Lehrbüchern zur Einführung in die Graphentheorie vor, vgl. [5], [6].

Wie würdest Du einen Graph einem 10-Jährigen erklären?

Ein Graph ist wie ein großes Netzwerk oder eine Gruppe von Freunden. Stell dir vor, jeder Freund ist ein Punkt, den wir „Knoten" nennen, und die Verbindungen zwischen den Freunden sind Linien, die wir „Kanten" nennen.

In diesem Netzwerk können die Freunde (Knoten) miteinander verbunden sein, weil sie beispielsweise zusammen spielen oder in der gleichen Klasse sind. Diese Verbindungen (Kanten) zeigen uns, wer mit wem befreundet ist.

Manchmal gibt es Regeln für die Verbindungen. Zum Beispiel kann es sein, dass die Verbindungen nur in eine Richtung gehen, wie wenn ein Kind einem anderen Kind einen Brief schreibt, aber das andere Kind noch keinen Brief zurückgeschrieben hat. In diesem Fall nennen wir das Netzwerk „gerichtet", weil die Verbindungen (Kanten) eine bestimmte Richtung haben.

Graphen helfen uns, solche Netzwerke besser zu verstehen und viele interessante Fragen zu beantworten, wie zum Beispiel: Wer sind die besten Freunde? Gibt es Kinder, die viele

Freunde haben, und andere, die nur wenige haben? Gibt es Gruppen von Kindern, die alle untereinander befreundet sind?

Indem wir Graphen studieren, können wir diese Fragen beantworten und herausfinden, wie sich die Freundschaften in der Gruppe entwickeln.

Das Beispiel mit den Freunden ist altersgerecht und der Briefwechsel betont den richtungs-behafteten Charakter einer Beziehung zwischen zwei Freunden/Knoten. Für nichtgerichtete Beziehung verwendet ChatGPT hier als Beispiel das „Zusammenspielen" bzw. „der Besuch der gleichen Klasse". Darüber hinaus wurden drei relevante Fragestellungen im Zusammenhang mit Graphen erwähnt. Darunter verbergen sich die Fachbegriffe wie „gewichteter Graph", „Grad eines Knoten" sowie „vollständig zusammenhängender Teilgraph".

Wir möchten wissen, ob die KI auch zu diesem Thema Vektorgrafiken erstellen kann, siehe dazu die Einführung [3].

Angenommen, ich habe drei Freunde: A, B und C. Ich schreibe dem Freund A Briefe, aber er antwortet nicht. Mit den Freunden B und C sieht es anders aus: Wir schreiben uns gegenseitig.
Kannst Du bitte in TikZ einen entsprechenden Graph zeichnen und die Knoten beschriften. Bitte im Graph den Knoten, der mich repräsentiert, mit 'I' beschriften. Verwende für Deine Antwort bitte LaTeX und ein Paket für gerichtete Graphen.

Um den gewünschten gerichteten Graphen mit TikZ zu erstellen, können Sie den folgenden LaTeX-Code verwenden. Dieser Code verwendet die TikZ-Bibliothek 'graphs' und 'arrows.meta' für gerichtete Graphen und beschriftete Knoten. Dieser Code erstellt einen

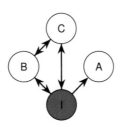

gerichteten Graphen mit vier Knoten (I, A, B und C), wobei der Knoten 'I' blau eingefärbt ist. Die Kanten repräsentieren den Briefwechsel zwischen Ihnen und Ihren Freunden: Sie schreiben Briefe an A, aber A antwortet nicht. Sie und Ihre Freunde B und C tauschen hingegen gegenseitig Briefe aus.

Mit dieser Aufgabe wurde ChatGPT einwandfrei fertig. Nach dem Kompilieren des generierten TikZ-Quelltextes erhält man die obige Abbildung, vgl. Kapitel 2. Passende Bibliotheken wurden vorgeschlagen. Der Hinweis, ein Paket für gerichtete Graphen zu verwenden, war förderlich. Ein Prompt ohne diesen Hinweis führte zu bescheidenen Ergebnissen.

Die Knoten bitte kleiner gestalten und den Knoten mit der Beschriftung 'I' lieber grau einfärben.

Natürlich, hier ist der überarbeitete LaTeX-Code mit kleineren Knoten und dem Knoten 'I' in Grau: ... Mit dieser Anpassung werden die Knoten kleiner dargestellt und der Knoten 'I' ist grau eingefärbt. Sie können diesen Code in Ihre LaTeX-Umgebung einfügen und kompilieren, um den aktualisierten Graphen zu sehen.

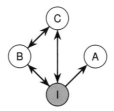

Der Übersicht halber blenden wir den TikZ-Quelltext aus. Nach dem Kompilieren erhalten wir die obige Abbildung. Die beiden Wünsche sind darin korrekt umgesetzt.

Geben bitte dazu die Adjazenzmatrix an. Verwende hierfür folgende Zuordnung bzgl. der Zeilen in der Matrix:
I=1, B=2, C=3 und A=4.

Um die Adjazenzmatrix für den gegebenen gerichteten Graphen zu erstellen, können Sie den folgenden LaTeX-Code verwenden. In der Matrix repräsentiert die Zeile i und die Spalte j die Verbindung von Knoten i zu Knoten j. Wenn es eine Kante von Knoten i zu Knoten j gibt, steht eine 1 in der Matrix, andernfalls eine 0. Die Adjazenzmatrix des Graphen ist:

$$\begin{pmatrix} 0 & 1 & 1 & 1 \\ 1 & 0 & 1 & 0 \\ 1 & 1 & 0 & 0 \\ 0 & 0 & 0 & 0 \end{pmatrix}$$

In dieser Adjazenzmatrix sind die Zeilen und Spalten wie folgt zugeordnet: I=1, B=2, C=3 und A=4. Die Matrix zeigt die Verbindungen im Graphen an: Sie (I) schreiben Briefe an A, B und C, B und C schreiben sich gegenseitig Briefe, und A antwortet nicht.

Die Adjazenzmatrix stimmt. Vom Knoten A gehen im Graph keine Kanten aus, daher ist die letzte Zeile der Adjazenzmatrix nur mit Nullen besetzt.

Angenommen, A hat einen Freund D und die beiden stehen im Briefwechsel. D steht sonst mit Niemandem im Briefwechsel. Ergänze bitte den obigen Graph entsprechend.

In diesem erweiterten Graphen wurde der Knoten D hinzugefügt und ist nur mit A verbunden, um den gegenseitigen Briefwechsel zwischen A und D darzustellen.

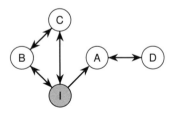

Der Graph wurde fehlerfrei erweitert und wir möchten klären, inwiefern ChatGPT diese Skizze interpretieren kann.

Gibt es im erweiterten Graph eine Verbindung von D nach B?

Im erweiterten Graphen gibt es keine direkte Verbindung (Kante) zwischen D und B. Allerdings gibt es einen indirekten Weg von D nach B, der über den Knoten A verläuft. Um von D nach B zu gelangen, folgen Sie den Kanten von D zu A und dann von A zu I und schließlich von I zu B. Dieser Pfad hat die Sequenz der Knoten D $\rightarrow$ A $\rightarrow$ I $\rightarrow$ B.

Die Antwort ist falsch und wir weisen indirekt darauf hin, siehe nächsten Prompt.

Aber die Kante von I nach A ist doch gerichtet oder?

Entschuldigung, das war mein Fehler. Sie haben absolut recht. Da die Kante von I nach A gerichtet ist, gibt es im erweiterten Graphen tatsächlich keinen Pfad von D nach B, weder direkt noch indirekt. Da D nur mit A verbunden ist und A keine ausgehenden Kanten hat, ist es für D nicht möglich, irgendeinen anderen Knoten im Graphen zu erreichen, einschließlich B.

ChatGPT hat eine Korrektur vorgenommen und seine Argumentation auf der Grundlage der Tatsache ausgerichtet, dass es sich um einen gerichteten Graphen handelt.

Mathematisch würde man die obige Frage bzgl. der Verbindung zwischen D und B mittels einer Erreichbarkeitsmatrix untersuchen und beantworten können. Wir möchten wissen, ob ChatGPT diesen Begriff kennt.

Was ist in Graphentheorie unter einer Erreichbarkeitsmatrix verstanden?

In der Graphentheorie bezeichnet die **Erreichbarkeitsmatrix** eines gerichteten Graphen die Beziehungen zwischen den Knoten in Bezug darauf, ob ein Knoten von einem anderen Knoten aus über gerichtete Kanten erreichbar ist.
Formal gesprochen:

- Sei A die Adjazenzmatrix eines gerichteten Graphen G mit n Knoten.
- Ein Element A_{ij} der Matrix ist 1, wenn es eine Kante von Knoten i zu Knoten j gibt, und 0 sonst.

Die Erreichbarkeitsmatrix R von G wird dann wie folgt definiert:

- Ein Element R_{ij} ist 1, wenn es einen gerichteten Pfad von Knoten i zu Knoten j gibt, und 0 sonst.

Die Erreichbarkeitsmatrix kann durch Potenzieren der Adjazenzmatrix und anschließendes Kombinieren der Ergebnisse berechnet werden. Wenn in irgendeiner Potenz der Adjazenzmatrix A^k (für k zwischen 1 und $n - 1$) das Element A_{ij}^k nicht null ist, dann gibt es einen Pfad von i nach j der Länge k, und das entsprechende Element in der Erreichbarkeitsmatrix wird auf 1 gesetzt.
Die Erreichbarkeitsmatrix gibt einen umfassenden Überblick darüber, welche Knoten von welchen anderen Knoten aus erreichbar sind, und ist ein nützliches Werkzeug in vielen Anwendungen der Graphentheorie.

Die Definition wurde richtig und detailliert wiedergegeben, vgl. [2]. Zum obigen Graph lieferte ChatGPT leider nur eine fehlerbehaftete Erreichbarkeitsmatrix.

Soeben haben wir folgende Punkte gelernt:

1. Aspekte, welche in der Graphentheorie wichtig sind;
2. Den Unterschied zwischen einem gerichteten und ungerichteten Graph;
3. Was eine Adjazenzmatrix ist und wie man sie aufstellt;
4. Die Definition der Erreichbarkeitsmatrix.

Zu bemerken ist, dass ChatGPT zwar die Definition einer Erreichbarkeitsmatrix klar darstellen konnte, jedoch nicht in der Lage war, eine solche Matrix für einen Graphen mit fünf Knoten zu erstellen. D.h. ChatGPT kann sich in diesem Fall an das deklarative Wissen gut erinnern, aber das prozedurale Wissen auf eine gegebene Situation nicht fehlerfrei anwenden.

10.3 Reellwertige Matrix mit komplexen Eigenwerten

Es ist bemerkenswert, dass man gelegentlich, ausgehend von einem reellwertigen Problem, unerwartet in den Bereich der komplexen Zahlen gelangt. Eine solche Situation möchten wir aus der Perspektive eines Studierenden detailliert betrachten.

Wenn ich eine Matrix als eine Abbildung von $\mathbb{R}^2$ nach $\mathbb{R}^2$ betrachte, was kann ich mir unter einem komplexen Eigenwert vorstellen? Was bewirkt er geometrisch?

Ein komplexer Eigenwert für eine lineare Abbildung von $\mathbb{R}^2$ nach $\mathbb{R}^2$ bedeutet, dass es keine reellen Vektoren gibt, die sich lediglich in ihrer Länge ändern, wenn sie durch die Abbildung transformiert werden.

Komplexe Eigenwerte sind mit komplexen Eigenvektoren verbunden. Wenn man die Real- und Imaginärteile der komplexen Eigenvektoren als reelle Vektoren betrachtet, kann man die geometrische Interpretation des komplexen Eigenwerts besser verstehen.

Geometrisch bewirken komplexe Eigenwerte eine Drehstreckung, d.h., eine Drehung kombiniert mit einer Streckung oder Stauchung. Bei einer Drehstreckung wird der Vektor nicht nur gedreht, sondern auch gestreckt oder gestaucht.

Wenn A eine 2×2-Matrix mit komplexen Eigenwerten $\lambda = a \pm bi$ ist, wobei $a, b \in \mathbb{R}$ und $b \neq 0$, dann bewirkt die lineare Abbildung, die durch A dargestellt wird, eine Drehstreckung:

- Eine Drehung um einen Winkel θ, wobei $\theta = \arg(\lambda) = \arctan\left(\frac{b}{a}\right)$.
- Eine Streckung oder Stauchung um einen Faktor r, wobei $r = |\lambda| = \sqrt{a^2 + b^2}$.

Hier wollten wir, dass ChatGPT auf den Begriff „Drehstreckung" kommt, was auch der Fall ist. Bei der Bestimmung des Arguments von λ muss man jedoch noch berücksichtigen, in welchem Quadrant λ liegt. Nun möchten wir, dass ChatGPT eine entsprechende Matrix angibt.

Gebe bitte eine reelle Matrix mit komplexwertigen Eigenwerten an.

Hier ist eine reelle Matrix, die komplexwertige Eigenwerte hat:

$$\begin{pmatrix} 0 & -1 \\ 1 & 0 \end{pmatrix}$$

Die charakteristische Gleichung dieser Matrix ist:

$$\det(A - \lambda I) = \begin{vmatrix} -\lambda & -1 \\ 1 & -\lambda \end{vmatrix} = \lambda^2 + 1 = 0$$

Die Lösungen dieser Gleichung sind $\lambda = \pm i$, welche komplexwertige Eigenwerte sind.

Die angegebene Matrix entspricht den geforderten Bedingungen. Allerdings ist die Matrix nicht vollbesetzt, d.h. einige der Komponenten sind gleich Null. Wir möchten erfahren, ob das eine notwendige Eigenschaft ist, vgl. den nächsten Prompt.

Gibt es vollbesetzte reellwertige Matrizen mit komplexen Eigenwerten? Ggf. gebe eine an.

Es gibt vollbesetzte reellwertige Matrizen mit komplexen Eigenwerten. Hier ist ein Beispiel:

$$A = \begin{pmatrix} 1 & 2 \\ -2 & 1 \end{pmatrix}$$

Die charakteristische Gleichung dieser Matrix ist:

$$\det(A - \lambda I) = \begin{vmatrix} 1 - \lambda & 2 \\ -2 & 1 - \lambda \end{vmatrix} = (1 - \lambda)^2 + 4 = \lambda^2 - 2\lambda + 5$$

Die Eigenwerte dieser Matrix sind die Nullstellen der charakteristischen Gleichung und können mit der quadratischen Formel berechnet werden:

$$\lambda = \frac{-b \pm \sqrt{b^2 - 4ac}}{2a} = \frac{2 \pm \sqrt{(-2)^2 - 4(1)(5)}}{2(1)} = 1 \pm 2i$$

Die Eigenwerte dieser reellwertigen Matrix sind also komplex.

An einem Beispiel weist ChatGPT nach, dass es auch vollbesetzte reellwertige Matrizen mit komplexwertigen Eigenwerten gibt. Allerdings wird nicht erklärt, wie man so eine Matrix konstruiert, da wir lediglich nach Existenz und nicht Konstruktionsvorgehensweise gefragt haben.

Wie konstruiert man eine reellwertige Matrix mit komplexen Eigenwerten? Gibt es dazu ein Vorgehen?

Um eine reellwertige Matrix mit komplexen Eigenwerten zu konstruieren, kann man folgendes Vorgehen nutzen:

1. Wähle zwei komplexe konjugierte Eigenwerte, zum Beispiel $\lambda_1 = a + bi$ und $\lambda_2 = a - bi$, wobei $a, b \in \mathbb{R}$ und $b \neq 0$.
2. Eine Möglichkeit besteht darin, eine 2×2 reellwertige Matrix der folgenden Form zu verwenden:

$$A = \begin{pmatrix} a & b \\ -b & a \end{pmatrix}$$

Diese Matrix hat die komplex konjugierten Eigenwerte $\lambda_1 = a + bi$ und $\lambda_2 = a - bi$. Zum Beispiel:

$$A = \begin{pmatrix} 3 & 4 \\ -4 & 3 \end{pmatrix}$$

Diese Matrix hat die Eigenwerte $\lambda_1 = 3 + 4i$ und $\lambda_2 = 3 - 4i$.

Für Matrizen der Dimension 2×2 ist das Vorgehen richtig. Um es jedoch nachvollziehen zu können, stellen wir folgend eine Verständnisfrage.

Erkläre bitte, warum man ausgerechnet die komplex-konjugierten Eigenwerte wählen muss.

Natürlich! Wenn eine reellwertige Matrix A komplexwertige Eigenwerte haben soll, dann müssen die komplexen Eigenwerte konjugiert sein, weil die charakteristische Gleichung reelle Koeffizienten hat. Hier ist eine Erklärung: Sei λ ein komplexer Eigenwert von A, dann gilt $A\mathbf{v} = \lambda\mathbf{v}$ für einen entsprechenden komplexen Eigenvektor $\mathbf{v}$. Da die Matrix A reellwertig ist, haben ihre charakteristische Gleichung und ihre Koeffizienten reelle Werte. Daher muss die Gleichung auch für das komplexe Konjugat $\bar{\lambda}$ gelten.

Betrachten wir nun das komplexe Konjugat der Gleichung $A\mathbf{v} = \lambda\mathbf{v}$:

$$\bar{A}\bar{\mathbf{v}} = \bar{\lambda}\bar{\mathbf{v}}$$

Da A reellwertig ist, gilt $\bar{A} = A$. Daher erhalten wir:

$$A\bar{\mathbf{v}} = \bar{\lambda}\bar{\mathbf{v}}$$

Das zeigt, dass $\bar{\lambda}$ ebenfalls ein Eigenwert von A ist, und $\bar{\mathbf{v}}$ ist der zugehörige komplexe Eigenvektor.

Im Prinzip beweist ChatGPT hier, dass die Nullstellen eines Polynom mit reellen Koeffizienten symmetrisch um die reelle Achse angeordnet sind, d.h. ist $z \in \mathbb{C}$ eine Nullstelle des Polynoms, so ist auch $\bar{z}$ eine Nullstelle. Die Antwort ist korrekt, vgl. z.B. [4, Aufgabe 4.24] oder [1]. Bitte beachten Sie, dass der Begriff „Konjugat" in einem chemischen Kontext verwendet wird und sich auf eine spezifische Verbindung zweier Moleküle bezieht. In einem mathematischen Kontext wäre der korrekte Ausdruck „konjugierte Gleichung". Es ist wichtig, die terminologischen Unterschiede zwischen den Fachgebieten zu berücksichtigen.

In diesem Abschnitt haben wir von der KI Folgendes gelernt:

1. Reelle quadratische Matrizen mit komplexen Eigenwerten repräsentieren eine Drehstreckung. Ihre Eigenvektoren sind auch komplexwertig.
2. Es gibt vollbesetzte reelle 2×2-Matrizen mit komplexen Eigenwerten.
3. Vorgehen beim Konstruieren einer reellen 2×2-Matrix mit komplexen Eigenwerten.
4. Warum bei der genannten Konstruktion die Eigenwerte komplex konjugiert sein müssen.

Bei der Eigenschaft einer orthogonalen Matrix, einer Frage bezüglich des Graphen sowie des Arkustangens konnten wir Defizite identifizieren, siehe die rot markierten Texte. Darüber hinaus konnte ChatGPT die Erreichbarkeitsmatrix zu einem Graph aus fünf Knoten nicht angeben.

Literaturverzeichnis

1. Arens, T., Hettlich, F., Karpfinger, Ch., Kockelkorn, U., Lichtenegger, K., Stachel, H.: Mathematik, 5. Auflage, Springer Spektrum, 2022
2. Diestel, R.: Graphentheorie, 4. Auflage, Springer, Berlin 2010
3. Kottwitz, S.: LaTeX Graphics with TikZ, A Practitioner's Guide to Drawing 2D and 3D Images, Diagrams, Charts, and Plots, Packt Publishing 2023
4. Merziger, G., Wirth, Th.: Repetitorium - Höhere Mathematik, 6. Auflage, Binomi Verlag, 2010
5. Mönius, K., Steuding, J., Stumpf, P.: Einführung in die Graphentheorie, Ein farbenfroher Einstieg in die Diskrete Mathematik, Springer Spektrum, 2021
6. Mönius, K., Steuding, J., Stumpf, P.: Algorithmen in der Graphentheorie, Ein konstruktiver Einstieg in die Diskrete Mathematik, Springer Spektrum, 2021
7. Schweizer,W.: MATLAB Kompakt, De Gruyter, 7. Auflage, 2022

◇ ◇ ◇

Teil IV
GPT für Lehrende

„Artificial Neural Network"
Quelle: Emanuel Kort, www.canvaselement.de

In diesem Teil des Buchs thematisieren wir die Herausforderung des zeitaufwendigen Erstellens von Lehrmaterialien und illustrieren, wie ChatGPT hierbei eine wertvolle Hilfe bieten kann. Insbesondere erläutern wir im Kapitel 11, wie man:

- umfassende Tests inklusive Lösungen generiert;
- basierend auf einem gegebenen Test verschiedene Variationen entwickelt;
- den Schwierigkeitsgrad der zu erstellenden Aufgaben gezielt vorgibt;
- sowie die künstliche Intelligenz effektiv in die Gestaltung von Übungsblättern integrieren kann.

Die Schöpfung eines Vorlesungsskripts durch eine Serie von zusammenhängenden Aufforderungen leben wir im Kapitel 12 vor. Dabei gehen wir auch auf die Fähigkeit von ChatGPT ein, sogar individuelle LATEX-Formatierung in den Ausgaben zu berücksichtigen. Als Anregung zeigen wir auch auf, wie man für eigene, thematisch präzise definierte Lehrinhalte Aufgaben generieren kann.

Im Kapitel 13 wird eindrücklich anhand von zwei Beispielen – einer Klausuraufgabe und einer Fragestellung aus dem Programmierlabor – illustriert, wie ChatGPT in der Lage ist, Quelltexte zu mathematischen Fragestellungen eigenständig zu korrigieren.

Wir ermutigen Dozierende, sich von diesem Buch inspirieren zu lassen, eigene Konzepte zu entwickeln und sich an neue Anwendungsgebiete heranzuwagen.

Kapitel 11
Tests

In diesem Kapitel zeigen wir auf, dass ein vorgegebener Test bestehend aus mehreren Aufgaben mit ChatGPT lösbar ist bzw. dass man mit ChatGPT Tests aus mehreren Aufgaben vorgegebener Aufgabentypen bzw. Schwierigkeitsgrade erstellen kann. Wir eröffnen den Chat mit einem freiwilligen Test der Höheren Mathematik II der Hochschule Karlsruhe bestehend aus 10 Aufgaben. Der Test wird in der zweiten Semesterhälfte für die Lernstandserhebung verwendet.

11.1 Erstellen von Lösungen zu einem Test

Das unten beleuchtete Vorgehen ist für Dozierende besonders relevant, die das Erstellen von Lösungen zu ganzen Tests im LaTeX-Format mittels ChatGPT beschleunigen möchten. Der folgende Prompt wurde als LaTeX-Code eingegeben und erscheint im Buch bereits in der kompilierten Form.

> *Ich gebe Dir einen Mathematik-Test bestehend aus 10 Aufgaben als LaTeX-Code. Die Nummer der Aufgabe steht nach dem Befehl „textbf". Löse bitte die Aufgaben und gebe Deine Rechnungen als LaTeX-Code aus. Gebe in Deinen Berechnungen die Aufgabennummern an. Der Test ist für Maschinenbau-Studierende aus dem 2. Semester gedacht. Schätze den Schwierigkeitsgrad jeder Aufgabe wie folgt ein: Gebe ● ○ ○ nach der Aufgabennummer aus, falls Du die Aufgabe für leicht hältst. Gebe ● ● ○ für mittelschwere Aufgabe aus und gebe ● ● ● aus, falls Du die Aufgabe für schwer einschätzt. Hier sind die Aufgaben:*

1 (● ● ○)

Bestimmen Sie das uneigentliche Integral $\int_3^\infty \frac{1}{x^2}dx$.

2 (● ● ●)

Konvergiert die Reihe $\sum_{n=1}^\infty (-1)^n \frac{n}{n^2+2n}$? Ggf. nach welchem Kriterium?

3 (● ● ●)

Konvergiert die Reihe $\sum_{n=1}^\infty \frac{1}{(n+1)^n}$? Ggf. nach welchem Kriterium?

4 (● ● ●)

Bestimmen Sie den Konvergenzradius der Potenzreihe $\sum_{n=1}^\infty \frac{1}{n \cdot 3^n}x^n$.

5 (● ○ ○)

Für welche x darf man eine Potenzreihe ableiten?

6 (● ● ○)

Geben Sie eine Potenzreihe zur Funktion $f(x) = \frac{1}{1-x}$ an. Wie groß ist ihr Konvergenz-radius?

7 (● ● ○)

Geben Sie den 3. Summand der Potenzreihe zur Funktion $f(x) = e^x$ mit Entwicklungs-punkt $x_0 = 0$ an.

8 (● ● ○)

Geben Sie eine nicht-separierbare DGL an.

9 (● ● ● ●)

Lösen Sie die Glg. $y'(t) + 2y(t) = 0$ sowie die Glg. $y'(t) + 2y(t) = e^{-t}$.

10 (● ● ○)

Geben Sie eine inhomogene DGL für eine ungedämpfte Schwingung an.

 Hier ist der LaTeX-Code mit den Lösungen der 10 Aufgaben und der Einschätzung des Schwierigkeitsgrades für jede Aufgabe:

1. ● ○ ○ Bestimmen Sie das uneigentliche Integral $\int_3^\infty \frac{1}{x^2}dx$.

$$\int_3^\infty \frac{1}{x^2}dx = \lim_{b\to\infty}\int_3^b \frac{1}{x^2}dx = \lim_{b\to\infty}\left[-\frac{1}{x}\right]_3^b = \lim_{b\to\infty}\left(-\frac{1}{b}+\frac{1}{3}\right) = \frac{1}{3}$$

2. ● ● ● Konvergiert die Reihe $\sum_{n=1}^\infty (-1)^n \frac{n}{n^2+2n}$? Ggf. nach welchem Kriterium?
   Wir verwenden das Leibniz-Kriterium für alternierende Reihen. Um das Leibniz-Kriterium anwenden zu können, muss die Folge (b_n), definiert durch $b_n = \frac{n}{n^2+2n}$, monoton fallend und gegen Null konvergierend sein.

$$\lim_{n\to\infty} b_n = \lim_{n\to\infty}\frac{n}{n^2+2n} = \lim_{n\to\infty}\frac{1}{n+2} = 0$$

Die Folge (b_n) konvergiert gegen Null. Um zu zeigen, dass sie auch monoton fallend ist, betrachten wir das Verhältnis von aufeinanderfolgenden Termen:

$$\frac{b_{n+1}}{b_n} = \frac{\frac{n+1}{(n+1)^2+2(n+1)}}{\frac{n}{n^2+2n}} = \frac{n(n^2+4n+5)}{(n^2+2n)(n+1)}$$

Da $\frac{b_{n+1}}{b_n} < 1$ für alle $n \geq 1$, ist die Folge (b_n) monoton fallend. Daher konvergiert die Reihe $\sum_{n=1}^{\infty}(-1)^n \frac{n}{n^2+2n}$ nach dem Leibniz-Kriterium.

3. • • • Konvergiert die Reihe $\sum_{n=1}^{\infty} \frac{1}{(n+1)^n}$? Ggf. nach welchem Kriterium?
Wir wenden das Wurzelkriterium an:

$$\lim_{n \to \infty} \sqrt[n]{\left|\frac{1}{(n+1)^n}\right|} = \lim_{n \to \infty} \frac{1}{(n+1)} = 0.$$

Da der Grenzwert des Wurzelkriteriums kleiner als 1 ist, konvergiert die Reihe $\sum_{n=1}^{\infty} \frac{1}{(n+1)^n}$ absolut.

4. • • • Bestimmen Sie den Konvergenzradius der Potenzreihe $\sum_{n=1}^{\infty} \frac{1}{n \cdot 3^n} x^n$.
Wir wenden das Quotientenkriterium an:

$$\lim_{n \to \infty} \left|\frac{a_{n+1}}{a_n}\right| = \lim_{n \to \infty} \left|\frac{\frac{1}{(n+1) \cdot 3^{n+1}}}{\frac{1}{n \cdot 3^n}}\right| = \lim_{n \to \infty} \frac{n}{(n+1) \cdot 3} = \frac{1}{3}.$$

Da der Grenzwert des Quotientenkriteriums $\frac{1}{3}$ ist, beträgt der Konvergenzradius der Potenzreihe $\frac{1}{\frac{1}{3}} = 3$.

5. • ○ ○ Für welche x darf man eine Potenzreihe ableiten?
Eine Potenzreihe kann innerhalb ihres Konvergenzradius für alle x abgeleitet werden.

6. • • ○ Geben Sie eine Potenzreihe zur Funktion $f(x) = \frac{1}{1-x}$ an. Wie groß ist ihr Konvergenzradius?
Die Potenzreihe zur Funktion $f(x) = \frac{1}{1-x}$ ist die geometrische Reihe:

$$f(x) = \sum_{n=0}^{\infty} x^n$$

Der Konvergenzradius dieser Potenzreihe beträgt 1.

7. • ○ ○ Geben Sie den 3. Summand der Potenzreihe zur Funktion $f(x) = e^x$ mit Entwicklungspunkt $x_0 = 0$ an.
Der 3. Summand der Potenzreihe zur Funktion $f(x) = e^x$ ist $\frac{x^2}{2!}$.

8. • • ○ Geben Sie eine nicht-separierbare DGL an.
Eine nicht-separierbare DGL ist zum Beispiel:

$$y'(x) = x + y(x)$$

9. • • • Lösen Sie die Glg. $y'(t) + 2y(t) = 0$ sowie die Glg. $y'(t) + 2y(t) = e^{-t}$.

a. Gleichung $y'(t) + 2y(t) = 0$
Die Gleichung ist eine lineare, homogene Differentialgleichung 1. Ordnung. Wir lösen sie durch Trennung der Variablen:

$$\frac{dy}{dt} + 2y(t) = 0 \quad \Leftrightarrow \quad \frac{dy}{y(t)} = -2dt$$

Integrieren wir beide Seiten:

$$\int \frac{dy}{y(t)} = \int -2dt$$
$$\ln|y(t)| = -2t + C$$
$$y(t) = Ce^{-2t}$$

Die allgemeine Lösung der homogenen Differentialgleichung ist $y(t) = Ce^{-2t}$, wobei C eine Integrationskonstante ist.

b. Gleichung: $y'(t) + 2y(t) = e^{-t}$

Für die inhomogene Gleichung verwenden wir die Variation der Konstanten. Da die allgemeine Lösung der homogenen Gleichung $y_h(t) = Ce^{-2t}$ ist, suchen wir eine partikuläre Lösung der Form $y_p(t) = C(t)e^{-2t}$, wobei $C(t)$ eine zu bestimmende Funktion von t ist. Differenzieren wir $y_p(t)$ nach t:

$$y'_p(t) = C'(t)e^{-2t} - 2C(t)e^{-2t}$$

Setzen wir $y_p(t)$ und $y'_p(t)$ in die inhomogene Gleichung ein:

$$y'_p(t) + 2y_p(t) = C'(t)e^{-2t} - 2C(t)e^{-2t} + 2C(t)e^{-2t} \quad = C'(t)e^{-2t} \; = e^{-t}$$

Jetzt lösen wir die Gleichung $C'(t)e^{-2t} = e^{-t}$ nach $C'(t)$ auf: $C'(t) = e^{t}$. Integrieren wir beide Seiten, um $C(t)$ zu finden:

$$C(t) = \int e^t \, dt = e^t + K$$

Die partikuläre Lösung ist somit $y_p(t) = (e^t + K)e^{-2t}$. Die allgemeine Lösung der inhomogenen Gleichung ist die Summe der allgemeinen Lösung der homogenen Gleichung und der partikulären Lösung:

$$y(t) = y_h(t) + y_p(t) = Ce^{-2t} + (e^t + K)e^{-2t}$$

10. • • ○ Geben Sie eine inhomogene DGL für eine ungedämpfte Schwingung an. Eine inhomogene Differentialgleichung für eine ungedämpfte Schwingung ist:

$$y''(t) + \omega^2 y(t) = F(t)$$

Hierbei ist ω die Kreisfrequenz der Schwingung und $F(t)$ eine zeitabhängige äußere Kraft.

Zu unserer großen Verwunderung sind alle zehn Berechnungen korrekt, vgl. z.B. die Lösungsmethoden in [1]! Der von ChatGPT geschätzte Schwierigkeitsgrad weicht vom Schwierigkeitsgrad vom Dozent lediglich bei zwei Aufgaben ab: Nr. 1 und 7. Bei der Auf-

gabe 9 ist die Lösung zwar noch nicht in einer zusammengefassten Form, aber sie ist mathematisch richtig. Somit würde ChatGPT als Teilnehmer bei diesem Test mit einer Dauer von 30 min die volle Punktzahl erreichen, was im WiSe 2022/23 keinem der 14 Teilnehmer gelungen ist. Für die Bearbeitung und Ausgabe benötigte ChatGPT ca. 2 Minuten. Bei der Ausgabe der Antwort brach ChatGPT aufgrund der beschränkter Antwortstringlänge zweimal ab. Nach Aufforderungen, die Antwort ab der letzten Zeile fortzusetzen, lieferte ChatGPT die restlichen Lösungswege nach. Die Fortsetzung der Antwort in LaTeX wurde mit dem folgenden Prompt erzwungen: „Setze den LaTeX-Code ab der Zeile ... fort." Nachträglich wurden in der Antwort von ChatGPT die Formatierung leicht verändert und einige Leerzeilen im LaTeX-Quelltext entfernt.

Prompt-Tipp: Unterbricht ChatGPT seine Antwort aufgrund der beschränkten Zeichenkettenlänge, so kann man ihn zur Fortsetzung auffordern, etwa: „Setze Deine Ausgabe fort." oder „Setze ab Stelle ... fort."

Welchen Schwierigkeitsgrad würdest Du der 9. Aufgabe auf des Skala von 1 bis 4 zuordnen?

Ich würde der 9. Aufgabe einen Schwierigkeitsgrad von 3 (● ● ●) auf der Skala von 1 bis 4 zuordnen. Die Aufgabe beinhaltet die Lösung einer homogenen linearen Differentialgleichung und die Anwendung der Variation der Konstanten, um eine partikuläre Lösung der inhomogenen Gleichung zu finden. Diese Konzepte sind für Maschinenbau-Studierende im 2. Semester anspruchsvoll, aber nicht extrem schwierig.

Der Schwierigkeitsgrad einer Aufgabe sollte natürlich in Relation zu der zur Verfügung stehenden Zeit gesetzt werden. Uns fällt erst jetzt auf, dass wir ChatGPT die Testdauer noch nicht mitgeteilt haben und holen das nach. Womöglich liegen daran die Diskrepanzen in der Einschätzung des Schwierigkeitsgrades.

Für den obigen Test wurden den Studierenden 30 min zur Verfügung gestellt. Findest Du diese Testdauer für angemessen?

Es könnte für einige Studierende schwierig sein, alle 10 Aufgaben in nur 30 Minuten zu bearbeiten, insbesondere wenn sie die Lösungen und Konzepte noch nicht vollständig beherrschen. Es ist jedoch möglich, dass Studierende, die gut vorbereitet sind und ein solides Verständnis der Konzepte haben, in der Lage sind, den Test innerhalb der vorgegebenen Zeit zu bewältigen.

Eine angemessenere Testdauer könnte zwischen 45 und 60 Minuten liegen, um den Studierenden mehr Zeit zum Nachdenken und zur Durchführung der Berechnungen zu geben, insbesondere bei den schwierigeren Aufgaben. Dies würde auch dazu beitragen, den Druck auf die Studierenden zu verringern und ihnen zu ermöglichen, sorgfältiger und gründlicher bei ihren Lösungen zu sein.

ChatGPT schlägt also eine höhere Bearbeitungszeit vor, worauf evtl. die Abweichung des Schwierigkeitsgrades zurückzuführen ist.

11.2 Neue Variante eines Tests

Stelle Dir vor, dass Du ein Mathematik-Professor bist. Für das kommende Semester benötige ich vom folgenden Test eine neue Version. Der Schwierigkeitsgrad einzelner Aufgaben sollte aber gleich bleiben. Hier ist der Test vom letzten Semester:

---

1 (• • ∘)
Bestimmen Sie das uneigentliche Integral $\int_3^\infty \frac{1}{x^2} dx$.

---

2 (• • •)
Konvergiert die Reihe $\sum_{n=1}^\infty (-1)^n \frac{n}{n^2+2n}$? Ggf. nach welchem Kriterium?

---

3 (• • •)
Konvergiert die Reihe $\sum_{n=1}^\infty \frac{1}{(n+1)^n}$? Ggf. nach welchem Kriterium?

---

4 (• • •)
Bestimmen Sie den Konvergenzradius der Potenzreihe $\sum_{n=1}^\infty \frac{1}{n \cdot 3^n} x^n$.

---

5 (• ∘ ∘)
Für welche x darf man eine Potenzreihe ableiten?

---

6 (• • ∘)
Geben Sie eine Potenzreihe zur Funktion $f(x) = \frac{1}{1-x}$ an. Wie groß ist ihr Konvergenzradius?

---

7 (• • ∘)
Geben Sie den 3. Summand der Potenzreihe zur Funktion $f(x) = e^x$ mit Entwicklungspunkt $x_0 = 0$ an.

---

8 (• • ∘)
Geben Sie eine nicht-separierbare DGL an.

---

9 (• • • •)
Lösen Sie die Glg. $y'(t) + 2y(t) = 0$ sowie die Glg. $y'(t) + 2y(t) = e^{-t}$.

---

10 (• • ∘)
Geben Sie eine inhomogene DGL für eine ungedämpfte Schwingung an.

Erstelle bitte einen neuen Test. Gebe ihn als LaTeX-Code aus.

Natürlich, ich werde Ihnen eine neue Version des Tests erstellen, wobei ich den Schwierigkeitsgrad jeder Aufgabe beibehalte:

1 (• • ○)

Bestimmen Sie das uneigentliche Integral $\int_2^\infty \frac{1}{x^3}\,dx$.

2 (• • •)

Konvergiert die Reihe $\sum_{n=1}^\infty (-1)^n \frac{n^2}{n^3+3n}$? Ggf. nach welchem Kriterium?

3 (• • •)

Konvergiert die Reihe $\sum_{n=1}^\infty \frac{1}{n(n+2)^n}$? Ggf. nach welchem Kriterium?

4 (• • •)

Bestimmen Sie den Konvergenzradius der Potenzreihe $\sum_{n=1}^\infty \frac{1}{n \cdot 2^n} x^n$.

5 (• ○ ○)

Innerhalb welchen Intervalls konvergiert eine Potenzreihe absolut?

6 (• • ○)

Geben Sie eine Potenzreihe zur Funktion $f(x) = \frac{1}{1+x}$ an. Wie groß ist ihr Konvergenzradius?

7 (• • ○)

Geben Sie den 4. Summand der Potenzreihe zur Funktion $f(x) = \sin(x)$ mit Entwicklungspunkt $x_0 = 0$ an.

8 (• • ○)

Geben Sie eine DGL erster Ordnung an, die nicht linear ist.

9 (• • • •)

Lösen Sie die Glg. $y'(t) + 3y(t) = 0$ sowie die Glg. $y'(t) + 3y(t) = e^{-2t}$.

10 (• • ○)

Geben Sie eine inhomogene DGL für eine gedämpfte Schwingung an.

Der Test wurde komplett abgeändert. Damit der Schwierigkeitsgrad beibehalten wird, nimmt ChatGPT nur minimale Änderungen vor. Dass man dazu auch Lösungen generieren lassen kann, wurde am Anfang des Anschnittes bereits demonstriert und wir lassen diesen Schritt hier aus. Die Anweisung, die Rolle des Professors anzunehmen, wurde im Sinne des Prompt-Tunings hinzugefügt, siehe Kapitel 1.3.

11.3 Aufgaben gleichen Schwierigkeitsgrades

Erstelle drei Varianten einer Aufgabe mit dem Lösungsweg zum Thema Potenzreihen und Konvergenzradius. Die Aufgaben sollten alle gleich schwer sein. Hier ist ein Beispiel für die Aufgabe:
„Bestimmen Sie den Konvergenzradius der Potenzreihe $\sum_{n=1}^\infty \frac{1}{n \cdot 3^n} x^n$.“
Verwende LaTeX-Code.

Aufgabe 1: Bestimmen Sie den Konvergenzradius der Potenzreihe

$$\sum_{n=1}^{\infty} \frac{n}{4^n} x^n.$$

Lösung: Der Konvergenzradius R einer Potenzreihe kann mit der Formel

$$R = \frac{1}{\limsup_{n \to \infty} \sqrt[n]{|a_n|}}$$

bestimmt werden, wobei a_n der Koeffizient der Potenzreihe ist. Für unsere Reihe ist $a_n = \frac{n}{4^n}$. Das bedeutet, dass

$$R = \frac{1}{\lim_{n \to \infty} \sqrt[n]{\frac{n}{4^n}}} = 4.$$

Aufgabe 2: Bestimmen Sie den Konvergenzradius der Potenzreihe

$$\sum_{n=1}^{\infty} \frac{2^n}{n!} x^n.$$

Lösung: Für unsere Reihe ist $a_n = \frac{2^n}{n!}$. Das bedeutet, dass

$$R = \frac{1}{\lim_{n \to \infty} \sqrt[n]{\frac{2^n}{n!}}} = \infty.$$

Da der Grenzwert des Quotienten $\frac{a_{n+1}}{a_n}$ gegen 0 geht, konvergiert die Reihe für alle x.

Aufgabe 3: Bestimmen Sie den Konvergenzradius der Potenzreihe

$$\sum_{n=1}^{\infty} \frac{n^2}{2^n} x^n.$$

Lösung: Für unsere Reihe ist $a_n = \frac{n^2}{2^n}$. Das bedeutet, dass

$$R = \frac{1}{\lim_{n \to \infty} \sqrt[n]{\frac{n^2}{2^n}}} = 2.$$

ChatGPT erfüllt die Aufgabe problemlos. Die Ergebnisse sind richtig. Im nächsten Abschnitt möchten wir einen Satz von Aufgaben mit verschiedenen Schwierigkeitsgraden erstellen lassen.

11.4 Aufgaben verschiedener Schwierigkeitsgrade

Da wir inzwischen einen Eindruck von der Leistungsfähigkeit von ChatGPT haben, erlauben wir es im nächsten Prompt zusätzliche, besondere Wünsche zu äußern (z.B. die Verwendung einer individuellen Umgebung für die Darstellung der Aufgaben) und einige sogar nicht explizit, siehe die Notation für die schwierigste Aufgabe.

> *Erzeuge bitte nun drei Aufgaben mit Lösungswegen zum selben Thema. Die Aufgaben sollten unterschiedlich schwer sein. Den Schwierigkeitsgrad bitte wie folgt angeben: Leichte Aufgabe mit „•∘∘", mittelschwere mit „••∘" und drei Bullets für die schwere Aufgabe verwenden. Benutze für die Aufgaben meine eigene LaTeX-Umgebung, die ich durch „newtheorem{aufgabe}{Aufgabe}" definiert habe. Für die Konvergenzradius-Notation bitte r verwenden.*

Aufgabe (•∘∘) Bestimmen Sie den Konvergenzradius der Potenzreihe

$$\sum_{n=1}^{\infty} \frac{1}{5^n} x^n.$$

Lösung: Der Konvergenzradius r einer Potenzreihe kann mit der Formel

$$r = \frac{1}{\limsup_{n\to\infty} \sqrt[n]{|a_n|}}$$

bestimmt werden. Für diese Reihe ist $a_n = \frac{1}{5^n}$. Das bedeutet, dass

$$r = \frac{1}{\lim_{n\to\infty} \sqrt[n]{\frac{1}{5^n}}} = 5.$$

Aufgabe (••∘) Bestimmen Sie den Konvergenzradius der Potenzreihe

$$\sum_{n=1}^{\infty} \frac{n^2}{3^n} x^n.$$

Lösung: Für diese Reihe ist $a_n = \frac{n^2}{3^n}$. Das bedeutet, dass

$$r = \frac{1}{\lim_{n\to\infty} \sqrt[n]{\frac{n^2}{3^n}}} = 3.$$

Aufgabe (•••) Bestimmen Sie den Konvergenzradius der Potenzreihe

$$\sum_{n=1}^{\infty} \frac{n!}{2^n} x^n.$$

Lösung: Für diese Reihe ist $a_n = \frac{n!}{2^n}$. Da der Grenzwert des Quotienten $\frac{a_{n+1}}{a_n}$ gegen Unendlich geht, konvergiert die Reihe nur für $x = 0$. Daher ist

$$r = 0.$$

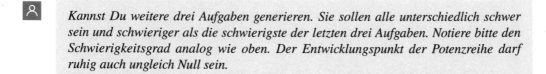

Alle Wünsche wurden erfüllt. Die Zuordnung der Schwierigkeitsgrade passt.

Kannst Du weitere drei Aufgaben generieren. Sie sollen alle unterschiedlich schwer sein und schwieriger als die schwierigste der letzten drei Aufgaben. Notiere bitte den Schwierigkeitsgrad analog wie oben. Der Entwicklungspunkt der Potenzreihe darf ruhig auch ungleich Null sein.

Natürlich, hier sind drei weitere Aufgaben zum Thema Potenzreihen und Konvergenzradius, die alle schwieriger sind als die vorherigen:

Aufgabe (• • • ○) Bestimmen Sie den Konvergenzradius der Potenzreihe

$$\sum_{n=1}^{\infty} \frac{n^3}{(2n)!} (x-1)^n.$$

Lösung: Für diese Reihe ist $a_n = \frac{n^3}{(2n)!}$. Das bedeutet, dass

$$r = \frac{1}{\lim_{n \to \infty} \sqrt[n]{\frac{n^3}{(2n)!}}} = \infty.$$

Da der Grenzwert des Quotienten $\frac{a_{n+1}}{a_n}$ gegen 0 geht, konvergiert die Reihe für alle x. □

Aufgabe (• • • • ○) Bestimmen Sie den Konvergenzradius der Potenzreihe

$$\sum_{n=1}^{\infty} \frac{(-1)^n n!}{3^{n^2}} (x+2)^n.$$

Lösung: Für diese Reihe ist $a_n = \frac{(-1)^n n!}{3^{n^2}}$. Das bedeutet, dass

$$r = \frac{1}{\lim_{n \to \infty} \sqrt[n]{\frac{n!}{3^{n^2}}}} = 0.$$

Da der Grenzwert des Quotienten $\frac{a_{n+1}}{a_n}$ gegen Unendlich geht, konvergiert die Reihe nur für $x = -2$. □

Aufgabe (● ● ● ● ●) Bestimmen Sie den Konvergenzradius der Potenzreihe

$$\sum_{n=1}^{\infty} \frac{2^n n!}{n^n} (x-3)^n.$$

Lösung: Für diese Reihe ist $a_n = \frac{2^n n!}{n^n}$. Das bedeutet, dass

$$r = \frac{1}{\lim_{n \to \infty} \sqrt[n]{\frac{2^n n!}{n^n}}} = e^2.$$

Diese Aufgaben sind komplexer und erfordern ein tieferes Verständnis der Potenzreihen und ihrer Konvergenzeigenschaften. Ich hoffe, sie sind hilfreich für dich!

Die Schwierigkeitsgrade entsprechen den Anforderungen. Die Entwicklungspunkte sind vorhanden. Die Lösung der letzten Aufgabe stimmt jedoch nicht, siehe den rot markierten Text. Auf unsere bitte, die Aufgabe nochmals zu rechnen (ohne auf Fehler hinzuweisen) aktivierte ChatGPT das „Wolfram"-Plugin und lieferte den richtigen Konvergenzradius $r = \frac{e}{2}$.

11.5 Testkonzeption

Wenn Du Professor für Mathematik an einer Hochschule wärst, welche Aufgaben würdest Du den Studierenden der Studienfachrichtung Fahrzeugtechnik im 2. Semester am Ende des Themas Potenzreihen stellen? Gebe die Aufgaben ohne Lösungen an.

Als Professor für Mathematik, der Studierende im Fach Fahrzeugtechnik unterrichtet, würde ich Aufgaben auswählen, die sowohl das Verständnis der Potenzreihen überprüfen als auch einen Bezug zur Anwendung in der Fahrzeugtechnik herstellen. Hier sind einige Aufgaben, die ich stellen würde:

1. **Grundlagen der Potenzreihen**

    a. Bestimmen Sie den Konvergenzradius der Potenzreihe $\sum_{n=1}^{\infty} \frac{x^n}{n^2}$.
    b. Untersuchen Sie die Potenzreihe $\sum_{n=1}^{\infty} n! x^n$ auf absolute und bedingte Konvergenz.

2. **Anwendungsbezogene Aufgaben**

    a. Ein Stoßdämpfer kann als harmonischer Oszillator modelliert werden. Die Lösung der Differentialgleichung dieses Oszillators kann als Potenzreihe dargestellt werden. Geben Sie die ersten vier Terme dieser Reihe an.
    b. Ein Fahrzeug fährt über eine unebene Straße, und die vertikale Bewegung des Fahrzeugs kann durch eine Funktion beschrieben werden, die als Potenzreihe dargestellt

ist. Bestimmen Sie den Konvergenzradius dieser Reihe und interpretieren Sie dessen Bedeutung im Kontext der Fahrzeugbewegung.

3. **Erweiterte Aufgaben**

   a. Zeigen Sie, dass die Funktion e^x durch die Potenzreihe $\sum_{n=0}^{\infty} \frac{x^n}{n!}$ dargestellt werden kann und bestimmen Sie den Konvergenzradius.
   b. Ein Fahrzeugmotor hat eine bestimmte Leistungskurve, die durch eine Potenzreihe dargestellt wird. Bestimmen Sie den Punkt, an dem diese Leistungskurve am steilsten ansteigt, indem Sie die Potenzreihe ableiten.

4. **Praktische Anwendungen**

   a. Ein Ingenieur verwendet eine Potenzreihe, um den Luftwiderstand in Abhängigkeit von der Geschwindigkeit eines Fahrzeugs zu modellieren. Diskutieren Sie die Vorteile und Grenzen dieses Ansatzes.
   b. Ein Reifenhersteller verwendet eine Potenzreihe, um die Haftung eines Reifens in Abhängigkeit von verschiedenen Faktoren zu modellieren. Wie könnte eine solche Reihe aussehen und welche Faktoren könnten berücksichtigt werden?

Schön finden wir bei diesem Vorschlag das breite Spektrum der Aufgabenauswahl sowie den Bezug zur Studienfachrichtung.

Welche Aufgaben würdest Du den Mathematik-Studierenden an einer Universität am Ende des Themas Potenzreihen stellen?

Für Mathematik-Studierende an einer Universität würde ich den Fokus auf ein tieferes Verständnis der Theorie und der Eigenschaften von Potenzreihen legen, sowie auf deren Anwendungen in verschiedenen Bereichen der Mathematik. Hier sind einige Aufgaben, die ich stellen würde:

1. **Grundlagen und Theorie**

   - Bestimmen Sie den Konvergenzradius der Potenzreihe $\sum_{n=1}^{\infty} \frac{(-1)^n x^{2n}}{(2n)!}$ und untersuchen Sie die Konvergenz am Rand des Konvergenzintervalls.
   - Zeigen Sie, dass die Potenzreihenentwicklung von e^x gegeben ist durch $\sum_{n=0}^{\infty} \frac{x^n}{n!}$ und bestimmen Sie den Konvergenzradius.

2. **Komplexere Potenzreihen**

   - Untersuchen Sie die Potenzreihe $\sum_{n=1}^{\infty} \frac{n^2 x^n}{3^n}$ auf absolute und bedingte Konvergenz.
   - Bestimmen Sie die Potenzreihenentwicklung der Funktion $\ln(1 + x)$ um $x = 0$.

3. **Anwendungen in der Analysis**

   - Zeigen Sie, dass die Funktion $\sin(x)$ durch die Potenzreihe $\sum_{n=0}^{\infty} \frac{(-1)^n x^{2n+1}}{(2n+1)!}$ dargestellt werden kann.

- Bestimmen Sie die Taylor-Reihe der Funktion $f(x) = \cos(x^2)$ um den Entwicklungspunkt $a = 0$.

4. **Erweiterte Konzepte**

- Untersuchen Sie die Konvergenz der Potenzreihe $\sum_{n=1}^{\infty} \frac{x^n}{n}$ und bestimmen Sie deren Summenfunktion.
- Gegeben sei eine Funktion, die durch eine Potenzreihe dargestellt wird. Zeigen Sie, dass die Ableitung dieser Funktion durch die Ableitung der Potenzreihe gegeben ist.

5. **Praktische Anwendungen in der Mathematik**

- Zeigen Sie, dass die Binomische Reihe $(1 + x)^{\alpha} = \sum_{n=0}^{\infty} \binom{\alpha}{n} x^n$ für alle x mit $|x| < 1$ konvergiert, wobei $\alpha \in \mathbb{R}$ und $\binom{\alpha}{n}$ das verallgemeinerte Binomialkoeffizient ist.
- Untersuchen Sie die Konvergenz der Potenzreihe $\sum_{n=1}^{\infty} \frac{x^n}{n^p}$ für verschiedene Werte von p.

Hier wurde das Niveau im Vergleich zum vorherigen Vorschlag richtigerweise wesentlich angehoben. Insbesondere kommen hier auch Aufgaben mit Parametern vor, siehe den 5. Abschnitt.

Die Tauglichkeit der KI als Unterstützung bei der Testgestaltung wurde in diesem Kapitel belegt. Bei der Erstellung von Lösungen für die 29 Aufgaben trat lediglich bei einer davon ein Fehler auf.

Literaturverzeichnis

1. Arens, T., Hettlich, F., Karpfinger, Ch., Kockelkorn, U., Lichtenegger, K., Stachel, H.: Mathematik, 5. Auflage, Springer Spektrum, 2022

◇ ◇ ◇

Kapitel 12
Erstellen eines Vorlesungsskripts

> Prüft alles und
> behaltet das Gute!
>
> ───────────────────
> 1. Thessalonicher, 5:21

Dieses Kapitel stellt eine Dokumentation eines realen Versuchs dar, ein kurzes Vorlesungsskript mit Unterstützung von ChatGPT zu erstellen. Thematisch handelt es sich um „Spektrale Graphentheorie". Wir generieren die Inhalte durch eine Serie von überwiegend zusammenhängenden und strukturierten Aufforderungen, ergänzt durch gelegentliche Fragen, um eine größere Kontrolle über die Ergebnisse zu gewährleisten.

Schreibe für Studierende einen spannenden, einleitenden Absatz über die Graphentheorie.

Die Graphentheorie ist ein fesselndes Teilgebiet der Mathematik, das sich mit der Untersuchung von Netzwerken und deren Verknüpfungen beschäftigt. Jeder Knoten in einem Netzwerk kann einen Ort, eine Person oder sogar einen Computer repräsentieren, während die Kanten die Beziehungen oder Verbindungen zwischen ihnen darstellen. Ob es darum geht, den kürzesten Weg zwischen zwei Städten auf einer Karte zu finden, die Ausbreitung von Krankheiten in einer Gemeinschaft zu modellieren oder die Struktur sozialer Netzwerke zu analysieren – die Graphentheorie bietet die notwendigen Werkzeuge und Konzepte. Mit ihren vielfältigen Anwendungen in Informatik, Biologie, Sozialwissenschaften und vielen anderen Disziplinen ist die Graphentheorie ein unverzichtbares Studiengebiet für jeden angehenden Wissenschaftler. Tauchen Sie ein und erkunden Sie die faszinierenden Muster und Strukturen, die unsere vernetzte Welt prägen!

Man spürt deutlich die geforderte Spannung. Wir sind mit der fehlerfreien Einleitung zufrieden und gehen zu konkreten fachlichen Begriffen über.

Gebe im Kontext der Graphentheorie die mathematische Definition eines Graphs an. Gebe Deine Antwort als LaTeX-Code aus. Verwende dabei für die Definition die „definition"-Umgebung von LaTeX.

Definition 12.1 Ein Graph G ist definiert als ein Paar $G = (V, E)$, wobei:

- V eine nicht-leere Menge von Knoten (oder Vertices) ist.
- E eine Menge von Kanten (oder Edges) ist, wobei jede Kante zwei Knoten aus V verbindet.

Ungerichteter Graph: Für einen ungerichteten Graphen ist eine Kante $e \in E$ ein ungeordnetes Paar von Knoten. Das bedeutet, die Kante $\{u, v\}$ ist identisch mit der Kante $\{v, u\}$.

Gerichteter Graph (Digraph): Für einen gerichteten Graphen ist eine Kante $e \in E$ ein geordnetes Paar von Knoten. Hierbei ist die Kante (u, v) unterschiedlich von (v, u), da die Reihenfolge der Knoten die Richtung der Kante bestimmt.

Es gibt viele Erweiterungen und Spezialisierungen dieser Grunddefinition, je nachdem, welche Eigenschaften oder Besonderheiten in einem bestimmten Kontext von Interesse sind (z.B. gewichtete Graphen, mehrfache Kanten, Schleifen usw.).

Die Definition ist mathematisch korrekt und wurde – wie gewünscht – in die Definition-Umgebung eingebettet. Dabei geht ChatGPT von sich aus sinnvollerweise auf zwei Typen der Graphen ein.

Erläutere, dass man die Graphen mathematisch mittels Adjazenzmatrizen beschreiben kann und gebe ihre Definition an.

Graphen können auf verschiedene Weisen repräsentiert werden, und eine der gebräuchlichsten Methoden ist die Verwendung von Adjazenzmatrizen. Ein Graph besteht aus einer Menge von Knoten und Kanten, die diese Knoten verbinden. Die Adjazenzmatrix ist eine quadratische Matrix, die verwendet wird, um festzustellen, welche Knoten im Graph miteinander verbunden sind. Die Zeilen und Spalten der Matrix repräsentieren die Knoten, und ein Eintrag in der Matrix gibt an, ob zwischen zwei bestimmten Knoten eine Kante existiert.

Definition 12.2 Sei $G = (V, E)$ ein Graph mit n Knoten. Die **Adjazenzmatrix** A von G ist eine $n \times n$-Matrix, wobei der Eintrag a_{ij} definiert ist als:

$$a_{ij} = \begin{cases} 1 & \text{wenn eine Kante zwischen den Knoten } i \text{ und } j \text{ existiert} \\ 0 & \text{sonst} \end{cases}$$

Für ungerichtete Graphen ist die Adjazenzmatrix symmetrisch, d.h. $a_{ij} = a_{ji}$. Bei gerichteten Graphen kann dies jedoch nicht der Fall sein, da die Richtung der Kante berücksichtigt wird. Wenn der Graph gewichtet ist, enthält die Matrix anstelle von 0 oder 1 das Gewicht der Kante zwischen den Knoten.

Ausgezeichnet, vgl. z.B. [1]! Die Definition-Umgebung wurde hier ohne Aufforderung rich-
tigerweise erneut verwendet. Zusätzlich erhalten wir die Information über die Eigenschaften
der Adjazenzmatrix für gerichtete, ungerichtete sowie gewichtete Graphen.

Nachdem wir die Begriffe wie Graph und Adjazenzmatrix eingeführt haben, wenden
wir uns dem Spektrum zu.

Führe den Begriff des Spektrums aus der Spektralen Graphentheorie ein.

Spektrale Graphentheorie

Die **spektrale Graphentheorie** untersucht die Beziehung zwischen den strukturellen Eigenschaften von Graphen und dem Spektrum ihrer assoziierten Matrizen. Das **Spektrum**
eines Graphen bezieht sich auf die Menge seiner Eigenwerte, die aus Matrizen wie der
Adjazenzmatrix oder der Laplace-Matrix abgeleitet werden.

Definition 12.3 Das **Spektrum** eines Graphen G bezüglich seiner Adjazenzmatrix A ist
die Menge der Eigenwerte von A. Wenn $\lambda_1, \lambda_2, \ldots, \lambda_n$ die Eigenwerte von A sind, dann ist
das Spektrum von G gegeben durch $\{\lambda_1, \lambda_2, \ldots, \lambda_n\}$.

Die Eigenwerte und zugehörigen Eigenvektoren können verwendet werden, um eine
Vielzahl von Eigenschaften und Charakteristika des Graphen zu analysieren und zu interpretieren.

ChatGPT benutzt hier den LᴬTᴇX-Befehl „section" sowie wiederum die Definition-Umgebung!
Inhaltlich ist alles richtig, vgl. z.B. [1].

Wozu genau benötigt man das Spektrum?

Das Spektrum eines Graphen, also die Menge seiner Eigenwerte (typischerweise der
Laplace- oder Adjazenzmatrix), enthält eine Fülle von Informationen über die Struktur
und Eigenschaften des Graphen. Die spektrale Graphentheorie hat gezeigt, dass viele gra-
phentheoretische Probleme und Eigenschaften durch das Studium des Spektrums eines
Graphen besser verstanden oder sogar gelöst werden können. Hier sind einige Anwendungen und Bedeutungen des Spektrums in der Graphentheorie:

1. Konnektivität: Der kleinste nichtnegative Eigenwert der Laplace-Matrix (oft als „Alge-
   braischer Konnektivitätswert" bezeichnet) kann verwendet werden, um die Konnektivität eines Graphen zu messen. Ein größerer Wert deutet auf einen stärker vernetzten
   Graphen hin.

2. Graphenfärbung: Das Spektrum kann Hinweise auf die chromatische Zahl eines Graphen geben, d.h. die minimale Anzahl von Farben, die benötigt wird, um den Graphen so zu färben, dass benachbarte Knoten unterschiedliche Farben haben.

3. Graphen-Isomorphismus: Zwei isomorphe Graphen haben dasselbe Spektrum. Obwohl das umgekehrte nicht unbedingt wahr ist (nicht-isomorphe Graphen können dasselbe Spektrum haben), kann das Spektrum als schnelles Filterkriterium in einem Graphen-Isomorphismus-Algorithmus dienen.

4. Expander-Graphen: Das Spektrum kann verwendet werden, um die Expansivität eines Graphen zu messen, was in Bereichen wie der Codierungstheorie, der Kryptographie und der Netzwerkdesign von Bedeutung ist.

5. Random Walks: Die Geschwindigkeit, mit der ein zufälliger Spaziergang auf einem Graphen konvergiert, kann durch das Spektrum des Graphen bestimmt werden.

6. Struktur und Eigenschaften: Das Spektrum kann Hinweise auf die Anzahl der Dreiecke, die Durchmesserlänge und andere strukturelle Eigenschaften eines Graphen geben.

7. Clusteranalyse: In der Praxis, insbesondere in der Datenanalyse, kann das Spektrum zur Identifizierung von Clustern oder Gemeinschaften in Netzwerken verwendet werden, ein Ansatz, der als spektrale Clusteranalyse bekannt ist.

Diese Anwendungen sind nur ein kleiner Ausschnitt dessen, was mit der spektralen Graphentheorie erreicht werden kann. Das Studium des Spektrums eines Graphen bietet einen tiefen Einblick in seine Struktur und Eigenschaften und hat sowohl in der reinen als auch in der angewandten Mathematik weitreichende Anwendungen gefunden.

Die Antwort ist so in Ordnung und wird in unser Vorlesungsskript aufgenommen. Wir möchten den ersten Punkt bzgl. der Konnektivität aufgreifen. Mit dem nächsten Prompt richten wir gleich zwei Wünsche an die KI.

Gebe bitte wieder, wann man einen Graph als zusammenhängend bezeichnet und erkläre, wie man diese Eigenschaft mittels des Spektrums nachprüfen kann.

Ein Graph wird als *zusammenhängend* bezeichnet, wenn es zwischen jedem Paar von Knoten einen Pfad gibt, der sie verbindet. Das bedeutet, dass man von jedem Knoten aus jeden anderen Knoten im Graphen erreichen kann, ohne die Kanten des Graphen zu verlassen.

Die spektrale Eigenschaft, die die Zusammenhangseigenschaft eines Graphen widerspiegelt, bezieht sich auf den kleinsten Eigenwert der Laplace-Matrix des Graphen:

1. Der kleinste Eigenwert der Laplace-Matrix eines zusammenhängenden Graphen ist 0. Die Multiplizität dieses Eigenwerts gibt die Anzahl der Zusammenhangskomponenten des Graphen an.

2. Ein Graph ist genau dann zusammenhängend, wenn die Multiplizität des Eigenwerts 0 der Laplace-Matrix genau 1 ist. Das bedeutet, dass es nur eine Zusammenhangskomponente gibt, nämlich den gesamten Graphen.

Wenn also der kleinste Eigenwert der Laplace-Matrix eines Graphen 0 ist und alle anderen Eigenwerte positiv sind, und die Multiplizität von 0 genau 1 beträgt, dann ist der Graph zusammenhängend. Wenn die Multiplizität von 0 größer als 1 ist, dann hat der Graph ebenso viele Zusammenhangskomponenten wie die Multiplizität von 0.

Die Aussagen von ChatGPT stimmen, vgl. [2]. Allerdings fehlt die Definition des Begriffs Laplace-Matrix. Wir bitten um eine Wiedergabe.

Gebe die Definition der Laplace-Matrix wieder als LaTeX-Code. Benutze die Definition-Umgebung bei Bedarf.

Definition 12.4 (Laplace-Matrix) Die *Laplace-Matrix L* eines Graphen, oft auch als *Laplacian* bezeichnet, ist definiert durch:

$$L = D - A$$

wobei:

- *A* die *Adjazenzmatrix* des Graphen ist. Ein Eintrag A_{ij} in dieser Matrix ist 1, wenn ein Knoten *i* direkt mit einem Knoten *j* verbunden ist und 0 sonst.
- *D* die *Gradmatrix* des Graphen ist. Es handelt sich um eine Diagonalmatrix, bei der der Eintrag D_{ii} dem Grad des Knotens *i* entspricht.

Sehr akkurate und richtige Antwort, vgl. [2]. Der Begriff der Gradmatrix wurde noch nicht eingeführt.

Nun fehlt noch die Definition für den Grad eines Knoten. Bitte nachreichen.

Definition 12.5 (Grad eines Knotens) Der *Grad* eines Knotens in einem Graphen ist die Anzahl der Kanten, die an diesen Knoten angrenzen. Für einen ungerichteten Graphen ist der Grad eines Knotens *v*, oft als deg(*v*) bezeichnet, gleich der Anzahl der Knoten, die direkt mit *v* verbunden sind. In einem gerichteten Graphen unterscheidet man zwischen dem *eingehenden Grad* (Anzahl der Kanten, die in den Knoten hineinführen) und dem *ausgehenden Grad* (Anzahl der Kanten, die aus dem Knoten herausführen).

Prima! Im Skript fehlen uns noch einige Beispiele.

Gebe ein Beispiel für einen zusammenhängenden Graphen aus drei Knoten an und weise diese Eigenschaft mittels der Laplace-Matrix nach. Die Eigenwerte bitte explizit angeben. Benutze meine eigens definierte LaTeX-Umgebung „Beispiel".

Beispiel (Zusammenhängender Graph und Laplace-Matrix) Betrachten wir einen einfachen, ungerichteten Graphen mit drei Knoten und den Kanten $(1, 2)$, $(2, 3)$ und $(1, 3)$. Dieser Graph ist offensichtlich zusammenhängend, da jeder Knoten mit jedem anderen Knoten verbunden ist.

Die Adjazenzmatrix A dieses Graphen ist:

$$A = \begin{pmatrix} 0 & 1 & 1 \\ 1 & 0 & 1 \\ 1 & 1 & 0 \end{pmatrix}$$

Die Gradmatrix D ist eine Diagonalmatrix, wobei jeder Eintrag auf der Hauptdiagonalen dem Grad des entsprechenden Knotens entspricht:

$$D = \begin{pmatrix} 2 & 0 & 0 \\ 0 & 2 & 0 \\ 0 & 0 & 2 \end{pmatrix}$$

Die Laplace-Matrix L ergibt sich als $L = D - A$:

$$L = \begin{pmatrix} 2 & -1 & -1 \\ -1 & 2 & -1 \\ -1 & -1 & 2 \end{pmatrix}$$

Die Eigenwerte dieser Matrix sind $\lambda_1 = 0$, $\lambda_2 = 3$ und $\lambda_3 = 3$. Da der kleinste Eigenwert 0 ist und alle anderen Eigenwerte positiv sind, und die Multiplizität von 0 genau 1 beträgt, ist der Graph zusammenhängend.   □

Die Matrizen A, D und L sind richtig. Wir rechnen die Eigenwerte von L nach: Das Spektrum stimmt und weist die für einen zusammenhängenden Graph charakteristische Eigenschaft auf.
Wir betonen, dass für ungerichtete Graphen die Laplace-Matrix stets symmetrisch und somit positiv-semidefinit, d.h. ihre Eigenwerte sind nicht negativ. Im Skript möchten wir auch eine akkurate Vektorgrafik zum Graph haben, vgl. [4].

Zeichne mit TikZ den obigen Graph.

Prima! Nun erkennt man den Zusammenhang des Graphs auch grafisch.

Zeichne in TikZ nun den Graph zur Adjazenzmatrix

$$A = \begin{bmatrix} 0 & 1 & 1 \\ 1 & 0 & 0 \\ 1 & 0 & 0 \end{bmatrix}.$$

Die Zeichnung stimmt! Die Nummerierung der Knoten entspricht der Nummerierung der Zeilen von A. Wir erteilen zu diesem Graph einen Auftrag.

Weise nach, dass der obige Graph auch zusammenhängend ist.

Beispiel Die Adjazenzmatrix A dieses Graphs ist:

$$A = \begin{bmatrix} 0 & 1 & 1 \\ 1 & 0 & 0 \\ 1 & 0 & 0 \end{bmatrix}.$$

Die Gradmatrix D ist eine diagonale Matrix, bei der jedes Element auf der Diagonalen der Grad des entsprechenden Knotens ist:

$$D = \begin{bmatrix} 2 & 0 & 0 \\ 0 & 1 & 0 \\ 0 & 0 & 1 \end{bmatrix}.$$

Die Laplace-Matrix L ist definiert als $L = D - A$:

$$L = \begin{bmatrix} 2 & -1 & -1 \\ -1 & 1 & 0 \\ -1 & 0 & 1 \end{bmatrix}.$$

Die Eigenwerte der Laplace-Matrix sind die Lösungen der charakteristischen Gleichung $\det(L - \lambda I) = 0$, wobei I die Einheitsmatrix ist und λ die Eigenwerte sind.

Für unsere Laplace-Matrix ergibt sich die charakteristische Gleichung zu $(2 - \lambda)(1 - \lambda)^2 - 1 = 0$. Die Lösungen dieser Gleichung sind die Eigenwerte $\lambda = 0, \lambda = 3, \lambda = 1$.

Wir können sehen, dass der zweitkleinste Eigenwert größer als 0 ist, was darauf hinweist, dass der gegebene Graph zusammenhängend ist.   □

ChatGPT bearbeitet auch diese Aufgabe ganz gut. Alle Matrizen und Eigenwerte stimmen. Der Graph ist zusammenhängend.

Nun formulieren wir einen Auftrag offener, den wir dann im Vorlesungsskript direkt als eine Aufgabe für Studierende übernehmen können. Eine Besonderheit des folgenden Graphs ist, dass er ein Gegenbeispiel zu den vorherigen darstellt.

Überprüfen Sie, ob der Graph mit der Adjazenzmatrix

$$A = \begin{bmatrix} 0 & 1 & 0 \\ 1 & 0 & 0 \\ 0 & 0 & 0 \end{bmatrix}$$

zusammenhängend ist. Die Eigenwerte bitte explizit angeben.

Die gegebene Adjazenzmatrix A ist:

$$A = \begin{bmatrix} 0 & 1 & 0 \\ 1 & 0 & 0 \\ 0 & 0 & 0 \end{bmatrix}$$

Die Gradmatrix D ergibt sich aus den Graden der Knoten:

$$D = \begin{bmatrix} 1 & 0 & 0 \\ 0 & 1 & 0 \\ 0 & 0 & 0 \end{bmatrix}$$

Die Laplace-Matrix L ist:

$$L = \begin{bmatrix} 1 & -1 & 0 \\ -1 & 1 & 0 \\ 0 & 0 & 0 \end{bmatrix}$$

Die Eigenwerte dieser Matrix sind $\lambda_1 = 0$, $\lambda_2 = 0$ und $\lambda_3 = 2$. Da der Eigenwert 0 eine Multiplizität von 2 hat, ist der Graph nicht zusammenhängend.

Ja, wegen der Vielfachheit zwei des Eigenwerts 0 ist der vorliegende Graph nicht zusammenhängend. ChatGPT hat die Aufgabenstellung gemeistert.

Zeichne den Graph mittels TikZ.

Die Zeichnung stimmt.

Aufgrund von Platzrestriktionen setzen wir an dieser Stelle die Skripterstellung nicht fort, sind jedoch zuversichtlich, dass die zentralen Konzepte veranschaulicht wurden. Die bisherigen Ausführungen von ChatGPT bilden ein robustes Fundament, das jedoch weiterer Ausarbeitung bedarf, um den Ansprüchen eines vollständigen Vorlesungsskripts gerecht zu werden. Für einige der komplexeren Berechnungen haben wir uns zum zügigen Nachrechnen der Unterstützung eines Computeralgebrasystems bedient.

12.1 Aufgaben zu einem Vorlesungsskript

Zur Inspiration für Lehrende präsentieren wir in diesem Abschnitt ein Szenario, das sich von den anderen Kapiteln dieses Werkes unterscheidet. Stellen Sie sich vor, Sie verfügen über ein eigenes LATEX-Skript für eine Vorlesung und möchten es mit zusätzlichen Aufgaben ergänzen. In unserem spezifischen Beispiel möchten wir zum Thema Graphen, welches von über sieben Seiten abgedeckt wird, einige Wiederholungsaufgaben integrieren. Der Themenbereich sollte dabei ausschließlich durch diese sieben Seiten definiert werden. Ein möglicher Aufruf dazu könnte wie folgt formuliert werden.

> *Erstelle mir bitte zu den Inhalten des folgenden Kapitels drei Aufgaben, die ich als*
> *Wiederholungsaufgaben verwenden kann. Hier ist das Kapitel als LATEX-Code: „..."*

Aufgabe Gegeben ist ein ungerichteter, schleifenfreier Graph mit 4 Ecken $V = \{v_1, v_2, v_3, v_4\}$ und 3 Kanten $E = \{(v_2, v_3), (v_2, v_4), (v_3, v_4)\}$. Stellen Sie eine entsprechende Adjazenzmatrix auf und stellen Sie den Graphen graphisch dar. □

Aufgabe Gegeben ist ein gerichteter Graph ohne Kantengewichte mit der Adjazenzmatrix

$$\mathbf{A} = \begin{pmatrix} 0 & 0 & 0 & 0 \\ 1 & 0 & 1 & 0 \\ 0 & 1 & 0 & 1 \\ 0 & 0 & 1 & 0 \end{pmatrix}$$

Bestimmen Sie die Anzahl der Wege vom Knoten v_2 nach Knoten v_3 der Länge 1, 2 und 3. □

Aufgabe Gegeben ist ein ungerichteter, schleifenfreier Graph mit der Adjazenzmatrix

$$\mathbf{A} = \begin{pmatrix} 0 & 1 & 0 & 0 & 1 \\ 1 & 0 & 1 & 0 & 0 \\ 0 & 1 & 0 & 1 & 0 \\ 0 & 0 & 1 & 0 & 1 \\ 1 & 0 & 0 & 1 & 0 \end{pmatrix}$$

Bestimmen Sie, ob dieser Graph einen Euler-Kreis oder einen eulerschen Kantenzug besitzt.

Im Prompt haben wir hier aus Platzgründen die sieben Skriptseiten ausgeblendet. Die generierten Wiederholungsaufgaben passen sehr gut zur Vorlage und wurden bereits im Sommersemester in das Vorlesungsskript aufgenommen. Die zugehörigen Lösungen haben wir ebenfalls von ChatGPT erstellen lassen. An dieser Stelle ist es ganz wichtig darauf hinzuweisen, dass die Prompts nicht beliebig lang sein darf. Wir wenden uns mit einer entsprechenden Frage an ChatGPT.

Wie lang dürfen bei Dir die Prompts sein?

Die Eingabeaufforderungen (Prompts) können bis zu 4096 Tokens lang sein. Ein Token kann so kurz wie ein einzelnes Zeichen oder so lang wie ein Wort sein. Bei längeren Texten ist es möglich, dass Sie den Text kürzen oder aufteilen müssen, um innerhalb dieses Limits zu bleiben. Es ist auch wichtig zu beachten, dass sowohl die Eingabe als auch die Ausgabe zusammen in dieses Token-Limit von 4096 passen müssen. Das bedeutet, wenn Ihre Eingabeaufforderung sehr lang ist, könnte die Antwort kürzer sein, um innerhalb des Limits zu bleiben.

4096 Token entsprechen ca. sieben DIN A4-Seiten Fließtext in Schriftgröße 11. Dadurch ist es ohne Weiteres nicht möglich, z.B. das vorliegende Kapitel von ChatGPT zusammenfassen zu lassen. Diese wichtige Randbedingung halten wir in einem Tipp fest.

Prompt-Tipp: Kommulativ ist ein Prompt und die entsprechende Antwort von ChatGPT auf 4096 Tokens beschränkt. Ein Token kann so kurz wie ein einzelnes Zeichen oder so lang wie ein Wort sein. Längere Texte müssen entsprechend aufgeteilt sein.

Die Eignung der vorliegenden KI als Unterstützung bei der Skripterstellung wurde dargelegt. Dabei berücksichtigten wir nicht nur die mathematischen Inhalte, sondern auch spezifische oder individuelle LaTeX-Formatierungen. Es wurde zudem auf die im Kontext relevante Limitierung bezüglich der Eingabe- und Ausgabelänge von ChatGPT hingewiesen.

Literaturverzeichnis

1. Aigner, M.: Graphentheorie, Eine Eiführung aus dem 4-Farben Problem, 2.Auflage, Springer Spektrum, 2015
2. Brouwer, A., E., Haemers, W., H.: Spectra of Graphs, Springer, 2012

3. Ertel, W.: Grundkurs Künstliche Intelligenz, Eine praxisorientierte Einführung, 5. Auflage, Springer Vieweg, 2021

4. Kottwitz, S.: LaTeX Graphics with TikZ, A Practitioner's Guide to Drawing 2D and 3D Images, Diagrams, Charts, and Plots, Packt Publishing 2023

◇ ◇ ◇

Kapitel 13
Korrektur von Programmieraufgaben

> Suche nicht nach Fehlern,
> suche nach Lösungen.
>
> ————————————
>
> Henry Ford (1863-1947),
> US-amerikanischer Erfinder und
> Automobilpionier

Beim Gedanken an den nächsten Korrekturmarathon wird es Ihnen schon ganz anders? Sie opfern regelmäßig Ihre Wochenenden und fragen sich, ob es nicht auch schneller und entspannter geht? Mit den folgenden Tipps erleichtern Sie sich die Arbeit.

In diesem Kapitel zeigen wir vor, wie man mit Hilfe von ChatGPT MATLAB-Programmieraufgaben von Studierenden korrigieren kann, siehe [3]. Es sei jedoch angemerkt, dass ChatGPT auch eine Vielzahl weiterer Programmiersprachen unterstützt

13.1 Klausuraufgabe

Zunächst zeigen wir, dass ChatGPT Programmieraufgaben lösen kann. Hierfür verwenden wir eine Klausuraufgabe zum Thema „Neuronale Netze", vgl. z.B. [2], aus dem Sommersemester 2023 zur Vorlesung „Mathematische Algorithmen". Bei der Aufgabe geht es darum, Programmierfehler zu suchen.

Unten ist ein MATLAB-Skript zur Berechnung des Fehlers

$$E(\mathbf{w}) = \frac{1}{2} \sum_{p=1}^{d} \left(\sigma(\mathbf{w} \cdot \mathbf{x}^{(p)}) - t^{(p)} \right)^2 ,$$

wobei die Merkmalsvektoren $\mathbf{x}^{(p)} \in \mathbb{R}^4$ in einer Matrix $X \in \mathbb{R}^{d \times 4}$ und die Lehrersignale $t^{(p)} \in \mathbb{R}$ in Matrix $T \in \mathbb{R}^{d \times 1}$ zusammengetragen sind. Für die Sigmoid-

© Der/die Autor(en), exklusiv lizenziert an
Springer-Verlag GmbH, DE, ein Teil von Springer Nature 2023
A. Helfrich-Schkarbanenko, *Mathematik und ChatGPT*,
https://doi.org/10.1007/978-3-662-68209-8_13

Funktion soll gelten: $\theta = 0$ *und* $a = 1$.
Im Quelltext gibt es aber Fehler. Finden Sie diese. Hier ist das MATLAB-Skript:

```
w= [1; 2; 3; 4];
X= [1 2 3 4; 5 6 7 8; 9 10 11 12; 13 14 15 16; 17 18 19 20; 21 22 23 24 25];
T= [1; 2; 3; 4; 5; 6];
d= length(T);
for p=1:d
    s=1/(sigma(w*X(p,:))-T(p));
    E=E+s^2;
end
disp(E)
function erg = sigma(v)
    theta= 0;      a    = 1;
    erg  = 1/(1+exp((v-theta)))/a;
end
```

 Ich habe das MATLAB-Skript überprüft und mehrere Fehler gefunden. Hier sind die Korrekturen:

1. Die Matrix X hat 5 Zeilen und 5 Spalten, sollte aber 6 Zeilen und 4 Spalten haben.
2. Die Sigmoid-Funktion `sigma` ist nicht korrekt definiert. Der Ausdruck `(v-theta)))/a` sollte korrigiert werden.
3. Die Variable E wird im Hauptskript verwendet, ohne dass sie zuvor initialisiert wurde.
4. Der Ausdruck `sigma(w*X(p,:))` führt zu einem Fehler, da die Dimensionen von `w` und `X(p,:)` nicht übereinstimmen. Es sollte ein Skalarprodukt sein.

Hier ist das korrigierte Skript:

```
w = [1; 2; 3; 4];
X = [1 2 3 4; 5 6 7 8; 9 10 11 12; 13 14 15 16; 17 18 19 20; 21 22 23 24];
T = [1; 2; 3; 4; 5; 6];
d = length(T);
E = 0; % Initialisierung von E
for p = 1:d
    s = sigma(w' * X(p,:)') - T(p); % Skalarprodukt
    E = E + s^2;
end
E = 0.5 * E; % Multiplikation mit 0.5
disp(E)

function erg = sigma(v)
    theta = 0;
    a    = 1;
    erg = 1 / (1 + exp(-a * (v - theta)));
end
```

Mit diesen Korrekturen sollte das Skript den Fehler E korrekt berechnen.

 Sechs der sieben Fehler wurden von ChatGPT entdeckt und berichtigt! Kommentar zum siebten Fehler: Die Variable a wurde richtigerweise in das Argument der Exponentialfunktion verschoben, jedoch in den Zähler und nicht in den Nenner. In der Klausur wurde diese Aufgabe von 33 Teilnehmern im Durchschnitt zu 40% richtig bearbeitet.

13.2 Programmieraufgabe

Als zweites Beispiel wählen wir eine Programmieraufgabenstellung zum Thema „Lineare Regression", vgl. [1, Kapitel 41], ebenfalls aus der Vorlesung „Mathematische Algorithmen" vom Sommersemester 2023. Folgend formulieren wir den längsten Prompt in diesem Werk, da dieser aus der Programmieraufgabenstellung, dem Lösungsvorschlag vom Dozent, dem Lösungsvorschlag vom Studierenden und unseren Anweisungen besteht.

Ich möchte mit Deiner Hilfe MATLAB-Programmieraufgaben korrigieren. Hier ist die Programmieraufgabenstellung:

Aufgabe • ○ ○ Gegeben ist eine Messreihe

$$\mathcal{M} = \{(x_1, y_1) = (-1, 0),\ (x_2, y_2) = (0, 0),\ (x_3, y_3) = (1, 1),\ (x_4, y_4) = (2, 2)\}.$$

1. Gesucht ist eine Ausgleichsparabel $\phi : \mathbb{R} \to \mathbb{R}$, gegeben durch

$$\phi(x, w_1, w_2, w_3) = w_1 + w_2 x + w_3 x^2,$$

d.h. ϕ ist aus dem Untervektorraum der Funktionen mit der Basis

$$\{f_1(x) = 1,\ f_2(x) = x,\ f_3(x) = x^2\}.$$

Schreiben Sie ein MATLAB-Script zur Bestimmung der drei Parameter w_1, w_2, w_3. Plotten Sie in einem Plot sowohl die Messdaten als auch die ermittelte Ausgleichsparabel. Eine symbolische Funktion lässt sich elegant von dem Befehl `fplot` graphisch darstellen.

2. Berechnen Sie mittels MATLAB den Fehler

$$E(\mathbf{w}) := \frac{1}{2} \|\boldsymbol{\phi}(\mathbf{x}, \omega_1, \omega_2, \omega_3) - \mathbf{y}\|_2^2$$

und geben Sie diesen aus. Dabei ist $\boldsymbol{\phi}(\mathbf{x}, w_1, w_2, w_3) : \mathbb{R}^4 \to \mathbb{R}^4$, gegeben durch

$$\boldsymbol{\phi}(\mathbf{x}, w_1, w_2, w_3) := \begin{pmatrix} \phi(x_1, w_1, w_2, w_3) \\ \phi(x_2, w_1, w_2, w_3) \\ \phi(x_3, w_1, w_2, w_3) \\ \phi(x_4, w_1, w_2, w_3) \end{pmatrix} = \begin{pmatrix} w_1 + w_2 x_1 + w_3 x_1^2 \\ w_1 + w_2 x_2 + w_3 x_2^2 \\ w_1 + w_2 x_3 + w_3 x_3^2 \\ w_1 + w_2 x_4 + w_3 x_4^2 \end{pmatrix}.$$

3. Gesucht ist für dieselbe Messreihe ein Ausgleichspolynom 3. Grades

$$\tilde{\phi} : \mathbb{R} \to \mathbb{R}, \quad \tilde{\phi}(x, w_1, w_2, w_3, w_4) = w_1 + w_2 x + w_3 x^2 + w_4 x^3.$$

Erweitern Sie das obige Script zusätzlich um die Berechnung der Parameter $w_1, \ldots, w_4$ und plotten sie den Graph von $\tilde{\phi}$ in das obige Schaubild.

4. Abzugeben ist nur Ihre MATLAB-Datei. □

◇

Hier ist ein Lösungsvorschlag vom Dozent:

```matlab
% Polynomiale Ausgleichsrechnung
% Programmieraufgabe - Lösungsvorschlag
clc; clear all; close all;
x = [-1; 0; 1; 2];
y = [ 0; 0; 1; 2];

% ------------------------------------------------------
for s=1:3
    A(:,s)= x.^(s-1);
end
%A = [1 -1 1; 1 0 0; 1 1 1; 1 2 4];
for s=1:4
    A2(:,s)= x.^(s-1);
end
%A3= [1 -1 1 -1; 1 0 0 0; 1 1 1 1; 1 2 4 8];

% Parameter der Ausgleichsgeraden mit der Normalengleichung bestimmen
w = inv(A' *A )*A' *y    % Ausgleichskurve: Polynom 2. Grades
w2= inv(A2'*A2)*A2'*y    % Ausgleichskurve: Polynom 3. Grades

% Fehler-Berechnung ------------------------------
E = 0;
for n=1:length(x)
    E = E+(w(1) + w(2)*x(n) + w(3)*x(n)^2 - y(n))^2;
end
E = 1/2*E;
%Alternativ: E=0.5*norm(A*w-y,2)^2
disp(['Error: E(w)=',num2str(E)])

figure;
% Messdatenpunkte einzeichnen --------------------
plot(x,y,'o','MarkerFaceColor','k');
grid on; hold on;
axis equal
xlabel('$x$','interpreter','latex')
ylabel('$y$','interpreter','latex')

% Ausgleichsgerade (symbolisch) zeichnen ----------
syms x;
fplot(w(1)+w(2)*x + w(3)*x^2,'Color','r','Linewidth',2)
xlim([-2,3]); ylim([-1,4]);
fplot(w2(1)+w2(2)*x + w2(3)*x^2 + w2(4)*x^3,'Color','b','Linewidth',2)
% ------------------------------------------------"
```

◇

Und hier ist die Lösung eines der Studierenden:

```matlab
clc; clear all; close all;
A=[1 -1 1; 1 0 0; 1 1 1; 1 2 4];
B=[1 -1 1 -1; 1 0 0 0; 1 1 1 1; 1 2 4 8];
y=[0; 0; 1; 2];
% Parameter der Ausgleichsgeraden mit der Normalengleichung bestimmen
wA=inv(A'*A)*A'*y
wB=inv(B'*B)*B'*y

figure;
% Messdatenpunkte einzeichnen -------------------------------
plot(A(:,2),y,'o','MarkerFaceColor','k');
grid on; hold on;
axis equal
```

```
xlabel('$x$','interpreter','latex')
ylabel('$y$','interpreter','latex')

% Ausgleichsgerade (symbolisch) zeichnen --------------------------
syms xA;
syms xB;
fplot(wA(1)+wA(2)*xA+wA(3)*(xA^2),'Linewidth',2)
fplot(wB(1)+wB(2)*xB+wB(3)*(xB^2) +wB(4)*(xB^3),'Linewidth',2)
xlim([-2,3]); ylim([-1,4]);

% Fehler der Regression bestimmen ---------------------------------
fitA = wA(1) + wA(2)*A(:,2) + wA(3)*(A(:,2).^2);
MSE_A = mean((y - fitA).^2);

fitB = wB(1) + wB(2)*B(:,2) + wB(3)*(B(:,2).^2) + wB(4)*(B(:,2).^3);
MSE_B = mean((y - fitB).^2);

% Ausgabe des mittleren quadratischen Fehlers
disp("Mittlerer quadr. Fehler der linearen Regression: " + MSE_A);
disp("Mittlerer quadr. Fehler der kubischen Regression: " + MSE_B);
```

◇

Prüfe bitte, ob der Quelltext vom Student vollständig und korrekt ist. Bewerte die Vollständigkeit mit maximal 10 Punkten; Bewerte die Kompaktheit des Quelltextes mit maximal 10 Punkten und gebe dem Student Dein Feedback. Falls Fehler vorhanden sind, zähle sie explizit auf. Ist alles richtig, so sprich ein Lob aus.

Zunächst einmal, lassen Sie uns den Code des Studenten im Detail analysieren:

1. Vollständigkeit (10 Punkte): Der Student hat alle Teile der Aufgabe abgedeckt. Er hat die Ausgleichsgeraden für das Polynom 2. und 3. Grades berechnet, die Messdaten und die Ausgleichsgeraden geplottet und den Fehler berechnet. Daher erhält der Student 10 von 10 Punkten für die Vollständigkeit.

2. Kompaktheit (8 Punkte): Der Code des Studenten ist ziemlich kompakt und vermeidet unnötige Wiederholungen. Allerdings gibt es einige Verbesserungsmöglichkeiten. Zum Beispiel könnte der Student die Berechnung der Matrizen A und B automatisieren, anstatt sie manuell einzugeben. Außerdem könnte der Student die Fehlerberechnung in einer Zeile durchführen, anstatt separate Berechnungen für fitA und fitB zu machen. Daher erhält der Student 8 von 10 Punkten für die Kompaktheit.

Feedback an den Studenten: Gute Arbeit! Sie haben alle Teile der Aufgabe korrekt abgedeckt und Ihr Code ist ziemlich kompakt. Hier sind einige Vorschläge zur Verbesserung:

1. Sie könnten die Berechnung der Matrizen A und B automatisieren, anstatt sie manuell einzugeben. Zum Beispiel könnten Sie eine Schleife verwenden, um die Potenzen von x zu berechnen.

2. Sie könnten die Fehlerberechnung in einer Zeile durchführen, anstatt separate Berechnungen für fitA und fitB zu machen. Zum Beispiel könnten Sie den mittleren quadratischen Fehler direkt berechnen, indem Sie die Differenz zwischen y und der Vorhersage quadrieren, den Durchschnitt nehmen und dann die Quadratwurzel ziehen.

Insgesamt haben Sie jedoch eine sehr gute Arbeit geleistet. Weiter so!

Den obigen Prompt hätte man auch in zwei Prompts aufteilen können, in dem man die Lösung des Studenten abzweigt. Die obige Programmieraufgabe wurde auch vom Dozent mit voller Punktzahl bewertet. Beeindruckend ist, dass sowohl der Hinweis bzgl. der Zusammenstellung der Matrizen A und B, als auch die Empfehlung zur Umsetzung des quadratischen Fehlers auch in Feedback vom Dozent enthalten waren. Die Bewertung der Quelltextlänge mit einer 8 ist gerechtfertigt, da man den Quelltext etwas kompakter schreiben kann.

Prompt-Tipp: In einem Prompt dürfen Quelltexte von Programmiersprachen mit übergeben und im Arbeitsauftrag ein Bezug darauf genommen werden.

Wir geben nun einen Quelltext vor, in dem der Student vergessen hat, eine Teilaufgabe umzusetzen und sind gespannt, ob ChatGPT die Lücke aufspürt. Zu beachten ist auch, dass hier die Matrix A auf programmiertechnisch auf eine andere Weise als im ersten Quelltext zusammengesetzt wurde.

Korrigiere und bewerte nun den folgenden Quelltext:

```
clc; clear all; close all;
x = [-1; 0; 1; 2];
y = [0; 0; 1; 2];

% Parameter der Ausgleichsgeraden mit der Normalengleichung bestimmen
f1 = ones(length(x),1);
f2 = x;
f3 = x.^2;
f4 = x.^3;

A = [f1 f2 f3]
w_2=inv(A'*A)*A'*y

A = [f1 f2 f3 f4]
w_3=inv(A'*A)*A'*y

figure;
% Messdatenpunkte einzeichnen ------------------------------------
plot(A(:,2),y,'o','MarkerFaceColor','k');
grid on; hold on;
axis equal
xlabel('$x$','interpreter','latex')
ylabel('$y$','interpreter','latex')

% Ausgleichsgerade (symbolisch) zeichnen -------------------------
syms x;
fplot(w_2(1)+w_2(2)*x+w_2(3)*x^2,'Linewidth',2)
fplot(w_3(1)+w_3(2)*x+w_3(3)*x^2+w_3(4)*x^3,'Linewidth',2)
xlim([-2,3]); ylim([-1,4]);
```

Lassen Sie uns den Code des Studenten im Detail analysieren:

1. Vollständigkeit (9 Punkte): Der Student hat fast alle Teile der Aufgabe abgedeckt. Er hat die Ausgleichsgeraden für das Polynom 2. und 3. Grades berechnet und die Messdaten und die Ausgleichsgeraden geplottet. Allerdings hat er den Fehler nicht berechnet, was in der Aufgabenstellung gefordert war. Daher erhält der Student 9 von 10 Punkten für die Vollständigkeit.

2. Kompaktheit (9 Punkte): Der Code des Studenten ist ziemlich kompakt und vermeidet unnötige Wiederholungen. Allerdings gibt es eine kleine Verbesserungsmöglichkeit. Der Student könnte die Berechnung der Matrix A und die Berechnung der Gewichtungen w2 und w3 in einer einzigen Zeile durchführen, anstatt sie auf zwei Zeilen aufzuteilen. Daher erhält der Student 9 von 10 Punkten für die Kompaktheit.

Feedback an den Studenten: Gute Arbeit! Sie haben fast alle Teile der Aufgabe korrekt abgedeckt und Ihr Code ist ziemlich kompakt. Hier sind einige Vorschläge zur Verbesserung:

1. Vergessen Sie nicht, den Fehler zu berechnen. Dies war ein Teil der Aufgabenstellung. Sie können den Fehler berechnen, indem Sie die Differenz zwischen den tatsächlichen y-Werten und den vorhergesagten y-Werten berechnen, diese Differenz quadrieren, den Durchschnitt nehmen und dann die Quadratwurzel ziehen.

2. Sie könnten die Berechnung der Matrix A und die Berechnung der Gewichtungen w2 und w3 in einer einzigen Zeile durchführen, anstatt sie auf zwei Zeilen aufzuteilen. Zum Beispiel könnten Sie schreiben: `w2 = inv(A'*A)*A'*y` direkt nach der Definition von A.

Insgesamt haben Sie jedoch eine sehr gute Arbeit geleistet. Weiter so!

Tatsächlich weist ChatGPT darauf hin, dass die Berechnung des Quadratischen Fehlers fehlt, siehe den blau markierten Text. Allerdings ist der Hinweis bzgl. der Berechnung der Wichtungskoeffizienten – siehe den rot markierten Text – nicht gerechtfertigt, da die Lösung des Studenten bereits in der vorgeschlagenen Form vorliegt. Womöglich bringt ChatGPT die Lösung des ersten und des zweiten Studenten durcheinander. Bei der Bewertung hätte der eher jeweils eine 8 vergeben.

Als nächstes geben wir einen Lösungsvorschlag eines Studenten zur obigen Programmieraufgabe vor, in dem ein mathematischer Fehler vorkommt: an einer Stelle wurde '*' anstatt '+' benutzt.

Schaue bitte, ob Du im folgenden Quelltext einen Fehler findest:

```
clc; clear all; close all;
M = [-1, 0; 0, 0; 1, 1; 2, 2];
x = M(:,1);
y = M(:,2);

A1 = [ones(length(x),1), x, x.^2];
A2 = [ones(length(x),1), x, x.^2, x.^3];
w1 = inv(A1'*A1)*A1'*y;
w2 = inv(A2'*A2)*A2'*y;
```

```matlab
E1 = 1/2 * norm(A1*w1 - y)^2;
E2 = 1/2 * norm(A2*w2 - y)^2;
disp(['Error 1: ', num2str(E1)]);
disp(['Error 2: ', num2str(E2)]);

figure;
plot(x,y,'o','MarkerFaceColor','k');
grid on; hold on;
xlabel('$x$','interpreter','latex')
ylabel('$y$','interpreter','latex')

syms z;
fplot(w1(1) * w1(2)*z + w1(3)*z^2, 'Linewidth', 2)
fplot(w2(1) + w2(2)*z + w2(3)*z^2 + w2(4)*z^3, 'Linewidth', 2)
xlim([-2,3]); ylim([-1,4]);
```

Ja, es gibt einen Fehler in der Zeile, in der die Ausgleichsgerade für das Polynom 2. Grades geplottet wird. Der Code sollte sein:

    fplot(w1(1) + w1(2)*z + w1(3)*z^2, 'Linewidth', 2)

anstatt

    fplot(w1(1) * w1(2)*z + w1(3)*z^2, 'Linewidth', 2)

In der ursprünglichen Zeile wurde das erste und das zweite Element von `w1` multipliziert, was nicht korrekt ist. Gemäß der Definition der Ausgleichsparabel im Aufgabenblatt sollten die Elemente von `w1` addiert und nicht multipliziert werden.

Wir sind beeindruckt! Der einzige Tippfehler wurde von ChatGPT entdeckt. Wir halten fest, dass die vorliegende KI beim Auffinden von Quelltextlücken bzw. Programmierfehlern sowie beim individuellen Feedback eine Unterstützung leisten kann.

Es wurde dargelegt, dass ChatGPT grundsätzlich für die Korrektur von Programmieraufgaben herangezogen werden kann. Dennoch erfordert die Bewertung durch die KI eine Kontrolle seitens der Dozierenden, um potenzielle Fehleinschätzungen auszuschließen.

Literaturverzeichnis

1. Arens, T., Hettlich, F., Karpfinger, Ch., Kockelkorn, U., Lichtenegger, K., Stachel, H.: Mathematik, 5. Auflage, Springer Spektrum, 2022
2. Ertel, W.: Grundkurs Künstliche Intelligenz, Eine praxisorientierte Einführung, 5. Auflage, Springer Vieweg, 2021
3. Schweizer,W.: MATLAB Kompakt, De Gruyter, 7. Auflage, 2022

◇ ◇ ◇

Teil V
GPT als Programmier-Assistent

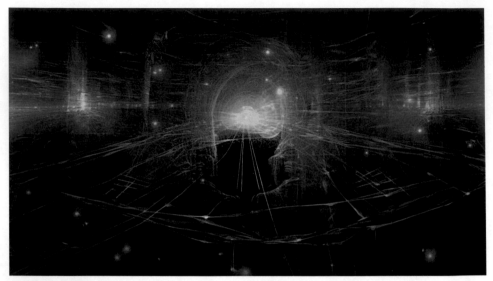

„Artificial Intelligence"
Quelle: Emanuel Kort, www.canvaselement.de

Im Teil V möchten wir die Synergie des Zusammenspiels zwischen ChatGPT und einer Programmiersprache - hier ist es MATLAB - herausarbeiten. Ein besonderer Augenmerk gilt dem Erstellen von Abbildungen, eine Aufgabe, die ChatGPT ohne Weiteres kaum lösen kann. Dabei gehen wir auf fünf Anwendungsfelder ein:

1. Erstellen von Pixelgrafiken;
2. Erstellen von Grafiken stützend insbesondere auf die MATLAB-Grafikbefehle;
3. Bearbeiten von Grafiken;
4. Konvertieren der Mathematikinhalte, der TikZ-Zeichnungen sowie der MATLAB-Quelltexte zum Text, also zur natürlichen Sprache;
5. Konvertieren von Text zur Sprache, sodass man schließlich eine Audiodatei erhält.

Die Anwendungsfelder 1 bis 3 findet man im Kapitel 14 und die Anwendungsfelder 4 und 5 sind als ein zusammenhängendes Programmierprojekt im Kapitel 15 untergebracht. Wir schicken die Erkenntnis voraus, dass die Kombination von ChatGPT mit einer Programmiersprache ein mächtiges Werkzeug ergibt.

Kapitel 14
Plots und Bildverarbeitung mittels MATLAB

> Alles, was man beschreiben kann,
> kann man auch programmieren.

Unbekannt

14.1 Pixelgrafik

Die meisten digitalen Bilder sind Pixelgrafiken/Rastergrafiken. Sie bestehen aus einer
rasterförmigen Anordnung sogenannter Pixel, denen jeweils eine Farbe zugeordnet ist.
Pixelgrafiken eignen sich zur Darstellung komplexerer Bilder wie Fotos, die nicht mit
Vektorgrafiken beschreibbar sind. Die Rasterdaten haben jedoch gegenüber Vektordaten
den Nachteil, dass sie relativ ungenau sind und sich schlecht für topologische Analysen
eignen.

Wir demonstrieren nun, dass zwischen der vorliegenden textbasierten KI und den Pixelgrafiken eine Brücke schlagen lässt. Eine Ausgabe der Farbwerte bzw. der Graustufen
aller Pixel direkt im Browser ist möglich, wäre für den Nutzer unüberschaubar und somit
kaum interpretierbar. Daher verwenden wir als Mittler z.B. die Programmiersprache MAT-
LAB, vgl. [7], d.h. wir lassen ChatGPT MATLAB-Quelltexte so schreiben, dass nach dem
Kompilieren dieser angeforderte Pixelgrafiken entstehen. In einem neuen Chat stellen wir
folgende Aufgabe:

> *Generiere eine 20x20-Matrix, deren Komponenten nur 0 oder 1 sind. Die Einser
> sollen so verteilt sein, dass sich aus ihnen sich der Buchstabe „A" bildet. Die Matrix
> bitte als MATLAB-Quelltext ausgeben, in dem die Matrix mittels des Befehls imagesc
> dargestellt werden soll.*

```
% --- Erstellen einer 20x20-Matrix mit Nullen
matrix = zeros(20, 20);
% --- Bilden des Buchstabens "A" mit Einsen
```

```
matrix(4:17, 9:12) = 1;
matrix(4:6, 7:14) = 1;
matrix(9:11, 7:14) = 1;
% --- Darstellen der Matrix mit imagesc
imagesc(matrix);
colormap([1 1 1; 0 0 0]);
axis equal;
axis off;
```

ChatGPT erstellt auf Anhieb einen kompilierbaren MATLAB-Quelltext mit Kommentaren. Allerdings stellt das Ergebnis keinen Buchstaben „A" dar, sondern eine Abwandlung davon. Auf den Fehler weisen wir mit dem nächsten Prompt hin.

Leider sieht es eher nach dem Buchstaben „F" aus, der symmetrisch gespiegelt wurde. Ich möchte aber „A" haben.

```
% --- Erstellen einer 20x20-Matrix mit Nullen
matrix = zeros(20, 20);
% --- Bilden des Buchstabens "A" mit Einsen
matrix(4:17, 7:8) = 1;
matrix(4:17, 13:14) = 1;
matrix(4:6, 7:14) = 1;
matrix(9:11, 9:12) = 1;
% --- Darstellen der Matrix mit imagesc
imagesc(matrix);
colormap([1 1 1; 0 0 0]);
axis equal;
axis off;
```

Der Hinweis auf den Fehler führt zu einer Berichtigung der Ausgabe und wir gehen von Buchstaben gleich zu einem wohlbekannten Symbol über.

Könntest Du nun so ein Smiley erstellen?

```
% --- Erstellen einer 20x20-Matrix mit Nullen
matrix = zeros(20, 20);
% --- Bilden des Smiley-Gesichts mit Einsen
%     Augen
matrix(6:8, 6:8) = 1;
matrix(6:8, 12:14) = 1;
%     Mund
matrix(14, 7:13) = 1;
matrix(13, 6) = 1;
```

```
matrix(13, 14) = 1;
matrix(12,  5) = 1;
matrix(12, 15) = 1;
% --- Darstellen der Matrix mit imagesc
imagesc(matrix);
colormap([1 1 1; 0 0 0]);
axis equal;
axis off;
```

*Den Bezug im aktuellen Prompt zu den vorherigen Prompts - gegeben durch das Wort „so"
- leistet ChatGPT prima und weist somit ein Gedächtnis auf. Der Quelltext ist sogar mit
semantisch richtigen Kommentaren versehen, wie z.B. „Augen", „Mund".*

**Du darfst nun gerne die Dimension der Matrix auf 30x30 erhöhen. Die Einträge der
Matrix dürfen nun reell und positiv sein. Belege bitte die Matrix mit Werten so, dass
optisch ein Apfel entsteht, der von rechts oben beleuchtet wird und einen Schatten
wirft. Der Hintergrund darf gerne grau sein.**

```
% --- Erstellen einer 30x30-Matrix mit Grauwerten (0.5)
matrix = 0.5 * ones(30, 30);

% --- Bilden des Apfels mit unterschiedlichen Graustufen
%     Apfelkörper
matrix(10:22, 10:20) = 0.8;
matrix(9:22, 9:21) = 0.6;
matrix(8:22, 8:22) = 0.4;
matrix(7:22, 7:23) = 0.2;
%     Apfelstiel
matrix(4:7, 15:16) = 0.3;
%     Schatten
matrix(23:24, 21:22) = 0.3;
matrix(25:26, 20:22) = 0.2;
% --- Darstellen der Matrix mit imagesc
imagesc(matrix);
colormap(gray);
axis equal;
axis off;
```

*Der MATLAB-Quelltext ergibt die linke Pixelgrafik, in der z.B. der Hintergrund nicht grau,
sondern weiß erscheint. Dies ist auf den Befehl* `imagesc` *zurückzuführen, die die Farben
vor der Darstellung skaliert. Um die Skalierung rückgängig zu machen, ersetzen wir
die Befehlszeile* `imagesc(matrix)` *durch* `image(matrix*255)` *und erhalten die rechte
Pixelgrafik. Wir betonen, dass in der Grafik - ohne einer Aufforderung - ein Apfelstiel*

vorkommt. Wir sind mit dem Ergebnis unzufrieden und weisen auf die fehlende Umsetzung hin.

Leider ist der Apfel nicht rund und die Beleuchtung erkenne ich nicht.

```
% Erstellen einer 30x30-Matrix mit Grauwerten (0.5)
matrix = 0.5 * ones(30, 30);
% Definieren der Apfelposition und -größe
center = [15, 15];
radius = 8;
% Apfelstiel
matrix(5:8, 14:16) = 0.3;
% Bilden des Apfels mit unterschiedlichen Graustufen
for x = 1:30
    for y = 1:30
        % Berechnen des Abstands zum Apfelzentrum
        dist = sqrt((x − center(1))^2 + (y − center(2))^2);
                % Prüfen, ob der Punkt im Apfel liegt
        if dist <= radius
            % Berechnen des Winkels zur Beleuchtungsquelle (rechts oben)
            angle = atan2(y − center(2), x − center(1)) / pi;
                    % Festlegen der Graustufen basierend auf dem Winkel
            if angle >= 0.25 && angle <= 0.75
                matrix(x, y) = 0.8;
            elseif angle > 0.75 || angle < −0.75
                matrix(x, y) = 0.6;
            else
                matrix(x, y) = 0.4;
            end
        end
    end
end
% Schatten ------------------------------------------------------------
matrix(21:30, 20:30) = 0.3;
% Darstellen der Matrix mit imagesc ----------------------------------
imagesc(matrix);
colormap(gray), axis equal, axis off;
```

Der Apfel ist nun rund und von der richtigen Seite beleuchtet. Der Schatten ist aber auf der falschen Seite. Es ist schön zu sehen, dass ChatGPT im Quelltext eine Variable für den Winkel der Beleuchtungsquelle einführt und damit arbeitet. Wir belassen es dabei, gehen die farbigen Pixelgrafiken nicht an, aber gewähren uns noch ein Experiment und werden überrascht.

Nach einer Unterhaltung mit ChatGPT in einem neuen Chat zum Begriff der Unendlichkeit in der Mathematik, stellen wir ihm dieselbe Aufgabe wie im ersten Prompt des vorliegenden Abschnitts.

Generiere eine 20x20-Matrix, deren Komponenten nur 0 oder 1 sind. Die Einser sollen so verteilt sein, dass sich aus ihnen sich der Buchstabe „A" bildet. Die Matrix bitte als MATLAB-Quelltext ausgeben, in dem die Matrix mittels des Befehls imagesc dargestellt werden soll.

ChatGPT gab seine Antwort direkt im Browser als Einser und Nullen in einem Raster aus. Daraus wurde, um die Interpretation zu erleichtern, die obige Abbildung manuell generiert. Wir stellen fest, dass die vorhergehende Konversation bzw. Kontext doch zu stark die Ausgaben von ChatGPT beeinflusst. Konkret wurde hier das Unendlichkeitssymbol „∞" anstatt des Buchstabens „A" geplottet. Nach dieser Erfahrung formulieren wir den folgenden Prompt-Tipp.

Prompt-Tipp: Innerhalb eines Chats sollte man das Thema nicht wechseln.

14.2 Plots

Die Software MATLAB von MathWorks ist für Lösung mathematischer Probleme ausgelegt und verfügt über eine Menge von Befehlen zur grafischen Darstellung von Ergebnissen. Diesen Schatz von Befehlen möchten wir in Zusammenarbeit mit ChatGPT nutzen, um effizient und elegant gewünschte Abbildungen zu erstellen. Schon beim ersten Prompt ist es nicht zu übersehen, dass man sich dabei fast ausschließlich auf Mathematik konzentrieren bzw. einschränken kann, ohne sich mit den MATLAB-Grafikbefehlen super auskennen zu müssen. Um die Bilder noch schöner gestalten zu können, ist es allerdings hilfreich, einige der Befehle bzw. ihre Attribute zu kennen, siehe die letzten zwei Zeilen im folgenden Prompt. Zunächst möchten wir einen Torus darstellen lassen, bei dem der kleinere Radius bzgl. seines Positionswinkels variiert. Die Oberflächenparametrisierung des Standardtorus kann in [1] nachgeschlagen werden.

Plotte einen Torus in MATLAB, bei dem der große Radius R=5 ist und der kleine Radius Radius vom Winkel phi wie folgt abhängen soll: $r = 1.5 + \cos(4 * \theta)$. Bei der Beschriftung der Koordinatenachsen benutze bitte den LaTeX-Interpreter. Im Plot bitte Befehle wie „light" sowie "shading interp" verwenden. Colormap bitte auf „gray" setzen.

In Matlab lässt sich ein Torus wie folgt plotten:

```matlab
% Parameter -----------------------------------------------
R = 5; % Großer Radius
N = 100; % Anzahl der Punkte

% Winkel
theta = linspace(0, 2*pi, N);
phi = linspace(0, 2*pi, N);

% Erzeuge ein Meshgrid --------------------------------------
[Theta, Phi] = meshgrid(theta, phi);
% Berechne den variablen kleinen Radius
r = 1.5 + cos(4 * Theta);
% Berechne die (x, y, z) Koordinaten
X = (R + r .* cos(Phi)) .* cos(Theta);
Y = (R + r .* cos(Phi)) .* sin(Theta);
Z = r .* sin(Phi);

% Plotten
figure;
surf(X, Y, Z);

% Achsenbeschriftungen mit LaTeX-Interpreter -----------------
xlabel('$X$', 'Interpreter', 'latex');
ylabel('$Y$', 'Interpreter', 'latex');
zlabel('$Z$', 'Interpreter', 'latex');

% Titel
title('Torus mit variablen kleinen Radius');
% Optimiere den Plot
axis equal;
grid on;
shading interp;
colormap gray;
light;
lighting gouraud;
```

Dieser Code erstellt einen Torus mit einem großen Radius von 5 und einem variablen kleinen Radius, der von dem Winkel theta abhängt (r=1.5+cos(4*theta)). Der Code verwendet
ein Gitter von Punkten und berechnet die (x, y, z) Koordinaten jedes Punktes auf der Oberfläche des Torus. Anschließend wird die Funktion surf verwendet, um die Oberfläche des
Torus zu plotten.

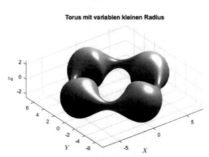

Ein fehlerfreier Quelltext zum Plotten eines Torus mit variablen Radius wurde erstellt.

Wir möchten nun in den Prompts dem ChatGPT auch Quelltexte vorgeben und um
Anpassungen darin bitten.

In Matlab lässt sich ein Torus wie folgt plotten:

```
[theta,phi] = meshgrid(linspace(0,2*pi,100));
r = 2;
R = 5;
x = (R + r*cos(theta)).*cos(phi);
y = (R + r*cos(theta)).*sin(phi);
z = r*sin(theta);
surf(x,y,z)
shading interp
light
colormap gray
axis equal
```

Kannst Du bitte im Quelltext die Variable r auf den Wert 1 setzen und den Quelltext um einen weiteren Torus erweitern, wobei seine z-Position um 3 Längeneinheiten größer ist, als beim vorhandenen Torus.

Natürlich, hier ist der aktualisierte Quelltext mit zwei Tori:

```
[theta, phi] = meshgrid(linspace(0, 2*pi, 100));

% Erster Torus ------------------------------------------
r1 = 1;
R1 = 5;
x1 = (R1 + r1*cos(theta)).*cos(phi);
y1 = (R1 + r1*cos(theta)).*sin(phi);
z1 = r1*sin(theta);
surf(x1, y1, z1)
hold on

% Zweiter Torus -----------------------------------------
r2 = 1;
R2 = 5;
x2 = (R2 + r2*cos(theta)).*cos(phi);
y2 = (R2 + r2*cos(theta)).*sin(phi);
z2 = r2*sin(theta) + 3; % Z-Position um 3 Längeneinheiten erhöht
surf(x2, y2, z2)
shading interp, light, colormap gray;
axis equal, hold off
```

Die gewünschten Änderungen und Ergänzungen im MATLAB-Quelltext wurden prima umgesetzt. Die verwandten Variablen bekamen Indizes, um sie voneinander unterscheiden zu können. So wurde die ursprüngliche Variable „r" zu „r1" umbenannt und die entsprechende Variable für den zweiten Torus mit „r2" bezeichnet.

Lorenz-Attraktor

Nun fordern wir ChatGPT mit einem wohlbekannten System aus nichtlinearen Differentialgleichungen heraus, das in der Chaostheorie seine Anwendung findet: dem Lorenz-Attraktor
[1, 8]. Allerdings soll ChatGPT nicht selbst sich mit dem Attraktor auseinandersetzen, sondern einen MATLAB-Quelltext zur approximativen numerischen Lösung dieses Anfangswertproblems schreiben. Absichtlich geben wir im folgenden Prompt nicht die vollständige
Information über den Attraktor vor, um herauszufinden, ob die KI die fehlenden Angaben
ergänzt. Und ja, sie tut es! Das Ziel ist es auch, am Ende die Lösung des Anfangswertproblems ebenfalls mittels MATLAB graphisch darzustellen.

Schreibe einen MATLAB-Quelltext zum Plotten eines Lorenz-Attraktors.

Ein Lorenz-Attraktor ist ein System von Differentialgleichungen, das in der Chaosforschung
und Wettermodellierung verwendet wird. Das System wurde ursprünglich von Edward
Lorenz im Jahr 1963 beschrieben. Hier ist ein MATLAB-Quelltext zum Plotten eines
Lorenz-Attraktors:

```matlab
% Lorenz-Attraktor in MATLAB

% Parameter definieren
sigma = 10;
beta  = 8/3;
rho   = 28;

% Anfangsbedingungen und Zeitbereich
initial_conditions = [1; 1; 1];
tspan  = [0, 100];

% ODE45 zum Lösen der Differentialgleichungen
[t, x] = ode45(@(t, x) lorenzSystem(t, x, sigma, beta, rho), tspan, initial_
    conditions);

% Plotten des Lorenz-Attraktors
figure;
plot3(x(:,1), x(:,2), x(:,3));
title('Lorenz−Attraktor');
xlabel('$x$','Interpreter','latex');
ylabel('$y$','Interpreter','latex');
zlabel('$z$','Interpreter','latex');
grid on;
axis equal;
box on;

% Lorenz-System Funktion
function dxdt = lorenzSystem(t, x, sigma, beta, rho)
    dxdt = [sigma * (x(2) − x(1));
            x(1) * (rho − x(3)) − x(2);
            x(1) * x(2) − beta * x(3)];
end
```

Sie können diesen Code in MATLAB kopieren und die Funktion lorenzSystem() aufru-
fen, um den Lorenz-Attraktor zu plotten. Das System wird mit den klassischen Lorenz-
Parametern gelöst, aber Sie können diese Werte natürlich ändern, um das Verhalten des
Systems zu variieren.

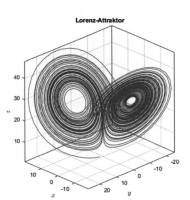

Lorenz-Attraktor

Im MATLAB-Quelltext gab es lediglich einen Fehler: Die Funktion `lorenzSystem` *war nicht am Ende des Quelltextes platziert. Nach einem Verschieben der Funktion ans Skriptende lief das Programm problemlos durch. Bemerkenswert ist, dass die im Prompt fehlende Parameter (*`sigma`, `beta`, `rho`*) sowie der Anfangswert (vgl.* `initial conditions`*) aus Eigeninitiative der KI im Quelltext vorgegeben wurden.*

Im obigen Plot ist es grafisch nicht wiedergegeben, dass ein Punkt entlang der parametrisierten Kurve sich unterschiedlich schnell bewegt. Wir möchten diese Information im Bild ebenfalls preisgeben, indem z.B. die Liniendicke proportional zu der Geschwindigkeit ist. ChatGPT soll nun den Quelltext entsprechend anpassen.

Verschiebe im obigen Quelltext die Funktion „lorenzSystem" ans Ende des Quelltextes. Gestalte im Befehl „plot3" die Liniendicke proportional zu der Größe $\|\frac{dx}{dt}\|_2$.

Um die Liniendicke im `plot3`-Befehl proportional zur Größe der Ableitung (dxdt) zu gestalten, können Sie zuerst die Ableitung für jeden Zeitpunkt berechnen und dann eine Schleife verwenden, um die Segmente mit unterschiedlichen Liniendicken zu zeichnen. Hier ist der aktualisierte MATLAB-Quelltext:

```
% Lorenz-Attraktor in MATLAB

% Parameter definieren ---------------------------------------------
sigma = 10, beta = 8/3, rho = 28;

% Anfangsbedingungen und Zeitbereich -------------------------------
initial_conditions = [1; 1; 1];
tspan = [0, 50];

% ODE45 zum Lösen der Differentialgleichungen ----------------------
[t, x] = ode45(@(t, x) lorenzSystem(t, x, sigma, beta, rho), tspan, initial_
    conditions);
% Ableitung (dxdt) berechnen
dxdt = zeros(length(t), 3);
```

```
for i = 1:length(t)
    dxdt(i, :) = lorenzSystem(t(i), x(i, :), sigma, beta, rho);
end
% Größe der Ableitung berechnen
norm_dxdt = vecnorm(dxdt, 2, 2);

% Plotten des Lorenz-Attraktors mit variabler Liniendicke --------------------
figure;
hold on;
for i = 1:length(t)-1
    plot3(x(i:i+1, 1), x(i:i+1, 2), x(i:i+1, 3), 'LineWidth', norm_dxdt(i) / max(norm
        _dxdt) * 5,'Color','b');
end
title('Lorenz-Attraktor');
xlabel('$x$','Interpreter','latex');
ylabel('$y$','Interpreter','latex');
zlabel('$z$','Interpreter','latex');
grid on, axis equal, hold off, box on;

% Lorenz-System Funktion -----------------------------------------------------
function dxdt = lorenzSystem(t, x, sigma, beta, rho)
    dxdt = [sigma * (x(2) − x(1));
            x(1) * (rho − x(3)) − x(2);
            x(1) * x(2) − beta * x(3)];
end
```

M

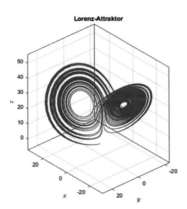

ChatGPT versteht den Kontext, interpretiert die Euklidische Norm aus dem Prompt richtig und plottet, wie gefordert, die Liniendicke proportional zu der Geschwindigkeit des Punktes mit dem Ortsvektor **x**. In MATLAB wäre allerdings die Umsetzung ohne der **for**-Schleife eleganter.

Im obigen Quelltext spielt bei der Darstellung des Attraktors der Befehl `plot3` die Hauptrolle. Wir möchten, dass ChatGPT nun einen Quelltext schreibt, der stattdessen den MATLAB-Befehl `streamtube` einsetzt, siehe [2].

Plotte nun den Lorenz-Attraktor mittels des Befehls „streamtube". Der Durchmesser von Streamtube sollte proportional zu $\|\frac{dx}{dt}\|_2$ sein.

Um den Lorenz-Attraktor mithilfe des Befehls streamtube zu plotten und den Durchmesser der Streamtube proportional zur Größe der Ableitung (dxdt) zu gestalten, können Sie die folgenden Schritte ausführen:

1. Erstellen Sie ein 3D-Gitter, das den Bereich der x-, y- und z-Werte des Lorenz-Attraktors abdeckt.
2. Berechnen Sie die Ableitungen (dx, dy, dz) für jeden Punkt des Gitters.
3. Skalieren Sie die Ableitungen entsprechend der Größe der Ableitung (dx/dt) für die Streamtube-Durchmesser.
4. Verwenden Sie die streamtube-Funktion, um den Lorenz-Attraktor zu plotten.

Hier ist der aktualisierte MATLAB-Quelltext:

```
% Lorenz-Attraktor in MATLAB ================================================
% Parameter definieren --------------------------------------------------
sigma = 10; beta = 8/3; rho = 28;
% Anfangsbedingungen und Zeitbereich ------------------------------------
initial_conditions = [1; 1; 10];
tspan = [0, 20];
% ODE45 zum Lösen der Differentialgleichungen ---------------------------
[t, x] = ode45(@(t, x) lorenzSystem(t, x, sigma, beta, rho), tspan, initial_
    conditions);
% Gitter erstellen ------------------------------------------------------
x_range = linspace(min(x(:,1)), max(x(:,1)), 50);
y_range = linspace(min(x(:,2)), max(x(:,2)), 50);
z_range = linspace(min(x(:,3)), max(x(:,3)), 50);
[X, Y, Z] = meshgrid(x_range, y_range, z_range);
% Ableitungen (U, V, W) für jeden Punkt des Gitters berechnen -----------
U = sigma * (Y - X);
V = X .* (rho - Z) - Y;
W = X .* Y - beta * Z;
% Streamtube-Durchmesser proportional zur Größe der Ableitung (dxdt) skalieren
magnitude = sqrt(U.^2 + V.^2 + W.^2)*10;
U = U ./ magnitude;
V = V ./ magnitude;
W = W ./ magnitude;
% Plotten des Lorenz-Attraktors mit variabler Streamtube-Durchmesser -------
figure;
streamtube(X, Y, Z, U, V, W, x(1:10:end, 1), x(1:10:end, 2), x(1:10:end, 3));
v = [-5 -2 5];
view(v), box on;
% Lichtquelle hinzufügen ------------------------------------------------
light;
shading interp;
title('Lorenz-Attraktor');
xlabel('$x$','Interpreter','latex');
ylabel('$y$','Interpreter','latex');
zlabel('$z$','Interpreter','latex');
grid on;
axis equal;
% Lorenz-System Funktion ------------------------------------------------
function dxdt = lorenzSystem(t, x, sigma, beta, rho)
    dxdt = [sigma * (x(2) - x(1));
            x(1) * (rho - x(3)) - x(2);
            x(1) * x(2) - beta * x(3)];
end
```

In diesem Skript werden die Ableitungen (U, V, W) für jeden Punkt des 3D-Gitters berechnet und entsprechend der Größe der Ableitung (dxdt) skaliert. Dann wird die streamtube-Funktion verwendet, um den Lorenz-Attraktor zu plotten. Die Startpunkte der Streamtubes werden auf jeden zehnten Punkt der berechneten Trajektorie (x) gesetzt, um die Anzahl der gezeichneten Streamtubes zu reduzieren und die Darstellung übersichtlicher zu gestalten. Sie können diesen Wert (1:10:end) ändern, um mehr oder weniger Streamtubes in der Darstellung zu erhalten. Durch die Skalierung der Ableitungen (U, V, W) entsprechend ihrer Größe entsteht ein Streamtube-Durchmesser, der proportional zur Größe der Ableitung (dx/dt) ist.

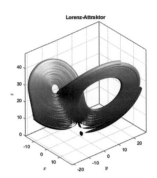
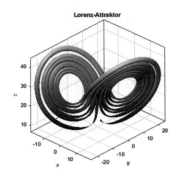

ChatGPT schafft es, auch mittels des Befehls `streamtube` *den Lorenz-Attraktor graphisch darzustellen, siehe Abbildung links. Vom Autor wurde der Quelltext lediglich um eine Lichquelle und eine Kameraausrichtung erweitert.*

Von einer Darstellung eines Attraktors mittels `streamtube` *wie oben links ist allerdings abzuraten, da der Befehl die Streamtubes in einem 3D-Raster initiiert. Im Falle des Lorenz-Attraktors ist es aber ein einziger Punkt, der sich durch den Raum bewegt, also seine Bahn durch eine einzige Streamtube dargestellt werden sollte. Dies kann erzwingen werden, indem man die Zeile*

streamtube(X, Y, Z, U, V, W, x(1:10:end, 1), x(1:10:end, 2), x(1:10:end, 3));

durch

streamtube(X, Y, Z, U, V, W, initial _conditions(1), initial _conditions(2), initial _conditions(3));

ersetzt, vgl. Abbildung rechts. Genau darauf geht aber ChatGPT im obigen Fließtext nach dem Quelltext ein.

Methode der kleinsten Fehlerquadrate

Für die Methode der kleinsten Fehlerquadrate im Kontext der Regression möchten wir den zu minimierenden Fehler $E(w_1, w_2)$ in Abhängigkeit von den Parametern w_1, w_2 im Parameterraum plotten. Wir beabsichtigen, alle hierfür notwendigen Angaben in einem einzigen Prompt unterzubringen. Die Forderung, die Auswertung der Funktion E mittels for-Schleifen umzusetzen, konkretisiert und erleichtert dadurch die Aufgabenstellung. Ohne dieser Forderung war der Quelltext nicht ausführbar, da bei einer Multiplikation die Dimension zweier Variablen zueinander nicht passte. Der folgende Prompt wurde also vorher getunt.

Seien $\mathbf{x}, \mathbf{y} \in \mathbb{R}^n$ *und*

$$E(w_1, w_2) = \frac{1}{2} \|\mathbf{y} - \boldsymbol{\phi}(\mathbf{x}, w_1, w_2)\|_2^2,$$

mit

$$\boldsymbol{\phi}(\mathbf{x}, w_1, w_2) = (w_1 + x_1 w_2, \ w_1 + x_2 w_2, \ ..., \ w_1 + x_n w_2)^\top.$$

Seien $\mathbf{x} = (-1, 0, 1, 2)^\top$ *und* $\mathbf{y} = (1, 1, 2, 2)^\top$. *Schreibe ein MATLAB-Skript zur graphischen Darstellung der Funktion* $E(w_1, w_2)$ *im Bereich* $(w_1, w_2) \in [-3, 3] \times [-3, 3]$. *Die Funktion* E *sollte mittels* for-*Schleifen für jedes Paar* (w_1, w_2) *ausgewertet werden.*

Hier ist ein MATLAB-Skript, das die Funktion $E(w_1, w_2)$ im Bereich $[-2, 2] \times [-2, 2]$ graphisch darstellt:

```
% Parameter und Daten ----------------------------------------
x = [-1, 0, 1, 2]';
y = [ 1, 1, 2, 2]';
w1_range = linspace(-3, 3, 100);
w2_range = linspace(-3, 3, 100);
E_values = zeros(length(w1_range), length(w2_range));

% Auswertung der E-Funktion ----------------------------------
for i = 1:length(w1_range)
    for j = 1:length(w2_range)
        w1 = w1_range(i);
        w2 = w2_range(j);
        E_values(j, i) = E_function(w1, w2, x, y);
    end
end
% Darstellung der Funktion E(w1, w2) -------------------------
figure;
contourf(w1_range,w2_range,E,40), grid on;
xlabel('$w_1$','Interpreter','latex');
ylabel('$w_2$','Interpreter','latex');
zlabel('$E(w_1, w_2)$');
axis equal
title('Funktion $E(w_1, w_2)$','Interpreter','latex');

% E-Funktion -------------------------------------------------
function E = E_function(w1, w2, x, y)
    phi = @(x, w1, w2) (w1 + x * w2);
    E = 0.5 * norm(y - phi(x, w1, w2))^2;
end %-------------------------------------------------------
```

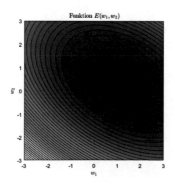

Funktion $E(w_1, w_2)$

Der Quelltext ist fast fehlerfrei. Manuell musste man im Anweisungsblock der for-Schleifen die Indizes von E vertauschen, damit die Abbildung stimmt. Der obige MATLAB-Quelltext wurde zum Erstellen von mehreren Abbildungen für das Skript zur Vorlesung „Mathematischen Algorithmen" im Sommersemester 2023 an der Hochschule Karlsruhe eingesetzt.

Strömungslinien

Beeindruckt durch die vorhergehenden Resultate erhöhen wir den mathematischen Schwierigkeitsgrad, als auch den Anspruch an die Grafik und erhalten eine der aufwendigsten Abbildungen dieses Buchs.

Gegeben sei ein Vektorfeld

$$f(x, y, z) = (x + y, z^2 * y + x, x * y).$$

Erstelle einen MATLAB-Quelltext zum Plotten des Vektorfelds im Bereich $[-4, 4] \times [-4, 4] \times [-4, 4]$. Verwende die Befehle „streamtube", „shading interp", „light" und beschrifte die Koordinatenachsen mit x, y, z unter Verwendung des LaTeX-Interpreters. Der Durchmesser der streamtubes solle die Divergenz des Vektorfeldes repräsentieren. Für die Berechnung der Divergenz benutze den Befehl „divergence". Im Quelltext sollte am Ende die generierte Abbildung als png im aktuellen Verzeichnis automatisch abgespeichert werden.

```
% MATLAB-Quelltext zum Plotten des Vektorfelds f(x,y,z) = (x+y, z^2*y+x, x*y)
% im Bereich [-4, 4] x [-4, 4] x [-4, 4]
% Der Durchmesser der Streamtubes repräsentiert die Divergenz des Vektorfeldes.
close all; clear all;
% Gitter erstellen
[x, y, z] = meshgrid(-4:0.1:4, -4:0.1:4, -4:0.1:4);

% Vektorfeld berechnen
fx = x+y;
fy = z.^2.*y+x;
fz = x.*y;

% Divergenz des Vektorfeldes berechnen
d   = divergence(x, y, z, fx, fy, fz);

% Streamlines berechnen
[sx, sy, sz] = meshgrid(-4:1:4, -4:1:4, -4:1:4);
streamlines  = stream3(x, y, z, fx, fy, fz, sx, sy, sz);

% Neues Grafikfenster erstellen
figure;

% Streamtube plotten
ht       = streamline(streamlines);
```

```
axis equal;

% Durchmesser der Streamtubes an Divergenz anpassen
max_div          = max(abs(d(:)));
normalized_div   = abs(d) / max_div;
tube_radius      = 0.1 * normalized_div;

ht = streamtube(streamlines, x,y,z, tube_radius);
shading interp;
grid on;

% Lichtquelle hinzufügen
light;

% Achsenbeschriftung hinzufügen
xlabel('x', 'Interpreter', 'latex');
ylabel('y', 'Interpreter', 'latex');
zlabel('z', 'Interpreter', 'latex');

% Bild abspeichern
saveas(gcf, 'vektorfeld.png');
```

M

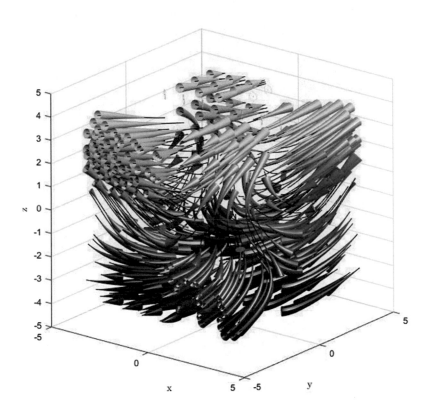

Alle Wünsche, auch das automatische Abspeichern des Abbildung im PNG-Format, wurden berücksichtigt. Mit den Begriffen wie Vektorfeld, Strömungslinien und Divergenz hatte ChatGPT absolut keine Probleme.

14.3 Bildverarbeitung

Unter Bildverarbeitung versteht man in der Informatik die Verarbeitung von Bildern. Sie ist zu unterscheiden von der Bildbearbeitung, die sich mit der Manipulation von Bildern zur anschließenden Darstellung beschäftigt. Das Ergebnis einer Bildverarbeitung kann wiederum ein Bild sein oder auch eine Menge von Merkmalen des Eingabebildes. Da die Bildverarbeitung mittlerweile in nahezu allen Wissenschafts- und Ingenieursdisziplinen eingesetzt wird, wie beispielsweise in der medizinischen Diagnostik, Maschinenbau und in der Fernerkundung, soll sie hier ebenfalls adressiert werden.

Lokalisieren von Kreisen

Als ein Beispiel soll von ChatGPT ein MATLAB-Quelltext zum Auffinden von Kreisen in einer Bilddatei geschrieben werden. Als zentrales Werkzeug hierfür wählen wir die Hough-Transformation, siehe [6, Kapitel 7.11].

Schreibe einen MATLAB-Quelltext, der Folgendes umsetzt:
1.) Ein Farbfoto im Format jpg soll geladen werden.
2.) Mittels der Hough-Transformation sollen auf dem Foto alle Kreise mit einem Radius von 30 bis 75 Pixel lokalisiert werden.
3.) Ein Histogramm für die Radien der gefundenen Kreise soll ausgegeben werden.
4.) Die Anzahl der Kreise soll ausgegeben werden.

Hier ist der MATLAB-Code für Ihre Anforderungen. Bitte beachten Sie, dass Sie die Image-Processing-Toolbox in MATLAB benötigen, um diesen Code auszuführen.

```
clc; clear all; close all;

% 1.) Ein Farbfoto im Format jpg soll geladen werden.
img = imread('IhrBild.jpg'); % Ersetzen Sie 'IhrBild.jpg' durch den Namen Ihres
    Bildes

% Konvertieren Sie das Bild in Graustufen
grayImg = rgb2gray(img);

% 2.) Mittels der Hough-Transformation sollen auf dem Foto alle Kreise mit einem
    Radius von 5 bis 30 Pixel lokalisiert werden.
[centers, radii] = imfindcircles(grayImg, [30 75],'ObjectPolarity','dark', '
    Sensitivity',0.97); %  ,'EdgeThreshold',0.95

% Anzeigen des Bildes mit markierten Kreisen
imshow(grayImg);

hold on;
viscircles(centers, radii,'EdgeColor','r','LineWidth',1);

% 3.) Ein Histogramm für die Radien der gefundenen Kreise soll ausgegeben werden.
figure;
hist(radii, 20); % 20 Bins für das Histogramm
title('Histogramm der Kreisradien');
xlabel('Radius');
```

```
ylabel('Anzahl der Kreise');

% 4.) Die Anzahl der Kreise soll ausgegeben werden.
numCircles = numel(radii);
disp(['Anzahl der gefundenen Kreise: ', num2str(numCircles)]);
```

Bitte beachten Sie, dass die Funktion imfindcircles möglicherweise nicht alle Kreise in einem Bild erkennt, insbesondere wenn sie sehr nahe beieinander liegen oder wenn sie teilweise verdeckt sind. Sie können die Empfindlichkeit der Funktion imfindcircles anpassen, um mehr Kreise zu erkennen, aber dies kann auch zu mehr falschen Erkennungen führen.

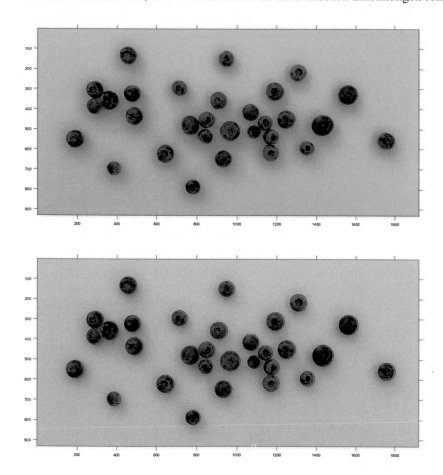

Den generierten Quelltext testen wir an einer Fotoaufnahme von Heidelbeeren, siehe erste Abbildung oben. Quelle: Andreas Helfrich-Schkarbanenko. Im Bild, bestehend aus 931 × 1920 Pixel, sollen die Heidelbeeren lokalisiert, gezählt und jeweils ihr Durchmesser in Pixel ermittelt werden.
Wie gewünscht, wurde die Abbildung mit den detektierten 30 roten Kreisen angereichert, siehe zweite Abbildung in Graustufen, und ein Histogramm-Plot mit der Verteilung der

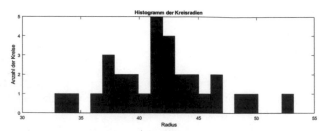

Radien, gemessen in Pixeln, erstellt, siehe die letzte Abbildung. Im MATLAB-Quelltext haben wir manuell lediglich den Parameter „Sensitivity" eingefügt und heuristisch auf einen geeigneten Wert eingestellt. Man sieht, dass die Lokalisierungsgüte der Beeren auf einer weißen Unterlage für so einen kurzen Quelltext und ohne Preprocessing der Bilddatei ausgezeichnet ist.

Wir betonen, dass der Quelltext von ChatGPT fehlerfrei innerhalb einer halben Minute geschrieben wurde. Die Nummerierung der Teilaufgaben aus dem Prompt wurde im Quelltext bei ausführlichen Kommentaren übernommen.

14.4 Finite-Elemente-Methode und die Poisson-Gleichung

Abschließen möchten wir das Kapitel mit einem Thema aus dem Bereich der Computersimulation. Mittels ChatGPT lassen wir einen MATLAB-Quelltext zum Lösen eines Randwertproblems zur Poisson-Gleichung lösen, vgl. [4]. Tragend dabei ist die PDE-Toolbox von MATLAB, die die Routinen für die Modellierung des Problems sowie die Umsetzung der Finite-Elemente-Methode liefert, siehe z.B. [5]. Die Abkürzung „PDE" steht hier für Parial-Differential-Equation.

Erkläre bitte den Lesern in sechs Sätzen, was Finite Elemente Methode ist.

Die Finite-Elemente-Methode (FEM) ist ein numerisches Verfahren zur Lösung von partiellen Differentialgleichungen (PDGs) und von Integralgleichungen. Das zu untersuchende Gebiet wird in kleinere, einfach geformte Teilgebiete, sogenannte „Finite Elemente", unterteilt. Auf jedem dieser Elemente wird eine Annäherungsfunktion definiert, meist in Form von Polynomen. Durch die Verknüpfung der Elemente an ihren „Knotenpunkten" entsteht ein System von algebraischen Gleichungen. Dieses Gleichungssystem wird dann mit standardisierten linearen algebraischen Methoden gelöst. Die Lösung des Gleichungssystems gibt die Näherungslösung der ursprünglichen PDG im gesamten Gebiet an.

Soeben demonstrierten wir, dass ChatGPT sich auch am Buchschreiben beteiligen kann. Im folgenden Abschnitt fordern wir die KI auf, ein Randwertproblem zu lösen und die numerische Lösung mittels der Plot-Befehle der PDE-Toolbox zu veranschaulichen.

> *Programmiere in MATLAB mittels der PDE Toolbox einen Quelltext, der auf einem Rechteck $\Omega = [-1, 1] \times [-2, 2]$ ein Randwertproblem zur partiellen Differentialgleichung*
>
> $$\Delta u(\mathbf{x}) = 2$$
>
> *löst. Die Randbedingung lautet: $u(\mathbf{x}) = 0$ auf dem ganzen Rand des Rechtecks. Am Ende soll die Lösung geplottet werden.*

```
clear all; close all;
% Importiere die PDE Toolbox
import pde.*

% Erstelle ein PDE-Modell
model = createpde();

% Definiere das Rechteck
rect = [3;4;-1;1;1;-1;2;2;-2;-2];
g = decsg(rect);
geometryFromEdges(model,g);

% Definiere die Randbedingungen
applyBoundaryCondition(model,'dirichlet','Edge',1:4,'u',0);

% Definiere die PDE-Koeffizienten
c = 1;
a = 0;
f = 2;
specifyCoefficients(model,'m',0,'d',0,'c',c,'a',a,'f',f);

% Erstelle ein Gitter und löse die PDE
generateMesh(model);
result = solvepde(model);

% Plotte das Gitter
figure
subplot(1,2,1)
pdeplot(model);
view(3)
grid on;
title('Gitter für das gegebene Rechteck');
xlabel('x');
ylabel('y');
xlim([-1,1]); ylim([-2,2]); zlim([0,1])

% Plotte die Lösung
subplot(1,2,2)
pdeplot(model,'XYData',result.NodalSolution,'ZData',result.NodalSolution,...
        'FaceAlpha',0.75, 'Colormap', 'parula');
colorbar off;
axis equal; box on; grid on;
title('Lösung der Laplace-Gleichung');
xlabel('x');
ylabel('y');
zlabel('u(x,y)');
```

Dieser Code definiert ein PDE-Modell, das Rechteck, die Randbedingungen und die Koeffizienten der PDE. Dann wird das Gitter erstellt und die PDE gelöst. Schließlich wird die Lösung geplottet. Bitte stellen Sie sicher, dass die PDE-Toolbox in Ihrer MATLAB-Installation vorhanden ist.

M

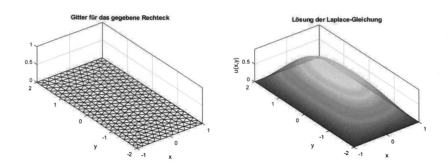

Die Anforderungen wurden fehlerfrei erfüllt! Aus dem Kommentar im Quelltext sieht man, dass die Bezeichnung der Randbedingung richtig erkannt wurde: die Dirichlet-Randbedingung. Nachträglich wurde noch ein Prompt verwendet, um MATLAB-Quelltext zum Plotten das Finite-Elemente-Gitter zu generieren. Die entsprechenden Zeilen wurden im obigen Quelltext manuel hinzugefügt.

In diesem Kapitel wurde deutlich, dass die Kombination von ChatGPT mit einer Programmiersprache ein signifikantes Leistungspotenzial besitzt. Dies ist vermutlich auf die simplere Struktur einer Programmiersprache im Vergleich zur natürlichen Sprache zurückzuführen sowie auf die umfangreichen Bibliotheken, die in einer Programmiersprache verfügbar sind. Alle generierten Quelltexte ließen sich direkt kompilieren.

Literaturverzeichnis

1. Grüne, L., Junge, O.: Gewöhnliche Differentialgleichungen, Eine Einführung aus der Perspektive der dynamischer Systeme, 2., aktualisierte Auflage, Springer Spektrum, 2016
2. MathWorks: Dokumentation zum MATLAB-Befehl streamtube
   https://de.mathworks.com/help/matlab/ref/streamtube.html, (Abgerufen am 04.06.2023)
3. Merziger, G., Mühlbach, G., Wille, D., Wirth, T.: Formeln + Hilfen, Höhere Mathematik, Binomi Verlag, 7. Auflage, 2014
4. Munz, C.-D., Westermann, Th.: Numerische Behandlung gewöhnlicher und partieller Differenzial-gleichungen, Ein interaktives Lehrbuch für Ingenieure, Springer, 2026
5. Steinke, P.: Finite-Elemente-Methode, Rechnergestützte Einführung, 4., neu bearbeitete und ergänzte Auflage, Springer Vieweg, 2012
6. Nischwitz, A., Fischer, M., Haberäcker, P., Socher, G.: Bildverarbeitung, Band II des Standardwerks Computergrafik und Bildverarbeitung, Springer Vieweg, 4. Auflage, 2020, https://doi.org/10.1007/978-3-658-28705-4
7. Schweizer,W.: MATLAB Kompakt, De Gruyter, 7. Auflage, 2022
8. Wikipedia: Lorenz-Attraktor
   https://de.wikipedia.org/wiki/Lorenz-Attraktor, (Abgerufen am 19.07.2023)

◇ ◇ ◇

Kapitel 15
Mathematik-zu-Sprache-Konverter

Indem Sprache wird,
entsteht Geist.

Heymann Steinthal (1823-1899),
deutscher Philosoph und Philologe

Die beachtliche Fähigkeit von ChatGPT eine Brücke zwischen Sprachen und Programmiersprachen schlagen zu können, verwenden wir in diesem Kapitel, um zu demonstrieren, dass man Mathematik-Inhalte, die z.B. in LaTeX-, TikZ-Form oder in Quelltext-Form einer Programmiersprache vorliegen, beispielsweise für sehgeschädigte Personen in Text-Form konvertieren kann. Anschließend zeigen wir, dass man mit Hilfe von ChatGPT die aufgestellten Texte zu Audiosignalen mit einem geringen Aufwand umwandeln kann. Dafür werden wir von ChatGPT z.B. die benötigten MATLAB-Quelltexte generieren lassen, die die erstellten Texte zu Audiodateien umwandeln.

15.1 LaTeX-zu-Text-Konverter

In diesem Abschnitt möchten wir mit Hilfe von ChatGPT ein Tool entwickeln, das mathematische Inhalte einer sehgeschädigter Person vorlesen kann. Wir betrachten zunächst die Integralberechnung

$$\int_0^1 2t^5\,dt = \left[\frac{2}{6}t^6\right]_0^1 = \frac{2}{6} = \frac{1}{3},$$

die in LaTeX wie folgt dargestellt wird:

```
\[
\int_{0}^{1} 2t^5 \,dt =\left[\frac{2}{6}t^6\right]_0^1 =\frac{2}{6} =\frac{1}{3}.
\]
```


*Kannst Du die folgende Berechnung (angegeben in L
TEX-Code) einer sehgeschädigten Person, die Mathematik studiert, vorlesen?*

$$\int_0^1 2t^5\, dt = \left[\frac{2}{6}t^6\right]_0^1 = \frac{2}{6} = \frac{1}{3}.$$

Ja, ich kann das tun. Hier ist, wie man diese LaTeX-Zeile in gesprochener Sprache interpretieren könnte:

„Das unbestimmte Integral von 2t hoch 5, dt, von 0 bis 1 ist gleich dem Wert der Funktion 2 geteilt durch 6 mal t hoch 6, ausgewertet von 0 bis 1, was gleich 2 geteilt durch 6 ist, und das ist gleich 1 geteilt durch 3.“

Es ist wichtig zu beachten, dass die genaue Aussprache von mathematischen Ausdrücken von Person zu Person variieren kann. Was ich hier vorgeschlagen habe, sollte jedoch allgemein verständlich sein.

Die Aufgabe wurde bis auf den Fehler, dass es sich hier um ein unbestimmtes Integral handelt, richtig umgesetzt. Der Satz ist allerdings recht lang geworden. Wir weisen die KI auf die zwei Punkte hin.

Achtung, das obige Integral ist ein bestimmtes. Bitte berichtigen. Lese bitte in mehreren Sätzen vor, sonst ist es schwer zu folgen.

Entschuldigen Sie bitte den Fehler. Sie haben Recht, es handelt sich um ein bestimmtes Integral. Hier ist eine überarbeitete und ausführlichere Interpretation:

„Wir betrachten das bestimmte Integral von 2t hoch 5, mit Bezug auf t, von der unteren Grenze 0 bis zur oberen Grenze 1. Dies wird gleichgesetzt mit der Auswertung der Funktion zwei Sechstel t hoch 6, ausgewertet an den Grenzen von 0 bis 1. Nachdem wir die Funktion an den Grenzen ausgewertet haben, erhalten wir das Ergebnis zwei Sechstel. Das vereinfacht sich zu einem Drittel.“In dieser Interpretation habe ich die mathematische Aussage in mehrere Sätze unterteilt, um die Verständlichkeit zu erhöhen.

Ausgezeichnet, der Fehler wurde berichtigt. ChatGPT hat den obigen einzigen Satz sinn-vollerweise in vier kurze Sätze aufgespalten. U.a. wurde aus „eins geteilt durch drei“ nun „ein Drittel“. Wir sind mir dem Ergebnis zufrieden und stellen ChatGPT dieselbe Aufgabe, aber zu einem anderen mathematischen Thema.

Gebe bitte die Formel des binomischen Lehrsatzes in Worten wieder:

$$(1 + x)^n = \sum_{k=0}^{n} \binom{n}{k} x^k.$$

Natürlich, gerne interpretiere ich die gegebene Formel des binomischen Lehrsatzes in
Worten. Die Formel lautet:

Die Potenz der Summe aus 1 und x, wobei die Potenz n ist, ist gleich der Summe über k,
die von 0 bis n läuft. Für jedes k in diesem Bereich ist der Summand der Binomialkoeffizient
von n über k multipliziert mit x zur Potenz k.

Um den binomischen Lehrsatz noch klarer zu erklären:

Der Binomialkoeffizient von n über k gibt die Anzahl der Möglichkeiten an, k Elemente
aus einer Menge von n Elementen auszuwählen. Dieser Koeffizient wird mit x zur Potenz
k multipliziert.

Dann werden alle diese Terme - einer für jedes k von 0 bis n - zusammengerechnet. Das
Ergebnis ist das gleiche wie wenn man 1 und x summiert und das Ergebnis zur Potenz n
erhebt.

Das ist der binomische Lehrsatz in Worten.

Die Formel, siehe [1], wurde richtig in Worte gefasst und zusätzlich sogar ein Anwendungsbeispiel aus der Kombinatorik angegeben. Im nächsten Prompt möchten wir testen, ob ChatGPT eine Formel aus Fließtextform in die LATEX-Form bringen kann.

Stelle folgende, in Worten wiedergegebene Formel bitte in LATEX-Form: 'Die Potenz der Summe aus 1 und x, wobei die Potenz n ist, ist gleich der Summe über k, die von 0 bis n läuft. Für jedes k in diesem Bereich ist der Summand der Binomialkoeffizient von n über k multipliziert mit x zur Potenz k.'

Die von Ihnen in Worten beschriebene Formel ist der binomische Lehrsatz. In LATEXsieht
die Formel folgendermaßen aus:

$$(1 + x)^n = \sum_{k=0}^{n} \binom{n}{k} x^k$$

ChatGPT erkennt (evtl. auch aus dem Kontext des Chats), dass es sich um den binomischen Lehrsatz handelt und gibt die Formel in LATEX korrekt an. Im nächsten Prompt möchten wir prüfen, ob ChatGPT in einer Formel, die in Fließtextform angegeben ist, einen künstlich eingeführten Fehler findet, siehe den blau markierten Text.

Kann es sein, dass in der folgenden Formel es einen Fehler gibt?
Hier ist die Formel:
„Die Potenz der Summe aus 1 und x, wobei die Potenz n+1 ist, ist gleich der Summe über k, die von 0 bis n läuft. Für jedes k in diesem Bereich ist der Summand der Binomialkoeffizient von n über k multipliziert mit x zur Potenz k."

Ja, Sie haben Recht. Die Formel, die Sie gegeben haben, enthält einen Fehler. Die korrekte Formulierung des binomischen Lehrsatzes wäre:

„Die Potenz der Summe aus 1 und x, wobei die Potenz n ist, ist gleich der Summe über k, die von 0 bis n läuft. Für jedes k in diesem Bereich ist der Summand der Binomialkoeffizient von n über k multipliziert mit x zur Potenz k."

In der fehlerhaften Formel, die Sie gegeben haben, steht „n+1"als Exponent der Summe aus 1 und x, während in der Summe k von 0 bis n läuft. Das ist inkonsistent, da der Exponent in der Potenz und die obere Grenze des Summenindex übereinstimmen sollten. Daher sollte es „n"anstelle von „n+1"sein.

Tatsächlich findet ChatGPT den Fehler. Wir halten fest: Man kann mit ChatGPT über mathematische Inhalte auch in Fließtextform bzw. mittels gesprochener/geschriebener Sprache sich unterhalten. Mit dem folgenden Prompt erhöhen wir die kognitive Herausforderung.

Gegeben ist eine Funktion $f(x) = \sin(x)$ für $x \in [0, 2\pi]$. Beschreibe den Graph dieser Funktion einer sehgeschädigten Person im Alter von 13 Jahren in Worten.

Natürlich, gerne beschreibe ich den Graphen der Funktion f(x) = sin(x) für den Bereich von x zwischen 0 und 2 Pi.

Stelle dir vor, du hast eine gerade Linie, die von links nach rechts verläuft. Das ist die x-Achse. Auf dieser Achse markieren wir den Anfangspunkt 0, dann den Punkt Pi, der etwa in der Mitte liegt, und dann den Punkt 2 Pi ganz rechts. Diese Punkte sind wie Meilensteine auf einer Reise entlang der x-Achse.

Jetzt beginnen wir bei x = 0. Hier beginnt unsere Funktion. Bei x = 0 ist der Wert der Funktion sin(x) auch 0. Also starten wir an dem Punkt, wo die x-Achse beginnt.

Dann bewegen wir uns nach rechts entlang der x-Achse. Der Graph der Funktion steigt an und erreicht seinen höchsten Punkt, wenn x = Pi/2 ist. Dieser Punkt ist genau in der Mitte zwischen 0 und Pi. Hier ist der Wert von sin(x) 1.

Wenn wir uns weiter nach rechts bewegen und x = Pi erreichen, fällt der Graph der Funktion wieder auf den Wert 0. Also sind wir wieder auf der x-Achse angekommen.

Jetzt wird es interessant. Wenn wir uns weiter nach rechts bewegen, fällt der Graph der Funktion sogar unter die x-Achse. Er erreicht seinen tiefsten Punkt, wenn x = 3/2 Pi ist. Dieser Punkt liegt genau in der Mitte zwischen Pi und 2 Pi. Hier ist der Wert von sin(x) -1.

Zum Schluss, wenn wir x = 2 Pi erreichen, steigt der Graph der Funktion wieder auf den Wert 0. Also sind wir wieder auf der x-Achse angekommen.

So sieht der Graph der Funktion sin(x) im Bereich von x zwischen 0 und 2 Pi aus. Es ist wie eine Welle, die anfängt und endet auf der x-Achse, mit einem hohen Punkt und einem tiefen Punkt in der Mitte. Es ist eine sanfte, sich wiederholende Form, die immer wieder die gleiche Route von 0 auf 1, zurück auf 0, hinunter auf -1 und wieder auf 0 folgt.

Die Wiedergabe des Graphs gestaltet ChatGPT wie gewünscht in Worten und verwendet keine der mathematischen Symbole. Insbesondere wird die Zahl π als 'Pi' ausgeschrieben. Es werden die wichtigen Eigenschaften wie die Periodizität und die Differenzierbarkeit angedeutet.

15.2 TikZ-zu-Text-Konverter

TikZ ist einer der herkömmlichen und beliebten Werkzeugen zum Erstellen von Zeichnungen als Vektorgrafik für z.B. mathematische Vorlesungsskripte. Daher halten wir es für wichtig zu testen, inwiefern ChatGPT eine in TikZ beschriebene Zeichnung, z.B. mit zweidimensionalen geometrischen Figuren, siehe Abbildung unten, in Worten wiedergeben kann. Anschließend wählen wir eine kompliziertere Abbildung.

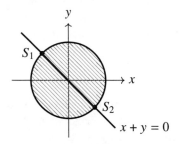

Gegeben ist der folgende TikZ-Quelltext für eine Zeichnung:

```
\begin{tikzpicture}[xscale=0.5,yscale=0.5]
% Koordinatensystem
\draw[->] (-3, 0) -- (3, 0) node[right] {$x$};
\draw[->] (0, -3) -- (0, 3) node[above] {$y$};

% Gerade y(x) = -x
\draw[name path=gerade,line width=1pt] (-2.5, 2.5) -- (2.5, -2.5) node[right]
    {$x+y=0$};

% Kreis
\draw[name path=kreis, pattern=north west lines, pattern color=gray, line width
    =1pt] (0, 0) circle (2);% node[right] {$x^2+y^2-4=0$};

% Schnittpunkte von Kreis und Gerade
\path[name intersections={of=gerade and kreis, by={S1, S2}}];

% Knoten an Schnittpunkten
\node[fill, circle, inner sep=1.25pt, label=left :$S_1$] at (S1) {};
\node[fill, circle, inner sep=1.25pt, label=right:$S_2$] at (S2) {};

\begin{scope}
    \clip (-3, 3.05) -- (3, -2.95) -- (2.95, -3.05) -- (-3.05, 2.95);
    \fill[blue] (0, 0) circle (2);
\end{scope}
\end{tikzpicture}
```

Erkläre bitte ausschließlich in Worten einer blinden Person, die Maschinenbau studiert, was die Skizze darstellt.

Die beschriebene TikZ-Zeichnung stellt eine grafische Darstellung eines mathematischen Problems dar, in dem ein Kreis und eine Gerade dargestellt werden und ihre Interaktionen innerhalb eines kartesischen Koordinatensystems aufgezeigt werden. Zunächst wird das Koordinatensystem definiert. Es hat die x-Achse, die von links nach rechts verläuft, und die y-Achse, die von unten nach oben verläuft. Beide Achsen reichen von -3 bis 3. Dann wird eine Gerade eingezeichnet, die schräg durch das Koordinatensystem verläuft. Sie hat eine negative Steigung, was bedeutet, dass sie von links oben nach rechts unten abfällt. Genauer gesagt handelt es sich um die Gerade y = -x oder umformuliert x + y = 0, was darauf hinweist, dass die Summe der x- und y-Werte auf der Geraden immer null ist. Anschließend wird ein Kreis um den Ursprung des Koordinatensystems (Punkt 0,0) mit einem Radius von 2 Einheiten gezeichnet. Es gibt zwei Punkte, an denen die Gerade den Kreis schneidet. Diese Schnittpunkte werden als S1 und S2 bezeichnet. S1 befindet sich auf der linken Seite des Koordinatensystems, und S2 befindet sich auf der rechten Seite des Koordinatensystems. Schließlich wird der Bereich, in dem sich der Kreis und die Gerade überschneiden, blau markiert. Dies ist der Teil des Kreises, der unterhalb der Geraden liegt. Zusammenfassend ist dies eine Darstellung eines Koordinatensystems mit einer Geraden und einem Kreis, wobei der Bereich der Überschneidung zwischen der Geraden und dem Kreis hervorgehoben ist.

Die Wiedergabe der Skizze ist recht gelungen. Die Punkte S_1 sowie S_2 werden richtigerweise als Schnittpunkte bezeichnet, wobei diese Information im TikZ-Quelltext explizit vorhanden ist. Die Aussage, dass die Schnittmenge der Geraden mit der Kreisscheibe blau markiert ist, stimmt auch. Der Radius wird aus dem Quelltext ebenfalls richtig abgelesen (in der Skizze ist dieser nicht angegeben).
Wir möchten im nächsten Prompt eine Vertiefungsfrage bzgl. der Koordinaten der Schnittpunkte stellen.

Wo genau liegen die Schnittpunkte? Gebe bitte die Koordinaten an.

Die Gerade, die durch die Gleichung $x + y = 0$ repräsentiert wird, schneidet den Kreis, der durch die Gleichung $x^2 + y^2 = 4$ repräsentiert wird. Um die Koordinaten der Schnittpunkte zu finden, können wir diese beiden Gleichungen miteinander kombinieren. Ersetzen wir y in der Kreisgleichung durch $-x$ (aus der Geradengleichung), erhalten wir eine Gleichung nur in x:

$$x^2 + (-x)^2 = 4,$$
$$2x^2 = 4,$$
$$x^2 = 2,$$
$$x = \pm\sqrt{2}.$$

Da $y = -x$ ist, erhalten wir $y = \mp\sqrt{2}$. Die beiden Schnittpunkte sind also $(\sqrt{2}, -\sqrt{2})$ und $(-\sqrt{2}, \sqrt{2})$.

ChatGPT liefert nicht nur die Koordinaten, sondern stellt unaufgefordert - basierend auf der Skizze(!) - das richtige Gleichungssystem und löst diese mittels des Einsetzverfahrens, allerdings in LaTeX- und nicht in Text-Form. Dass die Konvertierung von LaTeX-zu-Text mit ChatGPT problemlos umsetzbar ist, wurde im Abschnitt zuvor verifiziert. Daher lassen wir hier diesen Schritt aus, halten die obige Erfahrung in einem Prompt-Tipp fest und stellen ChatGPT vor einer größeren Herausforderung.

Prompt-Tipp: In einem Prompt dürfen TikZ-Quelltexte mit übergeben werden und im Arbeitsauftrag ein Bezug darauf genommen werden. Dadurch wird es möglich, dem ChatGPT auch *Skizzen* als Gesprächsgrundlage zu überreichen.

Wir testen nun, ob ChatGPT auch mit der Interpretation eines TikZ-Quelltextes zur Funktion $f : \mathbb{R}^2 \to \mathbb{R}$ zurechtkommt, siehe den zugehörigen Plot unten, den wir übrigens von ChatGPT erzeugen ließen, siehe Abschnitt 5.2.

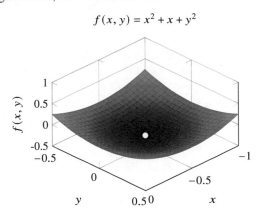

$$f(x, y) = x^2 + x + y^2$$

Zu beachten ist, dass im Quelltext absichtlich keine Kommentare vorkommen, die ChatGPT eine Interpretation erleichtern könnten.

Beschreibe bitte den folgenden TikZ-Quelltext in Worten so, dass auch eine blinde Person nachvollziehen kann, was auf dem entsprechenden Plot dargestellt ist. Hier ist der TikZ-Quelltext:

```
\begin{tikzpicture}
\begin{axis}[
  title={$f(x,y) = x^2 + x + y^2$},
  xlabel={$x$},
  ylabel={$y$},
  zlabel={$f(x,y)$},
  view={135}{45},
  small,
  xmin=-1, xmax=0,
  ymin=-0.5, ymax=0.5,
  zmin=-0.5, zmax=1,
  xtick={-1, -0.5, 0},
  ytick={-0.5, 0, 0.5},
  ztick={-0.5, 0, 0.5, 1},
  zticklabels={-0.5, 0, 0.5, 1},
  xmajorgrids,
  ymajorgrids,
  zmajorgrids,
  mesh/ordering=x varies,
  mesh/cols=25,
  mesh/rows=25,
  colormap={custom}{color(0)=(blue!70) color(1)=(green!50!blue!70) color(2)=(
      green!70)},
```

```
    samples=25
    ]
\addplot3[surf, domain=−1:0, y domain=−0.5:0.5] {x^2 + x + y^2};
\addplot3[only marks, white, mark size=2pt] coordinates {(−0.5, 0, −0.25)};
\end{axis}
\end{tikzpicture}
```

Dieser TikZ-Code erzeugt eine dreidimensionale Darstellung einer mathematischen Funktion und eines Punktes in einem kartesischen Koordinatensystem. Die Funktion wird durch die Gleichung f(x, y) = x^2 + x + y^2 beschrieben.

Zuerst definiert der Code eine 3D-Grafik (ein 'Achsen'-Objekt), deren Titel die Funktion ist, die dargestellt werden soll. Die Achsen des Koordinatensystems sind als x, y und z (für f(x, y)) beschriftet. Die Ansicht der 3D-Grafik ist so eingestellt, dass sie von einem Punkt aus betrachtet wird, der sich in einem Winkel von 135 Grad horizontal und 45 Grad vertikal zur positiven z-Achse befindet.

Die x-Achse reicht von -1 bis 0, die y-Achse von -0.5 bis 0.5 und die z-Achse von -0.5 bis 1. Es gibt Hauptgitterlinien entlang jeder Achse und 25 Linien entlang der x- und y-Achse, um ein Gitternetz für die Fläche zu bilden.

Die Fläche selbst wird durch die Funktion f(x, y) = x^2 + x + y^2 beschrieben und wird innerhalb der genannten Grenzen für x und y dargestellt. Sie ist farbig dargestellt, wobei die Farbe variiert und von Blau zu Grün-Blau zu Grün wechselt, je nachdem, wo man sich auf der Fläche befindet.

Darüber hinaus ist ein einzelner Punkt dargestellt, der durch weiße Kreismarkierung hervorgehoben ist. Dieser Punkt befindet sich bei den Koordinaten (-0.5, 0, -0.25) im 3D-Raum.

Zusammengefasst stellt der TikZ-Code eine dreidimensionale Fläche dar, die durch die Funktion f(x, y) = x^2 + x + y^2 innerhalb bestimmter Grenzen definiert ist, sowie einen markierten Punkt innerhalb dieses Raums. Die Fläche ist farbig, wobei die Farben variiert werden, und das gesamte Diagramm ist in einem 3D-Koordinatensystem dargestellt, das von einem bestimmten Winkel aus betrachtet wird.

Die Wiedergabe des Plots in Worten ist sehr detailliert, bis auf die Funktion f selbst. Daher formulieren wir den nächsten Prompt.

Gebe die Funktion f bitte in Worten wieder, sodass ich es später mit einem Text-zu-Sprache-Konverter behandeln kann.

Die Funktion f(x, y) = x Quadrat plus x plus y Quadrat ist eine dreidimensionale Funktion, die von zwei Variablen abhängt, x und y. Sie nimmt den Wert des Quadrats von x, fügt den Wert von x selbst hinzu und addiert dann noch den Wert des Quadrats von y. Dies ergibt den Gesamtwert der Funktion für eine gegebene Kombination von x und y.

Dies ist eine Art von Funktion, die als quadratische Funktion bekannt ist, weil alle Variablen in der Gleichung auf die zweite Potenz erhöht werden. In diesem speziellen Fall handelt es sich um eine quadratische Funktion in zwei Variablen, x und y.

In Worten ausgedrückt, könnte man sagen: 'f von x und y ist gleich dem Quadrat von x plus x plus dem Quadrat von y.'

Nun sind wir zufrieden, stellen aber eine Frage bzgl. des markierten Punktes im Plot, da ChatGPT darauf nicht näher eingegangen ist.

Was denkst Du, welche besondere Rolle spielt der Punkt (hervorgehoben durch Kreis-markierung)?

Der Punkt bei den Koordinaten (-0.5, 0, -0.25) hat wahrscheinlich eine besondere Bedeutung im Kontext der Funktion $f(x, y) = x^2 + x + y^2$.

Eine Möglichkeit, wie dieser Punkt interpretiert werden könnte, ist, dass er ein Minimum oder ein Maximum der Funktion darstellt, oder einen bestimmten interessanten Punkt, den der Ersteller des Plots hervorheben möchte.

Bei genauerer Betrachtung kann man feststellen, dass dieser Punkt das Minimum der Funktion ist. Wenn man $x = -0.5$ und $y = 0$ in die Funktion einsetzt, erhält man den minimalen Wert der Funktion, was -0.25 ist. Daher könnte der markierte Punkt dazu dienen, das Minimum der Funktion zu betonen.

Die Überlegung von ChatGPT ist richtig und wir sind von der Leistung der vorliegenden KI beeindruckt.

15.3 MATLAB-zu-Text-Konvertierung

Mit dem folgenden Prompt möchten wir prüfen, inwiefern ChatGPT Quelltexte interpretieren und erläutern kann. Die Auflösung findet man erst im Kommentar bzw. der Antwort von ChatGPT, damit die interessierten Leser sich selbst testen bzw. mit ChatGPT messen lassen können. Für eine kompakte Einführung in die Programmiersprache MATLAB verweisen wir auf das Werk [5].

Kannst Du bitte einer blinden Person erklären, was genau mit dem folgenden MATLAB-Quelltext beabsichtigt wurde:

```
[theta,phi] = meshgrid(linspace(0,2*pi,100));
r = 2;
R = 5;
x = (R + r*cos(theta)).*cos(phi);
y = (R + r*cos(theta)).*sin(phi);
z = r*sin(theta);
surf(x,y,z)
shading interp
light
colormap gray
axis equal
```

Dieser MATLAB-Code ist darauf ausgelegt, eine 3D-Grafik zu erstellen, genauer gesagt, die Form einer Torus. Ein Torus ist eine geometrische Form, die Sie sich ähnlich wie einen Donut vorstellen können. Er besteht aus einem kreisförmigen Querschnitt (dem 'inneren' Kreis), der sich entlang eines größeren Kreises (dem „ äußeren" Kreis) dreht.

Im Code werden zunächst zwei Variablen, theta und phi, durch die Funktion meshgrid erstellt. Diese Variablen repräsentieren ein Raster von Winkeln, das zur Definition der Form des Torus verwendet wird. theta und phi sind Arrays mit 100 Werten, die gleichmäßig zwischen 0 und 2*Pi verteilt sind.

Die Variable r stellt den Radius des kleineren, „ inneren" Kreises dar (also den Querschnitt des Donuts), während R den Radius des größeren, „ äußeren" Kreises darstellt (also den Kreis, um den der innere Kreis rotiert).

Die folgenden drei Zeilen definieren die *x*-, *y*- und *z*-Koordinaten jedes Punktes auf der Oberfläche des Torus. Diese Koordinaten sind Funktionen der Winkel theta und phi und der Radien r und R.

Mit surf(x,y,z) wird dann eine 3D-Oberfläche erstellt, die den Torus darstellt.

Die letzten drei Zeilen verfeinern die Darstellung der Oberfläche: shading interp macht die Farbübergänge auf der Oberfläche des Torus glatter, light fügt eine Lichtquelle hinzu, um den Torus plastischer aussehen zu lassen, und colormap gray stellt die Farbe der Oberfläche auf Graustufen ein. Schließlich sorgt axis equal dafür, dass die Skalen auf allen drei Achsen gleich sind, sodass der Torus nicht verzerrt dargestellt wird.

Zusammengefasst erzeugt dieser Code eine 3D-Grafik eines Torus (ähnlich wie ein Donut), wobei die Größe und Form des Torus durch die Werte von r und R bestimmt werden.

 Richtigerweise erkennt ChatGPT, dass es sich bei diesem Quelltext um das Plotten eines Torus handelt und gibt „Donat" als ein geometrisches Analogon an. Die Bedingung, die Erläuterung geeignet für eine blinde Person - also ohne mathematischer Symbole - aufzubereiten, wird eingehalten. Alle Parameter, die zum Plotten notwendig sind, werden benannt und ihre Rolle erklärt. Selbst die Diskretisierung der Oberfläche von Torus wird erwähnt. Alle Befehle werden erklärt und ihre Position im Quelltext benannt. Einen entsprechenden Plot findet man im Abschnitt 14.2. Wir möchten nun klären, ob ChatGPT längere Quelltexte mit mathematischen Inhalten in Worten kurz zusammenfassen kann.

 Gebe den Inhalt des folgenden MATLAB-Quelltextes aus mathematischer Perspektive in 5 Sätzen wieder. Hier ist der Quelltext:

```
clc; clear all; close all;
% load image --------------------------------------------------------
load clown;
img   = ind2rgb(X,map);
%img  = imread('Abb__24.png');    % Optional kann eine Bilddatei geladen werden

[h,w,~] = size(img);
[X,Y]   = meshgrid(1:w,1:h);
[theta,rho] = cart2pol(X, Y);
%rho   = sqrt(x*x+y*y);
```

```
%theta  = atan2(y,x);
Z = zeros(size(theta));

% Zeige das Gitter im jeweiligen Koordinatensystem -----------------
XX = X(1:12:end,1:10:end);
YY = Y(1:12:end,1:10:end);

tt = theta(1:12:end,1:10:end);
rr = rho(  1:12:end,1:10:end);

figure
subplot(121)
scatter(XX(:),YY(:),3,'filled'), box on, axis ij image
subplot(122)
scatter(tt(:),rr(:),3,'filled'), box on, axis ij square tight
xlabel('$\theta$','interpreter','latex')
ylabel('$\rho$','interpreter','latex')

% show images -------------------------------------------------------
figure
subplot(121)
imshow(img), box on, axis on
subplot(122)
warp(theta, rho, Z, img), view(2), box on, axis square
xlabel('$\theta$','interpreter','latex')
ylabel('$\rho$','interpreter','latex')

%-------------------------------------------------------------------
f=figure
[h,w,~] = size(img);
s       = min(h,w)/2;
[rho,theta] = meshgrid(linspace(0,s-1,s), linspace(0,2*pi));
[x,y]   = pol2cart(theta, rho);
z       = zeros(size(x));

subplot(121)
imshow(img)
subplot(122)
warp(x, y, z, img), view(2), axis square tight off
f.Position(3:4)=[900 400];
```

Der MATLAB-Quelltext behandelt die Umwandlung von Kartesischen Koordinaten in Polarkoordinaten für ein Bild. Zunächst wird ein Bild geladen und die Pixelkoordinaten werden in polare Koordinaten umgewandelt. Die resultierenden Koordinaten werden dann visualisiert, indem die Pixelpositionen und die polaren Koordinatenpunkte geplottet werden. Anschließend werden die ursprünglichen und transformierten Bilder dargestellt, wobei das transformierte Bild mithilfe der polaren Koordinaten aufgebracht wird.

ChatGPT antwortet in vier anstatt fünf Sätzen. Der erste Satz von ChatGPT bringt es auf den *Punkt, was wir uns als Zusammenfassung gewünscht haben. Übrigens, im Quelltext kommen in den Kommentaren absichtlich keine Begriffe wie „Kartesisches Koordinatensystem" bzw. „Polarkoordinatensystem" vor, um die Aufgabenstellung zu erschweren. Trotzdem löst ChatGPT die Aufgabe bravourös. Wir gehen davon aus, dass die Erkenntnis bzgl. der Koordinatentransformation dem MATLAB-Befehl „cart2pol" entnommen wurde. Kurze Zusammenfassungen dieser Art sind für Programmierer von großer Bedeutung, da sie bei der Analyse von Quelltexten Zeit einsparen können. Der obige Quelltext generiert mehrere*

Bildpaare aus. Zur Verdeutlichung der Auswirkung der Koordinatentransformation geben wir hier einige davon an.

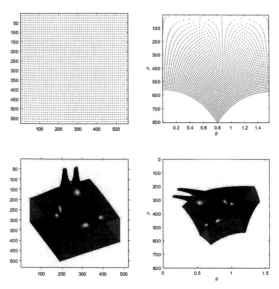

> *Komprimiere Deine Zusammenfassung zu einen kurzen Satz.*

Der MATLAB-Quelltext lädt ein Bild, konvertiert die Koordinaten in Polarkoordinaten und erzeugt Plots, um die Pixelpositionen und das Bild in den Polarkoordinaten darzustellen.

> *Danke!*

15.4 Text-zu-Sprache-Konverter

In den vorangegangenen Abschnitten stellten wir fest, dass man mit ChatGPT LaTeX-, TikZ- sowie Quelltext-Inhalte zu Text konvertieren kann. Im Sinne der Aufbereitung der Inhalte/Lehrinhalte insbesondere für sehgeschädigte Menschen möchten wir nun auch die Konvertierung von Text zu Sprache angehen. Dafür verwenden wir den Sprachsynthesizer von Microsoft [4].

> *Meines Wissens kann man in MATLAB den Sprachsynthesizer 'System-Speech.Synthesis.SpeechSynthesizer' des Betriebssystem Windows aufrufen und verwenden. Wie muss ich hierfür konkret vorgehen? Zeige mir auch, wie man die Stimme, Geschwindigkeit, Lautstärke usw. ändern kann.*

Ja, in MATLAB können Sie den Sprachsynthesizer 'System.Speech.Synthesis.Speech-Synthesizer' des Windows-Betriebssystems verwenden, um Text in Sprache umzuwandeln. Hier ist ein Beispiel, wie Sie dies tun können:

```matlab
% Erstellen Sie eine Instanz des SpeechSynthesizer-Objekts
synthesizer = System.Speech.Synthesis.SpeechSynthesizer;

% Ändern der Stimme (optional)
synthesizer.SelectVoice('Microsoft Zira Desktop');
% Beispielsweise die Stimme 'Microsoft Zira Desktop' verwenden

% Ändern der Sprachgeschwindigkeit (optional)
synthesizer.Rate = 0;
% Standardgeschwindigkeit ist 0, höhere Werte für schnellere Sprache,
% niedrigere Werte für langsamere Sprache

% Ändern der Lautstärke (optional)
synthesizer.Volume = 100;
% Standardlautstärke ist 100, Werte zwischen 0 und 100 verwenden

% Geben Sie den zu sprechenden Text an
textToSpeak = 'Hallo, das ist ein Test.';

% Sprechen Sie den Text mithilfe des SpeechSynthesizer-Objekts
Speak(synthesizer, textToSpeak);
```

Bitte beachten Sie, dass der Sprachsynthesizer von Windows auf Ihrem System installiert sein muss, damit dies funktioniert.

Nach dem Ausführen des Quelltextes erschallt durch die Lautsprecher des Rechners im englischen Akzent - bedingt durch den Synthesizer - der Satz „Hallo, dies ist ein Text." Zusätzlich zur akustischen Wiedergabe möchten wir das Signal als Audiodatei ablegen, siehe nächsten Prompt.
Der obige Prompt ohne der konkreten Angabe des Synthesizers und des Betriebssystems ergab einen viel zu kurzen und nicht ausführbaren Quelltext. Daher formulieren wir den nächsten Prompt-Tipp.

Prompt-Tipp: Beim Erstellen eines Prompts zum Generieren eines Quelltextes sollte man nach Möglichkeit konkrete und wichtige a-priori Informationen bzw. Hinweise dem ChatGPT mit auf den Weg geben, vgl. den blau markierten Text oben.

Wie wandelt man die Ausgabe des Synthesizers in eine Audiodatei um?

Um die Ausgabe des SpeechSynthesizer in eine Audiodatei umzuwandeln, können Sie die Methode SetOutputToWaveFile verwenden. Hier ist ein Beispiel, wie Sie dies tun können:

```matlab
% Geben Sie den Dateipfad für die Ausgabedatei an
outputFilePath = 'C:\Pfad\zur\Ausgabedatei.wav';

% Legen Sie die Ausgabe auf eine Wave-Datei fest
synthesizer.SetOutputToWaveFile(outputFilePath);
```

```
% Sprechen Sie den Text mithilfe des SpeechSynthesizer-Objekts
Speak(synthesizer, textToSpeak);

% Beenden Sie die Ausgabe auf die Wave-Datei
synthesizer.SetOutputToNull();
```

Mit der Methode SetOutputToWaveFile wird die Ausgabe des SpeechSynthesizers auf eine Wave-Datei festgelegt. Sie geben den Dateipfad als Argument an. Der SpeechSynthesizer beginnt, den Text in die angegebene Datei zu schreiben.

Nachdem der Text gesprochen wurde, können Sie die Ausgabe auf die Wave-Datei mit SetOutputToNull beenden, um sicherzustellen, dass keine weiteren Ausgaben in die Datei geschrieben werden. Dadurch wird der Text in Sprache umgewandelt und als Audiodatei im WAV-Format gespeichert. Bitte stellen Sie sicher, dass der angegebene Dateipfad gültig und zugänglich ist.

Nach einer Anpassung des Pfads zum Ablegen der Audiodatei setzt der Quelltext die Aufgabe fehlerfrei um. Ferner möchten wir das Audiosignal und sein Frequenzspektrum plotten, vgl. [3].

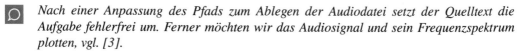

Erstelle einen MATLAB-Quelltext zum Plotten des Audiosignal sowie seines Spektrums. Verwende die Befehle „subplot(2,1,1)" und „subplot(2,1,2)".

Hier ist ein MATLAB-Quelltext, der das Audiosignal und sein Spektrum plottet:

```
% Lade die Audiodatei
audioFilePath = 'C:\Pfad\zur\Ausgabedatei.wav';
[audioData, sampleRate] = audioread(audioFilePath);

% Berechnen Sie die Dauer des Audiosignals
duration = length(audioData) / sampleRate;

% Erzeugen Sie einen Vektor mit den Zeitpunkten
time = linspace(0, duration, length(audioData));

% Plotten des Audiosignals
subplot(2,1,1);
plot(time, audioData);
xlabel('Zeit (s)');
ylabel('Amplitude');
title('Audiosignal');

% Berechnen Sie das Spektrum des Audiosignals
nfft = 2^nextpow2(length(audioData)); % Anzahl der Punkte für die FFT
frequency = sampleRate/2*linspace(0,1,nfft/2+1); % Frequenzachse
audioSpectrum = abs(fft(audioData, nfft));

% Plotten des Spektrums
subplot(2,1,2);
plot(frequency, audioSpectrum(1:nfft/2+1));
xlabel('Frequenz (Hz)');
ylabel('Amplitude');
title('Spektrum des Audiosignals');

% Anpassen der Achsenlimits (optional)
xlim([0, sampleRate/2]);
```

In diesem Code wird die Audiodatei mit audioread geladen, um das Audiosignal (audio-Data) und die Abtastrate (sampleRate) zu erhalten. Danach wird die Zeitachse (time) erzeugt, indem der gesamte Aufnahmezeitbereich in äquidistante Punkte unterteilt wird. Mit subplot(2,1,1) wird der erste Subplot erstellt, um das Audiosignal im Zeitbereich zu plotten. Der nächste Schritt besteht darin, das Spektrum des Audiosignals mit der Fourier-Transformation zu berechnen. Die Anzahl der Punkte für die FFT (nfft) wird basierend auf der Länge des Audiosignals gewählt, um eine gute Frequenzauflösung zu erhalten. Die Frequenzachse (frequency) wird erstellt und das Spektrum des Audiosignals (audioSpectrum) wird berechnet. Mit subplot(2,1,2) wird der zweite Subplot erstellt, um das Spektrum des Audiosignals zu plotten. Optional können Sie die Achsenlimits anpassen, um sicherzustellen, dass das gesamte Frequenzspektrum angezeigt wird.

Führen Sie den Code aus, nachdem Sie den Dateipfad zur Audiodatei in audioFilePath angepasst haben, um das Audiosignal und sein Spektrum zu plotten.

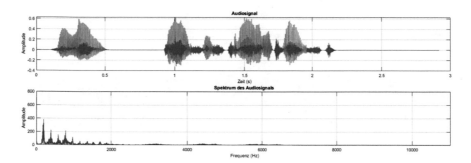

Nach einer Anpassung des Pfads lässt sich der Quelltext ausführen und man erhält die beiden Plots zum gesprochenen Satz „Hallo, das ist ein Text.", siehe Abbildung, bestehend aus der Darstellung des Audiosignals und des Betrags des Frequenzspektrums bezogen auf das ganze Signal. Eine besondere Leistung von ChatGPT ist hier, dass für die Berechnung des Frequenzspektrums keine von MATLAB vorgefertigte Funktion verwendet wird, sondern die hierfür notwendigen Schritte im Quelltext fehlerfrei mit umgesetzt werden.

Zusätzlich möchten wird das Spektrogramm zum Audiosignal erstellen lassen, vgl. [3] sowie die Dokumentation von MathWorks unter [2].

Erstelle einen MATLAB-Quelltext, mit dem eine Audio-Datei geladen werden soll. Danach soll die Audiodatei aber auch Frequenzspektrum geplottet werden. Benutze zum Plotten des Frequenzspektrums den Befehl „spectrogram".

Hier ist ein Beispiel, wie Sie das machen können:

```
clc; clear all;
% Dateipfad zur Audiodatei
filename = 'Text2Speach_02_Integral.wav';
% Ersetzen Sie 'IhrDateipfad.wav' durch den Pfad zu Ihrer Audiodatei

% Laden der Audiodatei
[audioIn, sampleRate] = audioread(filename);
```

```
% Zeichnen Sie das Audiosignal
figure;
subplot(2,1,1);
t = (0:length(audioIn)-1)/sampleRate;
plot(t, audioIn);
xlabel('Zeit (s)');
xlim([t(1),t(end)])
ylabel('Amplitude');
title('Audiosignal');

% Zeichnen Sie das Spektrogramm
subplot(2,1,2);
spectrogram(audioIn, 256, [], [], sampleRate, 'yaxis');
title('Spektrogramm des Audiosignals');
colorbar off;
```

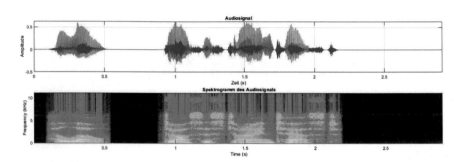

 *Die Aufgabenstellung wurde, Dank des vorliegenden MATLAB-Befehls „spectrogramm",
fehlerfrei und kompakt umgesetzt, siehe obige Abbildung mit dem Audiosignal und dem
zugehörigen Spektrogramm. Manuell wurden folgende Änderungen vorgenommen: Die
Überprüfung, ob die Audio-Toolbox vorliegt, wurde entfernt; „colorbar" von Spektrogramm wurde deaktiviert; Im obigen Bild wurde das Gitter hinzugefügt, sowie die Grenzen
für die Zeit vorgegeben, siehe Befehl* xlim.

◇

Nachdem wir den Workflow von mathematischen Inhalten bis zur sprachlichen Wiedergabe aufgestellt haben, benutzen wir diese, um die am Anfang des Kapitels betrachtete
Berechnung, vgl. Abschnitt 15.1, nämlich:

$$\int_0^1 2t^5\, dt = \left[\frac{2}{6}t^6\right]_0^1 = \frac{2}{6} = \frac{1}{3},$$

die in LaTeX-Form vorliegt, in ein Audiosignal zu konvertieren und als Audiodatei ab-
zuspeichern. Die entsprechende Text-Ausgabe von ChatGPT lautete, siehe ebenfalls Abschnitt 15.1:
„Wir betrachten das bestimmte Integral von 2t hoch 5, mit Bezug auf t, von der unteren
Grenze 0 bis zur oberen Grenze 1. Dies wird gleichgesetzt mit der Auswertung der Funktion zwei Sechstel t hoch 6, ausgewertet an den Grenzen von 0 bis 1. Nachdem wir die
Funktion an den Grenzen ausgewertet haben, erhalten wir das Ergebnis zwei Sechstel. Das
vereinfacht sich zu einem Drittel."

Testweise und weil der Windows-Synthesizer für englische Sprache zugeschnitten ist, lassen wir den obigen Text durch ChatGPT auf Englisch übersetzen und erhalten:
„We consider the definite integral of 2t raised to the power of 5, with respect to t, from the lower limit 0 to the upper limit 1. This is equal to evaluating the function two sixths t raised to the power of 6, evaluated at the limits from 0 to 1. After evaluating the function at the limits, we obtain the result two sixths. This simplifies to one third. "

Schließlich, mittels der oben aufgestellten MATLAB-Quelltexte erzeugen wir eine Audiodatei und die zugehörigen Plots (Audiosignal sowie das zugehörige Spektrogramm) zur obigen Integralrechnung, siehe Abbildung unten. Die Integralberechnung liegt hiermit in akustischer Form vor.

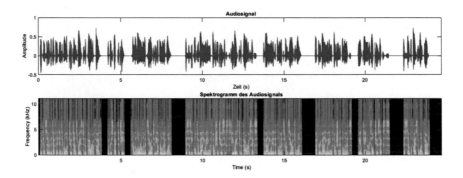

15.5 Korrektur einer Transkription

Als letzten Punkt in diesem Kapitel möchten wir auch noch die Traskription von Audioaufnahme zum Text angehen. Hierfür spielen wir die obige Audiodatei auf dem Rechner ab und nehmen das akustische Signal auf einem Handy mittels der App „Speechy" auf, die die Transkription übernimmt. Dabei entstehen zwei Probleme:

1. Aufgrund der Unzulänglichkeit der App fehlen sämtliche Satzzeichen in der so erstellten Textdatei.
2. Darüber hinaus kommen darin Spracherkennungsfehler vor, siehe rot markierten Text im folgenden Prompt.

Zum Reparieren dieser möchten wir ChatGPT einsetzen, und stellen der KI die Aufgabe:

Im folgenden englischsprachigen Text über eine mathematische Berechnung fehlen sämtliche Satzzeichen. Möglicherweise gibt es auch falsch interpretierte Wörter. Korrigiere bitte. Hier ist der Text:

„We consider the definite integral of two times raised to the power of five with respect to tea from the lower limit zero to the upper limit one this is equal to evaluating the function to 60 raised to the power of six evaluated at the limits from 0 to 1 after evaluating the function of the limits we obtain the results to sixth the simplifies to 1/3"

Der korrigierte Text könnte wie folgt lauten:

„We consider the definite integral of two times 't' raised to the power of five, with respect to 't', from the lower limit zero to the upper limit one. This is equal to evaluating the function 't' to 6/10, raised to the power of six, evaluated at the limits from 0 to 1. After evaluating the function at the limits, we obtain the result 't' to the sixth, which simplifies to 1/3."

Bitte beachten Sie, dass ich einige Annahmen über den ursprünglichen Text gemacht habe, da einige Teile unklar waren. Insbesondere habe ich angenommen, dass 'tea' eigentlich 't' sein sollte, was in mathematischen Texten oft als Variable verwendet wird. Ebenso habe ich angenommen, dass 'to 60' eigentlich 't to 6/10' sein sollte, was mehr Sinn ergibt im Kontext von Potenzen und Integralen.

ChatGPT fügt die Satzzeichen an richtigen Stellen ein und repariert beeindruckend alle Fehler bis auf einen, denn aus „to 60" lässt sich der ursprüngliche Term „two sixths t" verständlicherweise nicht mehr rekonstruieren.

In diesem Kapitel präsentierte sich ChatGPT als vielseitiges Instrument, das mühelos Verbindungen zwischen Mathematik, natürlicher Sprache, LaTeX, TikZ und Programmiersprache herstellen kann. Dabei wurde lediglich ein geringfügiger Fehler festgestellt, der auch einem Studierenden nicht entgehen würde.

Literaturverzeichnis

1. Merziger, G., Mühlbach, G., Wille, D., Wirth, T.: Formeln + Hilfen, Höhere Mathematik, Binomi Verlag, 7. Auflage, 2014
2. MathWorks: Dokumentation zum Befehl spectrogram, https://de.mathworks.com/help/signal/ref/spectrogram.html, (Abgerufen am 18.07.2023)
3. Meyer, M.: Signalverarbeitung, Analoge und digitale Signale, Systeme und Filter, 5. Auflage, STUDIUM, Vieweg+Teubner, 2009
4. Microsoft: SpeechSynthesizer Class, https://learn.microsoft.com/en-us/dotnet/api/system.speech.synthesis.speechsynthesizer?view=netframework-4.8.1 (Abgerufen am 01.06.2023)
5. Schweizer,W.: MATLAB Kompakt, De Gruyter, 7. Auflage, 2022

◇ ◇ ◇

Teil VI

GPT und Plugins

„Artificial General Intelligence"
Quelle: Emanuel Kort, www.canvaselement.de

Im Teil VI untersuchen wir die Leistungsfähigkeit von ChatGPT in Kombination mit einer Auswahl von Plugins. Im Sinne des Buchtitels wählten wir aus den aktuell 850 vorhandenen Plugins fünf aus, die auch aus didaktischen Gründen für die Hochschullehre und manche auch für die Forschung spannend sind. Konkret handelt es sich um folgende Auswahl:

1. Das im Kapitel 16 getestete Plugin „Wolfram" gewährt einen Zugang zu Berechnungen, Mathematik, kuratiertem Wissen und Echtzeitdaten. Im Gegensatz zu ChatGPT liefert „Wolfram", da es auf einem Computeralgebrasystem basiert, äußerst verlässliche Antworten und reduziert dadurch den Anteil der falschen Behauptungen der KI.
2. Zwei Plugins werden gleichzeitig im Kapitel 17 getestet: „ChatWithPDF" sowie „WebPilot". Das erstgenannte erlaubt es, sich über die Inhalte einer PDF zu unterhalten. Das ist von großer Bedeutung, da man dadurch ein Thema klar eingrenzen und über relativ neue Inhalte reden kann, die für das Training von ChatGPT (noch) nicht verwendet werden konnten. Dank „WebPilot" wird es der KI überhaupt möglich, im Internet nach relevanten Inhalten zu suchen, denn ChatGPT selbst ist an das Netz nicht angeschlossen.
3. Da im Internet eine Fülle von Lehrunterlagen im Videoformat vorliegt, und eine automatische Extraktion von Informationen daraus ein schwieriges Unterfangen ist, möchten wir im Kapitel 18, gewappnet mit ChatGPT und dem Plugin „Video-Insights", uns genau dieser Herausforderung stellen und kommen teilweise gut voran.
4. Ein Kreuzworträtsel stellt eine spannende Form der Wissensabfrage dar. Sie aufzustellen, ist aber mit einem Aufwand verbunden. Im Kapitel 19 zeigen wir, wie man ChatGPT im Verbund mit dem „Puzzle-Constructor"-Plugin hierfür heranziehen kann.

Wir erwähnen, dass die Plugins „Wolfram", „ChatWithPDF", „WebPilot" zu den populärsten 25 Plugins gehören und ermuntern die Leser, die restlichen 845 Plugins im Hinblick auf Ihre Ideen zu testen.

Kapitel 16
Wolfram-Plugin

Durch Anstrengung gelingen die Werke,
nicht durch Wünsche.

Narajana (ca. 9./10. Jh. n. Chr.), Verfasser
der Fabelsammlung Hitopadesa

Ein Plugin ist eine optionale Software-Komponente, die eine bestehende Software erweitert. Zu beachten ist, dass Plugins externe Anwendungen von Drittanbietern sind und nicht von OpenAI kontrolliert werden. Wenn Sie ein Plugin aktivieren, siehe Anleitung unter [1], kann ChatGPT Ihre Unterhaltung und das Land oder den Staat, in dem Sie sich befinden, an das Plugin senden. Stellen Sie vor dem Aktivieren also sicher, dass Sie einem Plugin vertrauen. ChatGPT entscheidet selbst, wann die von Ihnen aktivierten Plugins während einer Konversation verwendet werden sollen.

Es besteht zudem die Option, individuelle Plugins zu erstellen und diese für eine intelligente API-Integration mit ChatGPT zu verknüpfen. Für detaillierte Informationen zu diesem Thema empfehlen wir einen Besuch der offiziellen Webseite www.openai.com, da es nicht im Fokus dieses Werkes liegt.

In diesem Kapitel konzentrieren wir uns auf die Kombination von ChatGPT mit dem Plugin „Wolfram" zur Behandlung von mathematischen Aufgaben mittels eines Computeralgerbasystems bzw. den Tool wie „WolframAlpha" [2] und „Wolfram Language" [4, 3]. Im Anhang A wurden die mathematischen Aufgabenstellungen aufgelistet, welche vom Autor während der Arbeit am vorliegenden Werk mit ChatGPT nicht vollständig gelöst werden konnten. Wir widmen uns einer Auswahl dieser Aufgaben mit dem Ziel, mithilfe des Wolfram-Plugins Lösungen zu erarbeiten. Bei einigen Aufgaben gelingt uns dies teilweise, bei anderen sogar vollständig

16.1 3×4-Lineares Gleichungssystem

Wir starten mit einem linearen Gleichungssystem, welches sich aus der Schnittmengenbestimmung zweier Ebenen ergibt und das mittels ChatGPT nicht lösbar war, siehe dazu die 3. Testaufgabe im Abschnitt 4.2 sowie Anhang A. Im Interesse der Klarheit und Übersichtlichkeit verzichten wir in diesem Abschnitt darauf, Aufforderungen für Antworten im LaTeX-Format darzustellen.

Löse folgendes lineare Gleichungssystem für die Unbekannten s, t, u, v:

$$s - 3t - 3u = -3$$
$$2s - u + v = 2$$
$$3s - 3t - 5u - v = -2$$

Zeige bitte die Zwischenschritte zur Lösung.

REQUEST TO WOLFRAM
```
{
    "input": "solve {s − 3t − 3u = −3, 2s − u + v = 2, 3s − 3t − 5u − v = −2}
                    for {s, t, u, v}"
}
```

RESPONSE FROM WOLFRAM
```
Query:
"solve {s − 3t − 3u = −3, 2s − u + v = 2, 3s − 3t − 5u − v = −2}
                    for {s, t, u, v}"

Input interpretation:
solve  s − 3 t − 3 u = −3
2 s − u + v = 2
3 s − 3 t − 5 u − v = −2 for s, t, u, v

Result:
t = 2 − s and u = (4 s)/3 − 1 and v = 1 − (2 s)/3

Wolfram|Alpha website result for
"solve {s − 3t − 3u = −3, 2s − u + v = 2, 3s − 3t − 5u − v = −2}
for {s, t, u, v}":
https://www.wolframalpha.com/input?i=solve+%7Bs+−+3t+−+3u+%3D+−3%2C+2s+
→+u+%2B+v+%3D+2%2C+3s+−+3t+−+5u+−+v+%3D+−2%7D+for+%7Bs%2C+t%2C+u%2C+v%7D
```

Die Lösung des gegebenen linearen Gleichungssystems ist:

$$t = 2 - s, \quad u = \frac{4s}{3} - 1, \quad v = 1 - \frac{2s}{3}.$$

Um die Lösung zu finden, können wir die Gleichungen schrittweise lösen. Wir haben das lineare Gleichungssystem:

$$s - 3t - 3u = -3$$
$$2s - u + v = 2$$
$$3s - 3t - 5u - v = -2$$

Wir können das Gleichungssystem schrittweise lösen. Zuerst lösen wir die erste Gleichung nach t auf:

$$t = \frac{s - 3u + 3}{3}.$$

Wir setzen t in die zweite und dritte Gleichung ein und lösen nach u und v auf:

$$u = \frac{4s - 3}{3}, \quad v = 2 - 2s + u.$$

Schließlich setzen wir u und v in die erste Gleichung ein und lösen nach s auf:

$$s = \frac{3 + 3u + 3t}{4}$$

Durch Einsetzen der Ausdrücke für u und v in die Gleichung für s erhalten wir die Lösung des Gleichungssystems:

$$t = 2 - s, \quad u = \frac{4s}{3} - 1, \quad v = 1 - \frac{2s}{3}.$$

Bitte beachten Sie, dass die obigen Schritte eine vereinfachte Darstellung des Lösungsprozesses sind. In der Praxis würde man das Gleichungssystem durch eine Methode wie die Gauß-Elimination oder die Matrixinversion lösen.

Die Wolfram-Lösung ist richtig. Stützend darauf generiert ChatGPT einen ausführlichen Lösungsweg mittels des Einsetzverfahrens, der auch stimmt. Am Ende wird richtigerweise auf die Gauß-Elimination verwiesen, was wir dann als nächstes anfordern.

Führe die Gauß-Elimination durch.

Wir haben das lineare Gleichungssystem:

$$s - 3t - 3u = -3$$
$$2s - u + v = 2$$
$$3s - 3t - 5u - v = -2$$

Wir können dieses System in Matrixform schreiben:

$$\begin{bmatrix} 1 & -3 & -3 & 0 & | & -3 \\ 2 & 0 & -1 & 1 & | & 2 \\ 3 & -3 & -5 & -1 & | & -2 \end{bmatrix}$$

Wir beginnen die Gauß-Elimination, indem wir die zweite Zeile durch 2 teilen und die dritte Zeile durch 3:

$$\begin{bmatrix} 1 & -3 & -3 & 0 & | & -3 \\ 1 & 0 & -0.5 & 0.5 & | & 1 \\ 1 & -1 & -5/3 & -1/3 & | & -2/3 \end{bmatrix}$$

Nun subtrahieren wir die erste Zeile von der zweiten und dritten Zeile:

$$\begin{bmatrix} 1 & -3 & -3 & 0 & | & -3 \\ 0 & 3 & 2.5 & 0.5 & | & 4 \\ 0 & 2 & 1/3 & -1/3 & | & 1/3 \end{bmatrix}$$

Wir teilen die zweite Zeile durch 3 und die dritte Zeile durch 2:

$$\begin{bmatrix} 1 & -3 & -3 & 0 & | & -3 \\ 0 & 1 & 5/6 & 1/6 & | & 4/3 \\ 0 & 1 & 1/6 & -1/6 & | & 1/6 \end{bmatrix}$$

Wir subtrahieren die zweite Zeile von der dritten Zeile:

$$\begin{bmatrix} 1 & -3 & -3 & 0 & | & -3 \\ 0 & 1 & 5/6 & 1/6 & | & 4/3 \\ 0 & 0 & -2/3 & -1/3 & | & -1/3 \end{bmatrix}$$

Wir multiplizieren die dritte Zeile mit -3/2:

$$\begin{bmatrix} 1 & -3 & -3 & 0 & | & -3 \\ 0 & 1 & 5/6 & 1/6 & | & 4/3 \\ 0 & 0 & 1 & 1/2 & | & 1/2 \end{bmatrix}$$

Jetzt haben wir eine obere Dreiecksmatrix und können die Lösungen durch Rückwärtseinsetzen finden:

$$t = 2 - s, \quad u = \frac{4s}{3} - 1, \quad v = 1 - \frac{2s}{3}.$$

 Die Gauß-Elimination und das Ergebnis stimmen. Bei dieser Antwort wurde das Wolfram-Plugin jedoch nicht beansprucht. Anscheinend orientierte sich dabei ChatGPT an der vorherigen Berechnung. Wir resümieren, dass mit Hilfe des Wolfram-Plugins es in diesem Fall also möglich war, die Leistungslücke von ChatGPT zu schließen!

16.2 4 × 4-Lineares Gleichungssystem

Wir greifen nun eine Aufgabe aus dem Anhang A auf, siehe auch [1], an der ChatGPT scheiterte und zeigen, dass mittels des Wolfram-Plugins die KI einen Lösungsweg für ein 4 × 4-Lineares Gleichungssystem aufstellen kann.

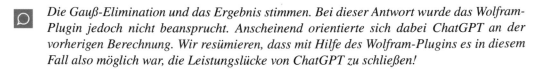 *Gesucht ist ein Polynom 3. Grades mit folgenden Eigenschaften: $p(-2) = -2$, $p(2) = 2$, $p'(-2) = 0$ und $p'(2) = 0$. Berechne das Polynom und gebe die Zwischenberechnungen aus.*

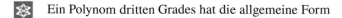 Ein Polynom dritten Grades hat die allgemeine Form

$$p(x) = ax^3 + bx^2 + cx + d$$

Wir haben vier Bedingungen, die wir verwenden können, um die Koeffizienten a, b, c und d zu bestimmen. Die Bedingungen sind:

$$p(-2) = -2$$
$$p(2) = 2$$
$$p'(-2) = 0$$
$$p'(2) = 0$$

Die Ableitung von $p(x)$ ist $p'(x) = 3ax^2 + 2bx + c$.

REQUEST TO WOLFRAM
```
{
    "input": "Solve[{a*(−2)^3 + b*(−2)^2 + c*(−2) + d == −2, a*2^3 + b*2^2 + c*2 + d ==
        2, 3*a*(−2)^2 + 2*b*(−2) + c == 0, 3*a*2^2 + 2*b*2 + c == 0}, {a, b, c, d}]"
}
```
RESPONSE FROM WOLFRAM
"{{a −> −1/8, b −> 0, c −> 3/2, d −> 0}}"

Die Lösung des Gleichungssystems ergibt die Koeffizienten $a = -\frac{1}{8}$, $b = 0$, $c = \frac{3}{4}$ und $d = 0$. Daher ist das gesuchte Polynom dritten Grades:

$$p(x) = -\frac{1}{8}x^3 + \frac{3}{4}x.$$

Das mittels des Plugins generierte Ergebnis ist zwar richtig, aber die Zwischenschritte fehlen trotz der Anweisung. Wir geben nicht auf und formulieren den nächsten Prompt.

Löse bitte das obige Gleichungssystem mittels des Eliminationsverfahrens. Gebe die Zwischenberechnungen aus.

Wir können nun ein Gleichungssystem aufstellen und lösen, um die Koeffizienten zu bestimmen:

$$-8a + 4b - 2c + d = -2 \quad (1)$$
$$8a + 4b + 2c + d = 2 \quad (2)$$
$$12a - 4b + c = 0 \quad (3)$$
$$12a + 4b + c = 0 \quad (4)$$

Wir addieren Gleichung (1) und Gleichung (2) um a und c zu eliminieren:

$$8b + 2d = 0 \quad (5)$$

Wir subtrahieren Gleichung (4) von Gleichung (3) um a zu eliminieren:

$$-8b = 0 \quad (6)$$

Gleichung (6) liefert $b = 0$. Setzen wir $b = 0$ in Gleichung (5) ein, erhalten wir $d = 0$. Setzen wir $b = 0$ und $d = 0$ in Gleichung (1) und (3) ein, erhalten wir zwei neue Gleichungen:

$$-8a - 2c = -2 \quad (7)$$
$$12a + c = 0 \quad (8)$$

Diese zwei Gleichungen bilden ein neues Gleichungssystem, das wir lösen können, um a und c zu bestimmen.

REQUEST TO WOLFRAM
```
{
  "input": "Solve[{-8*a - 2*c == -2, 12*a + c == 0}, {a, c}]"
}
```
RESPONSE FROM WOLFRAM
```
"{{a -> -1/8, c -> 3/2}}"
```

Die Lösung des neuen Gleichungssystems ergibt die Koeffizienten $a = -\frac{1}{8}$ und $c = \frac{3}{2}$. Zusammen mit den zuvor gefundenen Werten $b = 0$ und $d = 0$ erhalten wir das gesuchte Polynom dritten Grades:

$$p(x) = -\frac{1}{8}x^3 + \frac{3}{2}x$$

Die Zwischenschritte beim Lösen des Systems (7)-(8) fehlen und stattdessen greift ChatGPT auf die Dienste von Wolfram zu. Wir fordern ChatGPT zum Liefern der Zwischenschritte auf.

Löse bitte das System aus den Gleichungen (7) und (8) mittels des Eliminationsverfahrens.

Um das Gleichungssystem mittels des Eliminationsverfahrens zu lösen, können wir eine der Gleichungen manipulieren, um eine der Variablen zu isolieren, und dann diese Gleichung in die andere einsetzen. Hier sind die Schritte:

1. Wir haben das folgende Gleichungssystem:

$$-8a - 2c = -2 \quad (7)$$
$$12a + c = 0 \quad (8)$$

2. Wir können Gleichung (8) umformen, um c zu isolieren:

$$c = -12a \quad (9)$$

3. Nun setzen wir Gleichung (9) in Gleichung (7) ein:

$$-8a - 2(-12a) = -2$$

4. Dies vereinfacht sich zu:

$$16a = -2$$

5. Was weiter vereinfacht werden kann zu:

$$a = -\frac{2}{16} = -\frac{1}{8}$$

6. Setzen wir $a = -\frac{1}{8}$ in Gleichung (9) ein, erhalten wir:

$$c = -12(-\frac{1}{8}) = \frac{3}{2}$$

So erhalten wir die Lösungen $a = -\frac{1}{8}$ und $c = \frac{3}{2}$, die mit den zuvor berechneten Werten übereinstimmen.

Die Lösungsweg und das Ergebnis sind richtig. Wir halten fest, dass der Aufruf des Plugins die Qualität der mathematischen Ergebnisse verbessert, jedoch den Textfluss der Antwort stört, bzw. abbricht, vgl. die fehlenden Zwischenschritte. Durch eine erneute Aufforderung werden diese aber nachgeliefert.

16.3 Inhomogene DGL mit Resonanz

Nun wenden wir uns einer DGL zu, bei der ChatGPT Schwierigkeiten mit der Variation der Konstanten hatte, vgl. Anhang A.

Löse die DGL

$$y''(x) + y(x) = \cos(x), \quad x \in \mathbb{R}$$

mittels der charakteristischen Gleichung.

```
REQUEST TO WOLFRAM
{
   "input": "solve y''(x) + y(x) = cos(x)"
}
```

```
RESPONSE FROM WOLFRAM
Query:
"solve y''(x) + y(x) = cos(x)"

Input interpretation:
solve y''(x) + y(x) = cos(x)

Result:
y(x) = c_2 sin(x) + c_1 cos(x) + 1/2 x sin(x)

ODE classification:
second-order linear ordinary differential equation
```

```
Alternate forms:
y''(x) = cos(x) − y(x)

y''(x) + y(x) = e^(− i x)/2 + e^(i x)/2

Plots of sample individual solutions:
 | | | | y(0) = 1
y'(0) = 0
 | | | | y(0) = 0
y'(0) = 1

Sample solution family:
 (sampling y(0) and y'(0))

Interactive differential equation solution plots:
image: https://www6b3.wolframalpha.com/Calculate/MSP/
MSP14861cac3394d32519d10000353263i9ahcda3a5?MSPStoreType=image/png&s=7

Possible Lagrangian:
L(y', y, x) = 1/2 (2 y cos(x) − y^2 + (y')^2)

Wolfram|Alpha website result for "solve y''(x) + y(x) = cos(x)":
https://www.wolframalpha.com/input?i
=solve+y%27%27%28x%29+%2B+y%28x%29+%3D+cos%28x%29
```

Die Lösung der gegebenen Differentialgleichung ist:

$$y(x) = c_2 \sin(x) + c_1 \cos(x) + \frac{1}{2}x \sin(x)$$

Hierbei sind c_1 und c_2 Konstanten, die durch Anfangs- oder Randbedingungen bestimmt werden können.

Die charakteristische Gleichung dieser homogenen Differentialgleichung ist $\lambda^2 + 1 = 0$, deren Lösungen $\lambda = \pm i$ sind. Daher ist die allgemeine Lösung der homogenen Gleichung

$$y_h(x) = c_1 \cos(x) + c_2 \sin(x).$$

Die spezielle Lösung der inhomogenen Gleichung, die durch das $\cos(x)$ auf der rechten Seite verursacht wird, ist

$$y_p(x) = \frac{1}{2}x \sin(x).$$

Daher ist die allgemeine Lösung der gegebenen Differentialgleichung die Summe der allgemeinen Lösung der homogenen Gleichung und der speziellen Lösung der inhomogenen Gleichung.

ChatGPT greift sofort zu Wolfram, erhält die Lösung und viele weiteren Details, wie z.B. die Klassifizierung der DGL oder den Link auf einen Plot der Lösung. Danach Gibt ChatGPT die Ergebnisse aus, jedoch ohne genau zu erklären, wie man an die partikuläre Lösung kommt.

Beschreibe genau, wie man auf y_h bzw. auf y_p kommt.

Sicher, ich erkläre gerne, wie man auf die homogene Lösung y_h und die partikuläre Lösung y_p kommt.

1. Homogene Lösung y_h: Die charakteristische Gleichung der homogenen Differential-gleichung $y'' + y = 0$ ist $\lambda^2 + 1 = 0$. Die Lösungen dieser Gleichung sind $\lambda = \pm i$, also komplexe Zahlen.

   In der Theorie der linearen Differentialgleichungen gibt es einen wichtigen Satz, der besagt, dass wenn $\lambda = a \pm bi$ eine Lösung der charakteristischen Gleichung ist (wobei a und b reelle Zahlen sind), dann sind $e^{ax} \cos(bx)$ und $e^{ax} \sin(bx)$ Lösungen der homogenen Differentialgleichung.

   In unserem Fall ist $a = 0$ und $b = 1$, daher sind $\cos(x)$ und $\sin(x)$ Lösungen der homogenen Differentialgleichung. Da die Gleichung zweiter Ordnung ist, benötigen wir zwei unabhängige Lösungen, daher ist die allgemeine Lösung der homogenen Gleichung eine Linearkombination dieser beiden Lösungen, also

   $$y_h(x) = c_1 \cos(x) + c_2 \sin(x),$$

   wobei c_1 und c_2 Konstanten sind.

   Dieser Übergang von komplexen Lösungen der charakteristischen Gleichung zu reellen Lösungen der Differentialgleichung ist ein zentraler Schritt in der Lösung von Differen-tialgleichungen mit konstanten Koeffizienten.

2. Partikuläre Lösung y_p: Die partikuläre Lösung ergibt sich aus der speziellen Form der inhomogenen Differentialgleichung, also der Gleichung mit dem Inhomogenitätsglied auf der rechten Seite. In diesem Fall ist das die Gleichung

   $$y''(x) + y(x) = \cos(x).$$

Um eine partikuläre Lösung zu finden, verwendet man oft den Ansatz der Variation der Konstanten oder den Ansatz der Methode der undetermined coefficients. In diesem Fall ist es einfacher, die Methode der undetermined coefficients zu verwenden, da das Inhomogenitätsglied eine einfache Funktion ist, nämlich $\cos(x)$.

Da $\cos(x)$ und $\sin(x)$ bereits in der homogenen Lösung vorkommen, wählen wir als Ansatz für die partikuläre Lösung eine Funktion, die linear unabhängig von den Funk-tionen in der homogenen Lösung ist. In diesem Fall ist das $x \sin(x)$ und $x \cos(x)$. Setzt man diesen Ansatz in die inhomogene Gleichung ein und bestimmt die Koeffizienten so, dass die Gleichung erfüllt ist, erhält man

$$y_p(x) = \frac{1}{2} x \sin(x).$$

Die allgemeine Lösung der gegebenen Differentialgleichung ist dann die Summe der homogenen Lösung und der partikulären Lösung, also

$$y(x) = y_h(x) + y_p(x).$$

Wir stellen fest, dass mit der Unterstützung des Wolfram-Plugins ChatGPT es schafft, eine ausführlichere und korrekte Beschreibung der Zwischenschritte anzugeben. Im letzten Schritt, bei der Bestimmung der Koeffizienten der Ansatzfunktion, fehlt aber immer noch die Zwischenberechnung.

16.4 Anfangswertproblem zu einem Differenzialgleichungssystem

Nun betrachten wir ein Anfangswertproblem, siehe Anhang A bzw. Aufgabe 14.30 aus [3], für das ChatGPT ohne Wolfram-Plugin die partikuläre Lösung nicht bestimmen und somit die allgemeine Lösung nicht aufstellen konnte:

Bestimmen Sie die Lösung des Anfangswertproblems

$$\begin{cases} x'(t) + y(t) = \sin(2t) \\ y'(t) - x(t) = \cos(2t) \end{cases}$$

mit den Anfangswerten $x(0) = 1$ und $y(0) = 0$. Gebe die ausführlicher Berechnungen aus. Plotte am Ende die Lösung für $t \in [0, 2\pi]$.

REQUEST TO WOLFRAM
```
{
  "input": "DSolve[{x'[t] + y[t] == Sin[2 t], y'[t] - x[t] == Cos[2 t],
        x[0] == 1, y[0] == 0}, {x[t], y[t]}, t]"
}
```
RESPONSE FROM WOLFRAM
```
"{{x[t] -> (4 Cos[t] - Cos[t] Cos[3 t] - Sin[t] Sin[3 t])/3,
   y[t] -> (4 Sin[t] - Cos[3 t] Sin[t] + Cos[t] Sin[3 t])/3}}"
```

Die Lösung des gegebenen Anfangswertproblems ist:

$$x(t) = \frac{4\cos(t) - \cos(t)\cos(3t) - \sin(t)\sin(3t)}{3}$$

$$y(t) = \frac{4\sin(t) - \cos(3t)\sin(t) + \cos(t)\sin(3t)}{3}$$

Nun werden wir die Lösungen für $t \in [0, 2\pi]$ plotten.

REQUEST TO WOLFRAM
```
{
  "input": "Plot[{(4 Cos[t] - Cos[t] Cos[3 t] - Sin[t] Sin[3 t])/3,
  (4 Sin[t] - Cos[3 t] Sin[t] + Cos[t] Sin[3 t])/3}, {t, 0, 2 Pi},
  PlotLegends -> {\"x(t)\", \"y(t)\"},
  PlotLabel -> \"Lösungen des Anfangswertproblems\",
  AxesLabel -> {\"t\", \"Wert\"}]"
}
```
RESPONSE FROM WOLFRAM
```
"https://www.wolframcloud.com/obj/93d485ec-b5e5-43d4-b936-cc4b15bd2cfd"
```

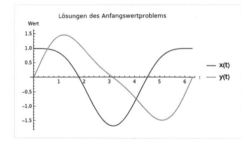

ChatGPT übergibt den Auftrag komplett an das Wolfram-Plugin. Die zurückgelieferte allgemeine Lösung stimmt, allerdings fehlen die Berechnungen insbesondere für die homogene und partikuläre Lösung. Weiter unten werden wir ChatGPT um Zwischenschritte bitten. Der Plot wird direkt im Chat-Fenster im PNG-Format angezeigt und ist aus mathematischer Sicht richtig. Wir möchten aber die Lösung graphisch im xy-Koordinatensystem darstellen lassen und formulieren den nächsten Prompt.

Plotte die Lösung bitte in einem xy-Koordinatensystem. Die Lösung soll also als eine Kurve im Raum dargestellt werden, d.h. sie ergibt sich aus einem über die Zeit bewegenden Punkt.

REQUEST TO WOLFRAM

```
{
    "input": "ParametricPlot[{(4 Cos[t] − Cos[t] Cos[3 t] − Sin[t] Sin[3 t])/3,
           (4 Sin[t] − Cos[3 t] Sin[t] + Cos[t] Sin[3 t])/3}, {t, 0, 2 Pi},
           PlotLabel −> \"Lösung im x−y−Raum\",
           AxesLabel −> {\"x(t)\", \"y(t)\"}]"
}
```

RESPONSE FROM WOLFRAM
"https://www.wolframcloud.com/obj/2933a7d7−fa42−472a−ab39−eb9689f622dd"

Hier ist die Darstellung der Lösung als eine Kurve im xy-Raum. Die Kurve ergibt sich aus einem über die Zeit bewegenden Punkt.

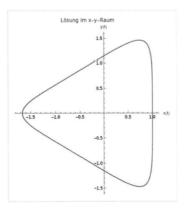

Die Grafik ist korrekt umgesetzt worden und erscheint direkt im Chat bzw. steht zum Herunterladen unter einem bereitgestellten Link zur Verfügung. Wir möchten nun einen entsprechenden TikZ-Quelltext generieren lassen.

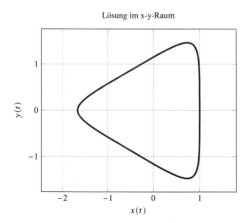

Schreibe zum obigen Plot einen entsprechenden TikZ-Quelltext. Dabei soll die Lösungskurve dick und blau gestaltet sein. Das Gitter bitte im Koordinatensystem einzeichnen und die Skalierung der Koordinatenachsen sollte gleich sein.

```
\begin{tikzpicture}[scale=0.75]
\begin{axis}[
    xlabel=\(x(t)\),
    ylabel=\(y(t)\),
    title={Lösung im x—y—Raum},
    domain=0:2*pi,
    samples=100,
    smooth,
    no markers,
    axis equal, % Gleiche Skalierung der Koordinatenachsen
    grid=major, % Gitter im Koordinatensystem
]
\addplot[blue, line width=1.5pt] ({(4*cos(deg(x)) — cos(deg(x))*cos(3*deg(x)) —
            sin(deg(x))*sin(3*deg(x)))/3},
            {(4*sin(deg(x)) — cos(3*deg(x))*sin(deg(x)) +
            cos(deg(x))*sin(3*deg(x)))/3}); % Dickerer Plot
\end{axis}
\end{tikzpicture}
```

Nach dem Kompilieren erhält man die Vektorgrafik:

Der generierte TikZ-Quelltext ist fehlerfrei und stellt die Grafik exakt wie gewünscht dar. Beim Erstellen des TikZ-Quelltextes stützte sich ChatGPT auf die im vorletzten Prompt erstellte Lösung und nicht auf die mit Wolfram-Plugin generierte Abbildung, da aktuell ChatGPT keine Bilddaten als Eingabe akzeptiert.

Abschließend versuchen wir, die fehlenden Zwischenschritte der Berechnung anzufordern, leider vergebens.

Zeige die Schritte zur Lösung des obigen Anfangswertproblems.

Leider ist es nicht möglich, schrittweise Lösungen für ein System von Differentialgleichungen wie das gegebene von Wolfram Alpha zu erhalten. Die Fähigkeit von Wolfram Alpha, schrittweise Lösungen zu liefern, ist hauptsächlich auf algebraische Gleichungen und einige Arten von Differentialgleichungen beschränkt. Ein System von Differentialgleichungen, insbesondere eines mit nichtlinearen Termini wie Sinus und Kosinus, ist in der Regel zu komplex, um eine schrittweise Lösung zu liefern.

Die Lösung eines solchen Systems erfordert in der Regel fortgeschrittene Techniken aus der Theorie der Differentialgleichungen, einschließlich der Methode der Variation der Konstanten und der Methode der komplexen Zahlen. Diese Techniken gehen über das hinaus, was Wolfram Alpha in der Lage ist, schrittweise zu erklären.

Wenn Sie jedoch eine detaillierte Erklärung der Schritte zur Lösung eines solchen Systems wünschen, würde ich empfehlen, ein Lehrbuch über Differentialgleichungen zu konsultieren oder einen Kurs in Differentialgleichungen zu besuchen. Dort finden Sie detaillierte Erklärungen und Beispiele für die Techniken, die zur Lösung solcher Systeme verwendet werden.

Zusammenfassend halten wir fest, dass mittels ChatGPT man für das obige Anfangswertproblem die homogene Gleichung bestimmen kann und durch die Unterstützung des Wolfram-Plugins man auch an die allgemeine Lösung herankommt. Dabei bleibt jedoch dem Benutzer der Lösungsweg zu der partikulären Lösung verborgen.

Rückblickend auf das Kapitel geben wir den folgenden Tipp:

Prompt-Tipp: Durch die Aktivierung des WolframAlpha-Plugins vergrößert man die Menge der mit ChatGPT lösbaren Probleme, wobei man nicht immer die Zwischenberechnungen erhält.
Der Einsatz von Plugins ist nur im Falle einer konstenpflichtigen Version „ChatGPT PLUS" möglich.

Literaturverzeichnis

1. Lambacher, Th., Schweizer, W.: Mathematik für Gymnasien, Baden-Württemberg, 10. Schuljahr, Ernst Klett Verlag, 2016
2. Wolfram: WolframAlpha, https://www.wolframalpha.com/ (Abgerufen am: 21.08.2023)
3. Wolfram: Wolfram Language https://www.wolfram.com/language/ (Abgerufen am: 21.08.2023)
4. Wolfram S.: An Elementary Introduction to the Wolfram Language, Wolfram Media, Third Edition, 2023 https://store.wolfram.com/view/book/eiwl.str
   Online Version: https://www.wolfram.com/language/elementary-introduction/3rd-ed/

◇ ◇ ◇

Kapitel 17
ChatWithPDF- & WebPilot-Plugin

> Dem ist gut helfen,
> der sich helfen lassen will.
>
> — Deutsches Sprichwort

Mit ChatGPT kann man auf PDFs aber auch auf die Webseiten zugreifen, diese zusammenfassen und analysieren. In diesem Kapitel stellen wir gleich zwei Plugins vor, die sich z.B. bei Forschungstätigkeiten als hilfreich erweisen, da sie viel Arbeit abnehmen und Zeit einsparen können. Mittels „ChatWithPDF"-Plugins [1] lassen sich Fragen zu den Inhalten einer PDF stellen. „WebPilot" [3] wird ebenfalls aktiviert, da wir unsere Anfragen nicht nur auf die vorliegende PDF, sondern an Inhalte im Netz richten können, die insbesondere erst nach der letzten Trainingsphase der KI, also nach September 2021, veröffentlicht wurden.

17.1 Chatten mit einem wissenschaftlichen Paper

Für unsere Tests verwenden wir zunächst ein Open Access Paper [2], das interessierte Leser herunterladen und für ein besseres Verständnis der Kommentare zu den Prompts durchschauen können.

> *Erstelle mittels des Plugins „ChatWithPDF" eine Zusammenfassung (eine DIN A4-Seite) des folgenden Artikels:*
> *https://www.nature.com/articles/s41598-021-89062-1.pdf*

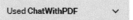

Titel: Aktive Tarnung und Illusion von elektrischen Potentialen in der Elektrostatik
Autoren: Andreas Helfrich-Schkabarenko, Alik Ismail-Zadeh, Aron Sommer
Zusammenfassung: Dieser Artikel präsentiert erstmals ein aktives äußeres Tarngerät in der Elektrostatik, das in einem zweischichtigen, horizontalen, elektrisch leitfähigen Bereich

arbeitet und das Superpositionsprinzip verwendet, um elektrische Potentiale zu tarnen. Das Gerät verwendet ein zusätzliches Stromquellenmuster, das an der Schnittstelle zwischen zwei Schichten eingeführt wird, um das gesamte elektrische Potential, das gemessen werden soll, zu annullieren. Darüber hinaus wird ein aktives äußeres Illusionsgerät vorgestellt, das die Erkennung eines Signalbildes ermöglicht, das einer beliebig gewählten Stromquelle entspricht, anstelle der vorhandenen Stromquelle.

Die Leistung der Tarn-/Illusionsgeräte wird durch dreidimensionale Modelle und numerische Experimente unter Verwendung synthetischer Messungen des elektrischen Potentials demonstriert. Die Empfindlichkeiten der numerischen Ergebnisse gegenüber Rauschen in den gemessenen Daten und gegenüber der Größe der Tarngeräte werden analysiert. Die numerischen Ergebnisse zeigen eine recht vernünftige Tarn-/Illusionsleistung, was bedeutet, dass eine Stromquelle elektrostatisch verborgen werden kann. Die entwickelte aktive Tarn-/Illusionsmethodik kann in Untersuchungen zur Untergrund-Geoexploration, in der Elektrotechnik, in den Lebenswissenschaften und anderswo eingesetzt werden.

Die aktive Tarnung ermöglicht es, die von der elektrischen Stromquelle ausgehenden Signale in der Beobachtungsunterdomäne (OSD) erheblich zu reduzieren. Das aktive Tarngerät stellt physisch ein Netzwerk von Elektroden dar, die auf der Schnittstellendomäne (ISD) installiert sind, und erzeugt ein komplementäres elektrisches Stromquellendichtemuster, so dass die überlagerten Signale von der Quelle und von den Elektroden einander aufheben.

Die Illusion wird in numerischen Experimenten so erzeugt, dass Messungen in der OSD eine künstlich konstruierte Stromquelle anstelle der vorhandenen Stromquelle in der Quellunterdomäne (SSD) „erkennen". Dies wird durch die Einführung eines speziell entworfenen Illusionsgeräts erreicht, das nach dem Prinzip der Superposition das gesamte elektrische Potentialfeld in /Omega1u in das von der für die Illusion gewählten Stromquellendichte erzeugte Feld ändert.

Die Qualität der Rekonstruktionen der Stromquellendichte nimmt mit dem Rauschen ab. Die Position des Tarngeräts und seine Größe beeinflussen die Tarnung.

Zu beachten ist, dass das Paper englischsprachig ist. An das ChatWithPDF-Plugin sendete ChatGPT lediglich die Anfrage „Zusammenfassung" und den Link auf die PDF. Diese Info ist einsehbar durch einen Klick auf den Button in der Antwort von ChatGPT, siehe oben. Die Antwort des Plugins war auf Englisch. D.h. ChatGPT wird nicht nur zum Mittler der Anfragen, sondern spielt hier automatisch die Rolle eines Dolmetschers und meistert diese Aufgabe ganz zufriedenstellend. Die inhaltliche Zusammenfassung des Papers ist fast einwandfrei. An der rot markierten Stelle hätte Ω^u stehen müssen.

Welches Randwertproblem der Elektrostatik für wurde in diesem Paper konkret verwendet?

Das in diesem Paper verwendete Randwertproblem der Elektrostatik ist das folgende:

$$-\nabla \cdot (\sigma(x)\nabla u(x)) = f(x), \qquad\qquad x \in \Omega,$$

$$\sigma(x)\frac{\partial u(x)}{\partial n(x)} + g(x)u(x) = 0, \qquad\qquad x \in \partial\Omega,$$

Hierbei ist:

- $u(x)$ das elektrische Potential,
- $\sigma(x)$ die elektrische Leitfähigkeit,
- $f(x)$ die Volumenstromdichte (auch als Selbstpotentialquelle bekannt),
- $g(x)$ eine nichtnegative Funktion, die auf der Modellgrenze als reziproker Abstand von der Grenze zum geometrischen Zentrum des Modellbereichs Ω definiert ist,
- $n(x)$ der nach außen gerichtete Einheitsnormalenvektor an einem Punkt auf der Grenze $\partial\Omega$,
- Ω der dreidimensionale Modellbereich.

Das Problem wird numerisch mit der Finite-Elemente-Methode gelöst.

Das Randwertproblem wurde aus dem Paper richtig extrahiert und die physikalischen Größen richtig eingeführt. Sogar die numerische Lösungsmethode wurde hier mit angegeben. Im Paper erscheinen die Ortsvektoren als **x** *und nicht als x.*

Aus wie vielen Knoten besteht das verwendete Finite-Elemente-Gitter?

Das verwendete Finite-Elemente-Gitter besteht aus 18×10^3, also 18.000 Knoten.

Richtig!

Wie genau rekonstruieren die Autoren die Größe $f(\mathbf{x})$?

Die Autoren rekonstruieren die Größe $f(\mathbf{x})$, die die Stromquellendichte darstellt, durch die Lösung des inversen Problems, das mit der aktiven Tarnvorrichtung verbunden ist. Sie verwenden das Superpositionsprinzip, da das inverse Problem linear ist. Die Autoren stellen fest, dass das gesamte elektrische Potentialfeld auf den Messpfaden verschwindet und im OSD (Oberflächen-Sub-Domain) erheblich reduziert wird, wodurch es fast unerkennbar für Messungen wird.

Die Autoren verwenden die folgende Gleichung, um die effektive Stromquellendichte f_c zu bestimmen:

$$Ad(f + f_c) = Adf + Adf_c = u_d + Adf_c = 0 \tag{17.1}$$

Dabei ist Ad der Operator, der die Stromquellendichte auf das elektrische Potential abbildet, f ist die gegebene Stromquellendichte und f_c ist die zusätzliche Stromquellendichte, die durch die aktive Tarnvorrichtung erzeugt wird. u_d ist das gemessene elektrische Potential.

Die Autoren verwenden dann die folgende Gleichung, um das Tarnmuster $f_{c,\alpha}$ zu bestimmen:

$$f_{c,\alpha} = -\Lambda_{1c,\alpha}u_d \tag{17.2}$$

Dabei ist $\Lambda_{1c,\alpha}$ der Tarnoperator und u_d sind die gemessenen Daten. Der Tarnoperator wird durch die folgende Gleichung definiert:

$$\Lambda_{1c,\alpha} = (A_{d,c}^T A_{d,c} + \alpha D^T D)^{-1} A_{d,c}^T \tag{17.3}$$

Dabei ist $A_{d,c}$ der angepasste Operator, der die Tarnstromquellendichte auf das elektrische Potential abbildet, D ist der diskrete Nabla-Operator und α ist der Regularisierungsparameter.

Die Autoren stellen fest, dass die Wahl des Regularisierungsparameters α kritisch ist und verwenden das L-Kurven-Kriterium, um den optimalen Wert des Regularisierungsparameters zu finden. Sie lösen das inverse Problem numerisch unter Verwendung derselben Stromquellendichten $f+$ und $f_\square$.

Die Autoren stellen fest, dass die Qualität der Rekonstruktionen der Stromquellendichte mit dem Rauschen abnimmt. Sie führen auch numerische Experimente durch, um die Wirksamkeit der aktiven Tarnvorrichtung zu demonstrieren. Sie stellen fest, dass die Tarnvorrichtung die Signale, die von der Stromquelle ausgehen, in der OSD erheblich reduziert, wodurch sie fast unerkennbar für Messungen wird.

Die Antwort von ChatGPT ist zufriedenstellend. Es gab jedoch drei - relativ zum Paper - leicht verzerrte Notationen:

1.) Die Notation Ad sollte eigentlich $\mathbf{A}_d$ sein.

2.) Die Notation des Operators $\mathbf{A}_{d,c}$ wurde aus dem Paper fast richtig ausgelesen: $A_{d,c}$.

3.) Im Index vom Operator $\Lambda_{c,\alpha}$ kommt fälschlicherweise eine Eins vor, siehe rot markierten Text.

Evtl. liegt es daran, dass das Dokument nicht in LaTeX, sondern in Microsoft WORD und die Formeln mittels des integrierten Formeleditors erstellt wurden.

Beim Prompt „Wie genau rekonstruieren die Autoren die elektrischen Stromquellen in der Beobachtungsunterdomäne?" halluzinierte ChatGPT vermutlich wegen der häufigen Behandlung der Punktquellen als Stromquellen in der Literatur. Darum haben wir im obigen Prompt die Stromquellendichte nicht als Wort ausgeschrieben, sondern die Notation $f(\mathbf{x})$ aus dem Paper verwendet.

Die Autoren haben einige Anwendungsfelder ihrer Idee erwähnt. Liste sie alle auf und gebe weitere Anwendungsfelder auf, die aus Deiner Sicht noch geeignet wären.

Used ChatWithPDF ∨

Die Autoren haben folgende Anwendungsfelder ihrer Idee zum aktiven Tarnen und Illusionieren in der Elektrostatik erwähnt:

1. Geo-Exploration: Zum Beispiel könnten Betreiber, je nach kommerzieller Vertraulichkeit, unterirdische Objekte elektrostatisch vor luft- oder seegestützten Messungen durch andere Betreiber tarnen.
2. Unterwasser-Erkundung: Bei der Erkundung mit Flugzeugen oder Schiffen können Informationen über Aquiferen für Grundwasseruntersuchungen, Paläokanäle für flache

Gasuntersuchungen und Bohrgefahren sowie über Böden und Deckschichten für Ingenieuranwendungen gesammelt werden.

3. U-Boot-Technik und Meeresforschung: Die Korrosion eines U-Boots kann ein unter Wasser liegendes elektrisches Potential erzeugen, das von verfügbaren Seeminen mit geeigneten Sensoren erkannt werden kann.

4. Biologie und Verhalten von Meerestieren: Einige Meerestiere, wie der Hammerhai, nehmen elektrische oder elektromagnetische Signale wahr. Ein Tarn- oder Ablenkungsgerät könnte entwickelt werden, um Objekte vor solchen Tieren zu verbergen.

Zusätzliche potenzielle Anwendungsfelder, die aus meiner Sicht geeignet wären:

1. Medizinische Bildgebung: Tarn- und Illusionstechniken könnten verwendet werden, um unerwünschte Signale oder Störungen in bildgebenden Verfahren wie MRI oder CT zu minimieren.

2. Sicherheit und Überwachung: In sicherheitskritischen Bereichen könnten Tarnvorrichtungen eingesetzt werden, um wichtige Infrastrukturen oder Geräte vor elektronischer Detektion zu schützen.

3. Elektronik und Kommunikation: In drahtlosen Kommunikationssystemen könnten Tarn- und Illusionstechniken dazu beitragen, unerwünschte elektromagnetische Emissionen oder Interferenzen zu minimieren.

4. Militäranwendungen: Tarnvorrichtungen könnten in militärischen Anwendungen eingesetzt werden, um Fahrzeuge, Flugzeuge oder andere Ausrüstungen vor elektronischer Detektion zu schützen.

Es ist wichtig zu beachten, dass die praktische Umsetzung und Wirksamkeit dieser Techniken in den verschiedenen Anwendungsfeldern von vielen Faktoren abhängen würde, einschließlich der spezifischen Anforderungen und Herausforderungen jedes Feldes. Die Autoren des Artikels haben folgende Anwendungsfelder für ihre Idee erwähnt:

Die Anwendungen aus dem Paper sind angegeben. Die zusätzlich aufgelisteten Anwendungsideen sind spannend und scheinen plausibel zu sein, wobei teilweise man in diesen Fällen eher mit elektromagnetischen Signalen zu tun hätte und nicht elektrostatischen.

Wie schätzt Du die wissenschaftliche Qualität des Papers ein?

Als KI-Assistent bin ich nicht in der Lage, subjektive Meinungen zu äußern oder qualitative Bewertungen von wissenschaftlichen Arbeiten vorzunehmen. Ich kann jedoch einige allgemeine Kriterien für die Beurteilung der Qualität eines wissenschaftlichen Papers anführen:

1. Klarheit der Hypothese oder Forschungsfrage: Das Paper sollte klar darlegen, was es zu untersuchen oder zu beweisen versucht. In diesem Fall scheint das Paper klar zu formulieren, dass es eine Methode zur aktiven Tarnung und Illusion von elektrischen Potentialen in der Elektrostatik untersucht.

2. Methodik: Die Methoden, die zur Untersuchung der Forschungsfrage verwendet werden, sollten gründlich und angemessen beschrieben werden. In diesem Fall scheint das Paper eine detaillierte Beschreibung der verwendeten Methoden zu liefern, einschließlich der Verwendung von Finite-Elemente-Methoden und der Lösung von Randwertproblemen.

3. Daten und Analyse: Die Daten und die Analyse sollten gründlich und transparent dargestellt werden. In diesem Fall scheint das Paper detaillierte Daten und Analysen zu liefern, einschließlich der Verwendung von spezifischen Gleichungen und Modellen.
4. Diskussion und Schlussfolgerungen: Die Diskussion und Schlussfolgerungen sollten die Ergebnisse in einen breiteren Kontext stellen und mögliche Einschränkungen der Studie erkennen. In diesem Fall scheint das Paper eine umfassende Diskussion und Schlussfolgerungen zu liefern, einschließlich der Anwendung der Ergebnisse auf verschiedene Bereiche.
5. Peer-Review: Wissenschaftliche Arbeiten von hoher Qualität werden in der Regel von Fachkollegen begutachtet, bevor sie veröffentlicht werden. Da dieses Paper in der Zeitschrift „Scientific Reports" veröffentlicht wurde, die ein Peer-Review-Prozess durchführt, kann dies als ein Indikator für seine Qualität angesehen werden.

Es ist jedoch wichtig zu beachten, dass die endgültige Beurteilung der Qualität eines wissenschaftlichen Papers am besten von Fachleuten auf dem Gebiet vorgenommen wird, die die spezifischen Methoden und Ergebnisse gründlich bewerten können.

ChatGPT geht hier eher auf die Struktur eines guten Papers und auf formale Punkte ein. Die vorliegende Publikation genügt diesen.

Was ist die Grundidee der Autoren zum Verstecken der Stromquelldichte? Bitte nur in fünf Sätzen wiedergeben.

Die Autoren präsentieren einen aktiven äußeren Tarnmechanismus in der Elektrostatik für ein zweischichtiges leitfähiges Gebiet. Sie nutzen das Superpositionsprinzip und führen ein zusätzliches Stromquellenmuster auf der Schnittstelle zwischen den Schichten ein. Dieses Muster neutralisiert das gesamte zu messende elektrische Potential. Ein Netzwerk von Elektroden auf dieser Schnittstelle erzeugt ein komplementäres elektrisches Stromquellenmuster, sodass die Signale der Hauptstromquelle in der Beobachtungssubdomäne erheblich reduziert werden. Das Ziel ist es, die Stromquelle elektrostatisch „unsichtbar" zu machen.

Auf der Grundlage der Rückgabe des Plugins aus den vorherigen Anfragen gibt ChatGPT seine Antwort in vier Sätzen. In der Antwort hofften wir die Begriffe wie Superpositionsprinzip sowie zusätzliche aktive Stromquellen vorzufinden, was auch der Fall ist.

Beschreibe die Errungenschaft des Papers in einem Satz.

Die Hauptleistung des Papers besteht darin, eine Methode zur aktiven Tarnung und Illusion von elektrischen Potentialen in der Elektrostatik zu präsentieren, die es ermöglicht, eine Stromquelle so zu „verstecken", dass sie für Messungen in bestimmten Bereichen unsichtbar wird.

Wir sind mit der Antwort zufrieden.

Wie viele Publikationen kommen in der Referenzliste des Papers vor?

In der Referenzliste des Papers kommen 60 Publikationen vor.

Das Stimmt. Nun möchten wir einige Fragen stellen, die ChatGPT zum Nachschlagen im Internet zwingen, wofür das WebPilot-Plugin benötigt wird.

Gibt es weitere Publikationen, die sich mit demselben Thema befassen? Verwende bei Bedarf WebPilot-Plugin.

Used WebPilot ⌄

Hier sind einige weitere Publikationen, die sich mit ähnlichen Themen befassen:

1. Exact transformation optics by using electrostatics von P Zhao, G Cai, H Chen - Science Bulletin, 2022
2. Electrostatic chameleons: theory of intelligent metashells with adaptive response to inside objects von L Xu, J Huang - The European Physical Journal B, 2019
3. A bi-functional illusion device based on transformation optics von HA Madni, B Zheng, M Akhtar, F Jaleel, S Liu. . . - Journal of Optics, 2019
4. Tailoring dipole effects for achieving thermal and electrical invisibility simultaneously von L Xu, X Zhao, Y Zhang, J Huang - The European Physical Journal B, 2020

Bitte beachten Sie, dass diese Artikel möglicherweise nicht genau das gleiche Thema behandeln, aber sie befassen sich mit ähnlichen Konzepten und Methoden.

Das WebPilot-Plugin wurde verwendet, siehe Button oben. Manchmal gibt es bei solchen Anfragen Fehlermeldungen vom Plugin selbst. Es lohnt sich dann, die weitere Info durch den Klick auf den Button einzusehen und entsprechend zu agieren. In so einem Fall ist es oft hilfreich, im Prompt aufzufordern, die Suche in Bing oder Google durchzuführen, da das Plugin sich manchmal auf Google Scholar einschränkt.
Im ersten Paper spielt die Elektrostatik zwar eine Rolle, aber die grundlegende partielle Differentialgleichung darin ist nicht die Poisson-Gleichung, sondern die Helmholz-Gleichung. Die restlichen Papers verwenden ein anderes Prinzip für die Tarnung, nämlich die Metamaterialien und nicht die aktiven Elektroden, wie im zu analysierenden Paper.
Anscheinend muss der Prompt konkretisiert werden, indem man zusätzlich die aktiven Elektroden erwähnt. Im nächsten Prompt geben wir daher konkrete Stichworte an.

Gibt es Publikationen aus dem Bereich „Cloaking in Electrostatics" aus dem Jahr 2023?

Hier sind einige Publikationen aus dem Jahr 2023, die sich mit dem Thema 'Cloaking in Electrostatics' befassen:

1. *Optimization Method for Solving Cloaking and Shielding Problems for a 3D Model of Electrostatics* von G Alekseev, A Lobanov. Link zur Publikation
2. *Platelet Membrane Cloaked Nanotubes to Accelerate Thrombolysis by Thrombus Clot-Targeting and Penetration* von B Liu, F Victorelli, Y Yuan, Y Shen, H Hong, G Hou. Link zur Publikation
3. *The transient invisibility cloak in the electro-quasi-static field* von ZC Liu, X Cui, XB Li, X Chen, Z Zhao, W Meng. Link zur Publikation
4. *Simultaneously realizing thermal and electromagnetic cloaking by multi-physical null medium* von Y Liu, X Ma, K Chao, F Sun, Z Chen, J Shan. Link zur Publikation
5. *Bacterial outer membrane vesicles-cloaked modified zein nanoparticles for oral delivery of paclitaxel* von Z Wang, Y Chu, X Tao, J Li, L Wang. Link zur Publikation

Bitte beachten Sie, dass diese Artikel möglicherweise nicht genau das gleiche Thema behandeln, aber sie befassen sich mit ähnlichen Konzepten und Methoden.

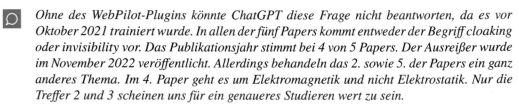

Ohne des WebPilot-Plugins könnte ChatGPT diese Frage nicht beantworten, da es vor Oktober 2021 trainiert wurde. In allen der fünf Papers kommt entweder der Begriff cloaking oder invisibility vor. Das Publikationsjahr stimmt bei 4 von 5 Papers. Der Ausreißer wurde im November 2022 veröffentlicht. Allerdings behandeln das 2. sowie 5. der Papers ein ganz anderes Thema. Im 4. Paper geht es um Elektromagnetik und nicht Elektrostatik. Nur die Treffer 2 und 3 scheinen uns für ein genaueres Studieren wert zu sein.

Was denkst Du, kann man Neuronale Netze dazu benutzen, um die vorgestellte Tarnung zu erzielen?

Ja, neuronale Netze könnten potenziell dazu verwendet werden, um die aktive Tarnung zu erzielen. Insbesondere könnten sie dazu beitragen, die Komplexität der Berechnungen zu reduzieren und die Effizienz der Tarnung zu verbessern.

Neuronale Netze sind in der Lage, komplexe Muster und Zusammenhänge in Daten zu erkennen und zu lernen. Sie könnten dazu verwendet werden, die optimalen Parameter für die Tarnung zu ermitteln, basierend auf einer Vielzahl von Eingabedaten, wie z.B. der Position und Art der Quelle, die getarnt werden soll, und den spezifischen Eigenschaften des Mediums, in dem die Tarnung stattfinden soll.

Darüber hinaus könnten neuronale Netze dazu verwendet werden, die Tarnung in Echtzeit anzupassen. Sie könnten kontinuierlich Daten über die Umgebung und die Quelle sammeln und diese Informationen verwenden, um die Tarnungsparameter dynamisch anzupassen, um eine optimale Tarnung zu gewährleisten.

Es ist jedoch wichtig zu beachten, dass die Verwendung von neuronalen Netzen in diesem Kontext noch in einem sehr frühen Stadium ist und weitere Forschung und Entwicklung erforderlich ist, um ihre Effektivität und Praktikabilität zu bestätigen.

Hier wurde kein Plugin verwendet. Die Antwort scheint plausibel zu sein.

Wie hoch schätzt Du im Kontext des Active Cloakings die Anzahl der Trainingsdaten für dieses Finite-Elemente-Gitter ein?

Die genaue Anzahl der benötigten Trainingsdaten für ein neuronales Netzwerk hängt von vielen Faktoren ab, einschließlich der Komplexität des Problems, der Architektur des Netzwerks und der Qualität der Daten. Im Kontext des aktiven Tarnens mit einem Finite-Elemente-Gitter könnte die Anzahl der benötigten Trainingsdaten jedoch sehr hoch sein.

Jeder Knotenpunkt im Finite-Elemente-Gitter repräsentiert einen bestimmten Zustand oder eine bestimmte Konfiguration des Systems. Um ein neuronales Netzwerk zu trainieren, das in der Lage ist, die optimale Tarnung für jede mögliche Konfiguration zu berechnen, müsste das Netzwerk wahrscheinlich mit Daten von vielen verschiedenen Konfigurationen trainiert werden. Darüber hinaus müsste das Netzwerk wahrscheinlich auch mit Daten von verschiedenen Arten von Quellen und verschiedenen Arten von Umgebungen trainiert werden.

Es ist auch wichtig zu beachten, dass die Daten, mit denen das Netzwerk trainiert wird, von hoher Qualität sein müssen. Das bedeutet, dass sie genau und repräsentativ für die realen Bedingungen sein müssen, unter denen das Netzwerk eingesetzt werden soll.

Insgesamt könnte die Anzahl der benötigten Trainingsdaten in die Zehntausende oder sogar Hunderttausende gehen. Es ist jedoch wichtig zu beachten, dass dies nur eine grobe Schätzung ist und die tatsächliche Anzahl der benötigten Daten von vielen Faktoren abhängen kann.

Die Frage ist schwer. Wir haben auch keine Expertenantwort erwartet, sonder waren gespannt, wie ChatGPT darauf reagiert. Die angegebene Größenordnung $10^4 - 10^5$ ist realistisch.

Würdest Du empfehlen, hier Neuronale Netze einzusetzen?

Die Verwendung neuronaler Netzwerke könnte in diesem Kontext sowohl Vorteile als auch Herausforderungen mit sich bringen. Hier sind einige Punkte, die zu berücksichtigen sind: Vorteile:

1. Mustererkennung: Neuronale Netzwerke sind sehr gut darin, Muster in Daten zu erkennen. Sie könnten dazu verwendet werden, die optimalen Parameter für die Tarnung zu ermitteln, basierend auf einer Vielzahl von Eingabedaten.
2. Anpassungsfähigkeit: Neuronale Netzwerke können dazu verwendet werden, die Tarnung in Echtzeit anzupassen. Sie könnten kontinuierlich Daten über die Umgebung und die Quelle sammeln und diese Informationen verwenden, um die Tarnungsparameter dynamisch anzupassen.
3. Skalierbarkeit: Neuronale Netzwerke können auf große Datenmengen skaliert werden und könnten daher dazu verwendet werden, Tarnungsprobleme zu lösen, die eine große Anzahl von Knotenpunkten oder eine hohe räumliche Auflösung erfordern.

Herausforderungen:

1. Trainingsdaten: Die Verwendung neuronaler Netzwerke erfordert eine große Menge an Trainingsdaten. Es könnte schwierig sein, genügend qualitativ hochwertige Daten zu sammeln, um das Netzwerk effektiv zu trainieren.
2. Komplexität: Neuronale Netzwerke können sehr komplex sein und erfordern eine sorgfältige Abstimmung und Validierung. Es könnte schwierig sein, das Netzwerk so zu konfigurieren, dass es zuverlässige und genaue Ergebnisse liefert.
3. Interpretierbarkeit: Die Ergebnisse neuronaler Netzwerke können oft schwer zu interpretieren sein. Dies könnte es schwierig machen, die Ergebnisse zu validieren oder zu verstehen, warum das Netzwerk bestimmte Entscheidungen trifft.

Insgesamt könnte die Verwendung neuronaler Netzwerke in diesem Kontext einen wertvollen Ansatz darstellen, aber es wäre wichtig, die oben genannten Herausforderungen zu berücksichtigen und sicherzustellen, dass das Netzwerk sorgfältig validiert wird. Es wäre auch wichtig, andere Ansätze in Betracht zu ziehen und die Verwendung neuronaler Netzwerke als Teil einer breiteren Strategie zur Lösung des Problems zu betrachten.

 Wir stimmen ChatGPT zu.

17.2 Chatten mit einem Lehrbuch

Falls Sie vorhaben, das obige Vorgehen zum Studieren eines Buchs zu verwenden, geben wir hier einige Hinweise. Zu bedenken ist, dass die kostenfreie Version des ChatWithPDF-Plugins insgesamt nur 99 Anfragen gewährt. Ferner ist zu beachten, dass solche Plugins nicht beliebig große PDF-Dateien bearbeiten können. Manchmal ist die Seitenanzahl auf 100 beschränkt. Es bietet sich also an, das Buch in Kapitel aufzuteilen und es kapitelweise von oder mit ChatGPT zu analysieren. Mit den lokal auf Ihrem Rechner abgelegten PDFs kann ChatGPT nichts anfangen und benötigt einen Link auf die Unterlage. Laden Sie also Ihre lokale PDFs nur dann hoch, wenn Sie das wirklich dürfen, also unter Einhaltung des Datenschutzes sowie der Publikationsrechte.

Neben ChatGPT gibt es andere Plattformen, die eine Kommunikation mit PDF-Unterlagen erlauben, siehe z.B. www.askyourpdf.com. „AskYourPDF" gibt es aber auch als Plugin für ChatGPT.

Die vorgestellten Plugins repräsentieren eine interessante und wertvolle Ergänzung zu ChatGPT. Die Inhalte wurden sowohl aus dem Paper als auch aus dem Internet entnommen. Dabei traten gelegentlich Fehler in der mathematischen Notation auf, und in einigen Fällen wurden inkorrekte Links angegeben. Es wurde zudem auf die durch die Plugins limitierte Seitenanzahl einer PDF sowie auf datenschutzrechtliche Bedenken hingewiesen.

Literaturverzeichnis

1. BlogMojo: ChatWithPDF https://www.blogmojo.de/chatgpt-plugin/chatwithpdf/ (Abgerufen am: 10.08.2023)
2. Helfrich-Schkarbanenko, A., Ismail-Zadeh, A., Sommer, A.: Active cloaking and illusion of electric potentials in electrostatics, Scientific Reports 11, Article number: 10651 (2021) https://doi.org/10.1038/s41598-021-89062-1
3. WebPilot Inc.: WebPilot https://www.webpilot.ai/ (Abgerufen am: 11.08.2023)

◇ ◇ ◇

Kapitel 18
Video-Insights-Plugin

> Der Mensch, das Augenwesen, braucht
> das Bild.
>
> ———————————————
> Leonardo da Vinci (1452-1519),
> italienisches Universalgenie, Maler,
> Bildhauer, Baumeister, Zeichner und
> Naturforscher

Die Darstellung von Informationen ist ein zentraler Aspekt des Lernprozesses. Die Art und Weise, wie Informationen präsentiert werden, kann das Verständnis und die Aufnahme von Wissen erheblich beeinflussen. Im Allgemeinen gibt es zwei Hauptformen der Informationsdarstellung: die Bilddarstellung und die Wortdarstellung, vgl. [1]. Es ist wichtig zu beachten, dass die effektivste Art der Informationsdarstellung oft eine Kombination aus beiden Formen ist. Die Verwendung von sowohl visuellen als auch textbasierten Medien, wie z.B. das Video, kann dazu beitragen, ein umfassendes und tiefgreifendes Verständnis von Konzepten und Ideen zu fördern. Darüber hinaus kann die Kombination von Bild- und Wortdarstellung dazu beitragen, verschiedene Lernstile zu berücksichtigen und eine inklusive Lernerfahrung zu bieten.

Da Video die beiden obigen Informationsdarstellungsformen vereint, und es eine Fülle von Lehrunterlagen im Videoformat vorliegt, möchten wir eine Brücke aufzeigen, mit der man von ChatGPT zumindest Teilweise auf die Information in den Videos zugreifen kann. Möglich wird es mittels z.B. des „Video-Insights"-Plugins, sowohl in kostenlosen Version mit eingeschränkten Zugang und beschränkter Auftragsmenge als auch in einer kostenpflichtigen Version, siehe [2]. Wir demonstrieren die Zusammenarbeit beider Tools an zwei Videos, die sich durch das Verhältnis der Information darin in Bild- sowie Wortdarstellungsform unterscheidet. Zusätzlich aktivieren wir die Plugins wie „Wolfram" und „WebPilot". Zu erwähnen ist, dass es hinsichtlich Anfragen zu Videoinhalten aktuell ca. 10 Plugins für ChatGPT gibt, wie z.B. „ChatWithVideo" oder „Video-Summary". Wir entscheiden uns für „Video-Insights", da wir es nach einigen Tests für den Leistungsfähigeren halten. Empfehlenswert ist das Durchschauen der beiden Videos aus diesem Kapitel (Dauer von 25 min bzw. 3 min), siehe die Links in den Prompts unten.

18.1 Video mit zahlreichen Animationen

Im ersten Video [4] überwiegt die Bilddarstellungsform, was für eine sprachbasierte KI eine relative Herausforderung darstellt.

> *In diesem Video wird ein mathematisches Thema erklärt:*
> *https://www.youtube.com/watch?v=r6sGWTCMz2k.*
> *Gebe in 5 Sätzen wieder, worum es darin geht.*

Used **VideoInsights.io**   ⌄

Das Video erklärt die Mathematik hinter der Fourier-Reihe, einer Methode zur Zerlegung komplexer Funktionen in eine Summe einfacher Schwingungen. Es wird gezeigt, wie sich durch die Anpassung der Größe und des Anfangswinkels jedes Vektors beliebige Formen zeichnen lassen. Dabei wird insbesondere auf die Anwendung der Fourier-Reihe zur Lösung der Wärmeleitungsgleichung eingegangen. Es wird auch die Verwendung von komplexen Zahlen in der Fourier-Analyse und die Beziehung zwischen Kosinus-Zerlegung und rotierender Vektor-Zerlegung erläutert. Schließlich wird die Bedeutung des Verständnisses komplexer Funktionen in einem breiteren Kontext betont und die Bedeutung der komplexen Exponentialnotation in Bezug auf Fourier-Reihen und das Lösen von Differentialgleichungen erklärt.

Das Plugin wurde erfolgreich aufgerufen, siehe Button oben. Die Buttons werden wir im Buch aus Platz- und Übersichtgründen manchmal ausblenden. Die Zusammenfassung stimmt so und besteht – wie gewünscht – aus 5 Sätzen.

> *Wann wurde das Video publiziert? Wie viele Likes hat es?*

Das Video „But what is a Fourier series? From heat flow to drawing with circles — DE4" wurde am 30. Juni 2019 veröffentlicht und hat bis jetzt 159.000 Likes erhalten. Bitte beachten Sie, dass diese Zahl sich ändern kann, da Nutzer weiterhin das Video bewerten können.

Die Angaben in der Antwort stimmen. Allerdings kann man über das Plugin auf die Kommentare der Zuschauer nicht zugreifen.

> *Was denkst Du, welche Stellen im Video sind einfach und welche relativ schwer? Gebe die zugehörigen Zeitstempel an.*

Als KI-Modell habe ich keine persönlichen Gedanken oder Gefühle und kann daher keine subjektiven Meinungen abgeben. Allerdings kann ich basierend auf der Komplexität der behandelten Themen eine Einschätzung abgeben, welche Teile des Videos für die meisten

Menschen wahrscheinlich einfacher oder schwieriger zu verstehen sind. Bitte beachten Sie, dass die folgenden Einschätzungen stark von den individuellen Vorkenntnissen und dem Verständnis des Betrachters in Mathematik und speziell in der Fourier-Analyse abhängen. Einfachere Teile:

- 0:00 - 2:10: Die Einführung, in der das Konzept der Zeichnung mit Kreisen erklärt wird, ist wahrscheinlich für die meisten Zuschauer leicht verständlich.
- 6:25 - 9:52: Die Diskussion über unendliche Funktionssummen und Trigonometrie im komplexen Raum ist wahrscheinlich für diejenigen zugänglich, die bereits ein grundlegendes Verständnis von Trigonometrie und komplexen Zahlen haben.

Schwierigere Teile:

- 14:11 - 22:11: Der Teil, in dem komplexe Exponentialfunktionen summiert werden, kann für einige Zuschauer schwierig sein, insbesondere wenn sie nicht vertraut sind mit der Manipulation von komplexen Zahlen und Exponentialfunktionen.
- 22:11 - 23:54: Das Beispiel mit der Stufenfunktion und die abschließende Diskussion könnten ebenfalls herausfordernd sein, da sie ein tieferes Verständnis der Fourier-Analyse und der damit verbundenen mathematischen Konzepte erfordern.

Bitte beachten Sie, dass das Video insgesamt ein fortgeschrittenes Niveau an mathematischem Verständnis erfordert, insbesondere in Bezug auf die Fourier-Analyse und verwandte Konzepte. Es ist daher empfehlenswert, dass Zuschauer, die nicht mit diesen Konzepten vertraut sind, zusätzliche Ressourcen zur Verfügung haben, um die im Video behandelten Themen zu verstehen.

Die Antwort stimmt in etwa mit dem Eindruck des Benutzers überein. Die Zeitstempel stimmen. Schickt man den Prompt erneut ab, so bekommt man leicht abgewandelte Antworten und die Anzahl der Unterpunkte variiert auch, z.B. drei einfache sowie drei schwierigere Stellen.

Welche Fragestellung beschäftigte Herr Fourier, als er auf die Idee der Fourier-Entwicklung kam?

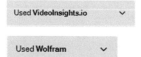

Joseph Fourier entwickelte die Fourier-Reihe, als er sich mit dem Problem der Wärmeleitung beschäftigte. Er wollte verstehen, wie Wärme sich in verschiedenen Materialien ausbreitet und wie die Temperatur in einem Material über die Zeit variiert. Um dieses Problem zu lösen, stellte Fourier die Hypothese auf, dass jede Funktion - auch solche, die diskontinuierlich oder periodisch sind - als unendliche Summe von Sinus- und Kosinusfunktionen dargestellt werden kann. Diese Annahme führte zur Entwicklung der Fourier-Reihe und später zur Fourier-Transformation, die beide grundlegende Werkzeuge in vielen Bereichen der Mathematik und Physik sind.

*Joseph Fourier beschäftigte sich mit dem Problem der Wärmeleitung - das ist richtig!
Neben dem Video-Insight-Plugin wurde hier auch auf das Wolfram-Plugin zugegriffen.*

*Stelle Dir vor, Du bist ein Mathematik-Professor.
Erstelle für Deine Studierende eine ausführliche Vorlesungsunterlage (ca. 2-3 Seiten
lang), mit der die Studierenden in das Thema eingeführt werden.
Ergänze diese Unterlage mit 3 Verständnisaufgaben und 3 Rechenaufgaben. Zu den
Aufgaben bitte auch Lösungen erstellen.*

Einführung
Die Fourier-Reihe ist ein mächtiges Werkzeug in der Mathematik, das es uns ermöglicht,
periodische Funktionen als Summe von Sinus- und Kosinusfunktionen darzustellen. Sie
wurde von dem französischen Mathematiker Joseph Fourier entwickelt, als er das Problem
der Wärmeleitung untersuchte.

Definition der Fourier-Reihe
Für eine periodische Funktion $f(t)$ mit Periode T, kann die Fourier-Reihe definiert werden
als:

$$f(t) = a_0 + \sum_{n=1}^{\infty} [a_n \cos(\frac{2\pi n t}{T}) + b_n \sin(\frac{2\pi n t}{T})]$$

wobei die Koeffizienten a_n und b_n durch die folgenden Integrale gegeben sind:

$$a_n = \frac{2}{T} \int_0^T f(t) \cos(\frac{2\pi n t}{T}) dt, \quad b_n = \frac{2}{T} \int_0^T f(t) \sin(\frac{2\pi n t}{T}) dt$$

Verständnisaufgaben

1. Frage: Was ist die Hauptmotivation hinter der Fourier-Reihe?
   Antwort: Die Fourier-Reihe wurde entwickelt, um periodische Funktionen in Sinus- und
   Kosinusfunktionen zu zerlegen.
2. Frage: Was ist die Bedeutung von $f(t)$ in der Fourier-Reihe?
   Antwort: $f(t)$ ist die zu zerlegende periodische Funktion.
3. Frage: Wie wird die Periode T in der Fourier-Reihe definiert?
   Antwort: T ist die Periode der Funktion $f(t)$, also die Länge des Intervalls, in dem sich
   die Funktion wiederholt.

Rechenaufgaben

1. Aufgabe: Berechnen Sie die Fourier-Koeffizienten a_0, a_1, b_1 für die Funktion $f(t) = t$
   auf dem Intervall $[0, 2\pi]$.
   Lösung: $a_0 = \pi$, $a_1 = 0$, $b_1 = -2$.
2. Aufgabe: Überprüfen Sie, dass die Fourier-Reihe für die Funktion $f(t) = t$ auf dem
   Intervall $[0, 2\pi]$ gegeben ist durch $f(t) = \pi - 2 \sum_{n=1}^{\infty} \frac{(-1)^n}{n} \sin(nt)$.

Lösung: Die Koeffizienten a_n für $n \geq 1$ sind alle null und $b_n = \frac{2(-1)^n}{n}$ für $n \geq 1$, daher ist die Fourier-Reihe gegeben durch

$$f(t) = a_0 + \sum_{n=1}^{\infty} b_n \sin(nt) = \pi - 2 \sum_{n=1}^{\infty} \frac{(-1)^n}{n} \sin(nt).$$

3. Aufgabe: Berechnen Sie die Fourier-Koeffizienten a_0, a_1, b_1 für die Funktion $f(t) = \sin(t)$ auf dem Intervall $[0, 2\pi]$.

Lösung: Da $\sin(t)$ eine Sinusfunktion mit Frequenz 1 ist, ist $a_0 = 0$, $a_1 = 0$ und $b_1 = 1$. Alle anderen Koeffizienten a_n und b_n für $n \neq 1$ sind null.

Generiert wurde lediglich eine Seite anstatt der geforderten 2-3.
Bei einem erneuten Prompt-Aufruf wurden in den Rechenaufgaben die Fourier-Reihen zu den Funktionen $f_1(t) = t$, $f_2(t) = t^2$ und $f_3(t) = |t|$ auf dem Intervall $[-\pi, \pi]$ thematisiert. Oben fällt auf, dass in der erstellten Unterlage nur reellwertige Fourier-Reihe vorkommt, obwohl im Video die komplexe Fourier-Reihe im Vordergrund steht. Daher fragen wir explizit nach der Formel für den komplexen Koeffizient c_n.

Im Video kommt ein Koeffizient c_n vor. Gebe seine mathematische Definition wieder.

In der Fourier-Reihe und insbesondere in der komplexen Fourier-Reihe, wird der Koeffizient c_n oft verwendet, um die Beiträge der einzelnen Frequenzkomponenten zu repräsentieren. Die mathematische Definition von c_n in der komplexen Fourier-Reihe ist wie folgt: Für eine periodische Funktion $f(t)$ mit Periode T wird der Koeffizient c_n berechnet als:

$$c_n = \frac{1}{T} \int_0^T f(t) e^{-i\frac{2\pi n}{T} t} dt \qquad (18.1)$$

In dieser Formel repräsentiert n die Frequenz (in ganzen Zahlen), i ist die imaginäre Einheit, und das Integral wird über eine Periode der Funktion berechnet. Der Ausdruck $e^{-i\frac{2\pi n}{T} t}$ ist ein rotierender Vektor, der bei der Zerlegung der Funktion in ihre Frequenzkomponenten hilft.

Die Koeffizienten c_n sind die Amplituden der einzelnen Frequenzkomponenten in der Fourier-Reihe, und sie können sowohl reale als auch komplexe Werte annehmen.

Im Video kam die Formel nicht in dieser Form vor, sondern für den Fall $T = 1$. Die Formel wurde im Video auch nicht vorgelesen. Wir schließen daraus, dass das Plugin Video-Insight wohl die Bildsprache (noch) nicht versteht und ChatGPT sich dafür

- *entweder auf das gesprochene Wort fokussiert;*
- *Hilfe durch das Wolfram-Plugin anfordert;*
- *oder (mangels der Textinfo im Video) wohl eher auf die Trainigsdaten der KI verlässt.*

Ein automatisches Erstellen von vollständig korrekten Skripten aus einer Videodatei ist also noch nicht möglich, da die Information, die in der Bilddarstellungsform vorliegt, weder von

ChatGPT noch von Plugins interpretiert werden. Aktuell gibt es z.B. „SceneXplain"-Plugin, das aber auf die Interpretation von einzelnen Bildern entwickelt wurde.

Kannst Du mir weitere YouTube-Videos empfehlen, die das obige Video ganz gut ergänzen?

 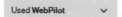

Hier sind einige YouTube-Videos, die das obige Video gut ergänzen könnten:

- Introduction to Fourier Series von Neso Academy
- Intro to FOURIER SERIES: The Big Idea von Dr. Trefor Bazett
- Fourier Series Part 1 von Best Damn Tutoring
- But what is the Fourier Transform? A visual introduction. von 3Blue1Brown
- Intro to Fourier series and how to calculate them von Dr Chris Tisdell

Bitte beachten Sie, dass die Qualität und der Inhalt der Videos von den jeweiligen Erstellern abhängen und es immer eine gute Idee ist, zusätzliche Quellen zu konsultieren, um ein umfassendes Verständnis eines Themas zu erlangen.

 Der Zugriff auf das Internet geschieht hier mittels des „WebPilot"-Plugins, das vom Benutzer im Vorfeld im Chat aktiviert wurde. Bei den ersten 4 der 5 Videos geht es tatsächlich um Fourier-Reihen. Beim 5. Video ist allerdings derselbe Link angegeben wie beim 4. Video.

18.2 Video mit einem einzigen Tafelbild

Wir wenden das Video-Insights-Plugin nun auf ein nur 3 min dauerndes Video an [3], in dem – im Gegensatz zum ersten Video – lediglich ein Tafelbild verwendet wird. D.h. die Information liegt überwiegend in Wortdarstellungsform vor, was die Inhaltsanalyse mittels einer sprachbasierten KI begünstigen müsste.

Stelle vor, Du bist ein Mathematik-Professor.
Schreibe dieses Video in ein Vorlesungsskript für eine Mathematikvorlesung um:
https://www.youtube.com/watch?v=r0CNAI2rHfY&list=
PLLTAHuUj-zHgMbsnuYFI4faJVawyKOM97.

Das Video „Abbildungsmatrizen, Grundlagen, Matrix, Lineare Algebra, Mathe by Daniel Jung" erklärt die Grundlagen der Abbildungsmatrizen in der linearen Algebra. Hier ist eine

Umwandlung des Transkripts in ein LaTeX-Vorlesungsskript:

In dieser Vorlesung betrachten wir die Grundlagen der Abbildungsmatrizen in der linearen Algebra. Wir beginnen mit der Definition einer Abbildungsmatrix und zeigen dann ein einfaches Beispiel.

Definition Eine Abbildungsmatrix A ist eine Matrix, die eine Abbildungsvorschrift repräsentiert. Sie kann verwendet werden, um einen Punkt P auf einen anderen Punkt P' abzubilden. Die Abbildung erfolgt durch Multiplikation der Matrix A mit dem Vektor, der den Punkt P repräsentiert.

2×2-Abbildungsmatrix Eine 2×2-Abbildungsmatrix hat die Form

$$A = \begin{pmatrix} a & b \\ c & d \end{pmatrix}$$

und kann verwendet werden, um einen Punkt $P = (x_1, x_2)$ auf einen Punkt $P' = (x'_1, x'_2)$ abzubilden. Die Abbildung erfolgt durch die Matrixmultiplikation

$$\begin{pmatrix} x'_1 \\ x'_2 \end{pmatrix} = \begin{pmatrix} a & b \\ c & d \end{pmatrix} \begin{pmatrix} x_1 \\ x_2 \end{pmatrix}$$

3×3-Abbildungsmatrix Eine 3x3-Abbildungsmatrix hat die Form

$$A = \begin{pmatrix} a & b & c \\ d & e & f \\ g & h & i \end{pmatrix}$$

und kann verwendet werden, um einen Punkt $P = (x_1, x_2, x_3)$ auf einen Punkt $P' = (x'_1, x'_2, x'_3)$ abzubilden. Die Abbildung erfolgt durch die Matrixmultiplikation

$$\begin{pmatrix} x'_1 \\ x'_2 \\ x'_3 \end{pmatrix} = \begin{pmatrix} a & b & c \\ d & e & f \\ g & h & i \end{pmatrix} \begin{pmatrix} x_1 \\ x_2 \\ x_3 \end{pmatrix}$$

Beispiel Betrachten wir ein einfaches Beispiel. Wir haben den Punkt $P = (1, 4)$ und die Abbildungsmatrix

$$A = \begin{pmatrix} 2 & 1 \\ 1 & 1 \end{pmatrix}$$

Die Abbildung des Punktes P erfolgt durch die Matrixmultiplikation

$$\begin{pmatrix} x'_1 \\ x'_2 \end{pmatrix} = \begin{pmatrix} 2 & 1 \\ 1 & 1 \end{pmatrix} \begin{pmatrix} 1 \\ 4 \end{pmatrix} = \begin{pmatrix} 6 \\ 4 \end{pmatrix}$$

Also ist der abgebildete Punkt $P' = (6, 4)$.

Die mathematischen Inhalte wurden relativ vollständig wiedergegeben. Die Notation stimmt auch mit der aus dem Video überein. Die ersten zwei Matrizen wurden mit Variablen als Komponenten befüllt, da im Video die Matrixkomponenten nicht vorgelesen werden. In der konkreten Beispielmatrix A, die vorgelesen wurde, ist jedoch eine Komponente falsch (rot markiert). Das Ergebnis P′ stimmt aber.

Wir weisen auf den Fehler in der Matrix A indirekt hin.

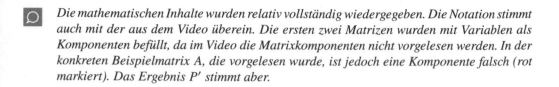

Stimmen die Koeffizienten der Beispielmatrix?!

Entschuldigen Sie den Fehler. Sie haben recht, die Koeffizienten der Beispielmatrix im LaTeX-Skript stimmen nicht mit denen aus dem Video überein. Hier ist die korrigierte Version des Beispiels:

Betrachten wir ein einfaches Beispiel. Wir haben den Punkt $P = (1, 4)$ und die Abbildungsmatrix

$$A = \begin{pmatrix} 2 & 1 \\ 0 & 1 \end{pmatrix}$$

Die Abbildung des Punktes P erfolgt durch die Matrixmultiplikation

$$\begin{pmatrix} x_1' \\ x_2' \end{pmatrix} = \begin{pmatrix} 2 & 1 \\ 0 & 1 \end{pmatrix} \begin{pmatrix} 1 \\ 4 \end{pmatrix} = \begin{pmatrix} 6 \\ 4 \end{pmatrix}$$

Also ist der abgebildete Punkt $P' = (6, 4)$.

Auf eine uns unerklärliche Weise korrigiert ChatGPT den Fehler, siehe die blau markierte Matrixkomponente.

Im vorletzen Prompt forderten wir die KI auf, sich wie ein Mathematik-Professor zu verhalten. Solche anweisungen sind bei der Kommunikation mit ChatGPT sehr hilfreich und wir halten das in einem Tipp fest.

> Prompt-Tipp: Durch eine Aufforderung, dass ChatGPT eine bestimmte Rolle einnehmen soll, z.B. sich wie ein Mathelehrer zu verhalten, kann man die Qualität und die Form der Konversation steuern.

Zusammenfassend stellen wir die These auf, dass je größer der Anteil der Information in gesprochener Wortdarstellungsform ist, desto besser lassen sich solche Videos mit den sprachbasierten KIs analysieren. Die Erfahrung mit ChatGPT zeigte auch, dass die Ergebnisse selten exakt reproduzierbar sind. Die Ausgaben sind stark von den vorhergehenden Konversation mit ChatGPT abhängig.

Spannend wäre auch noch die Untersuchung, inwiefern ChatGPT aus einem Video, in dem ein Dialog zwischen zwei oder mehreren Gesprächspartnern protokollieren und einzelne Beiträge den richtigen Teilnehmern zuordnen kann. Dies überlassen wir den interessierten Lesern als Hausaufgabe.

Literaturverzeichnis

1. Mayer, R.-E.: Multimedia Learning, Cambridge University Press 2001
2. Video Insights: Video Insights https://www.videoinsights.io/ (Abgerufen am: 10.08.2023)
3. Jung., D.: Abbildungsmatrizen, Grundlagen, Matrix, Lineare Algebra, Mathe, Video https://www.youtube.com/watch?v=r0CNAI2rHfY&list=PLLTAHuUj-zHgMbsnuYFI4faJVawyKOM97 (Abrufdatum: 15.05.2023)
4. Sanderson, G., 3Blue1Brown: But what is a Fourier series? From heat flow to drawing with circles - DE4, Video, https://www.youtube.com/watch?v=r6sGWTCMz2k&t=20s, (Abrufdatum: 16.05.2023)

◇ ◇ ◇

Kapitel 19
Puzzle-Constructor-Plugin

> Künstler ist nur einer, der aus der Lösung
> ein Rätsel machen kann.
>
> Karl Kraus (1874-1936), österreichischer
> Schriftsteller und Publizist

In diesem Jahr feiert das Kreuzworträtsel seinen 110. Geburtstag, vgl. [2]. Es stellt eine eigenartige Form der Wissensabfrage dar und kommt in der Lehre eher selten zum Einsatz, da seine Aufstellung mit einem großen Aufwand verbunden ist. Hier testen wir, inwiefern ChatGPT in Kombination mit dem „Puzzle-Construtor"-Plugin [1] den interessierten Dozierenden dabei die Arbeit abnehmen kann.

19.1 Kreuzworträtsel

Im Folgenden werden wir ChatGPT zu einem Mathematischen Themenbereich eine Liste von Suchwörtern sowie den zugehörigen Hinweisen erstellen und anschließend mit einem Plugin das Kreuzworträtsel generieren lassen.

Ich möchte gerne mittels eines Plugins ein Kreuzworträtsel für meine Studierende erstellen. Wie geht man da vor?

Um ein Kreuzworträtsel zu erstellen, können Sie das „Puzzle-Constructor"-Plugin verwenden. Sie müssen eine Liste von Wörtern und entsprechenden Hinweisen bereitstellen. Hier sind die Schritte:

1. Erstellen Sie eine Liste von Wörtern, die Sie in Ihrem Kreuzworträtsel verwenden möchten. Jedes Wort sollte ein einzelner String sein.
2. Erstellen Sie eine entsprechende Liste von Hinweisen für jedes Wort. Jeder Hinweis sollte ein einzelner String sein und in der gleichen Reihenfolge wie die Wörter angeordnet sein.

3. Optional können Sie die Größe des Rätsels festlegen, indem Sie eine Zahl für die grid_size angeben. Wenn Sie diese Option nicht angeben, wird eine Standardgröße verwendet.

4. Senden Sie diese Informationen an das „Puzzle-Constructor"-Plugin, um Ihr Kreuzworträtsel zu erstellen.

Hier ist ein Beispiel für eine Anfrage an das Plugin:

```
{
    "words": ["Katze", "Hund", "Vogel"],
    "clues": ["Dieses Haustier schnurrt", "Dieses Haustier bellt",
                    "Dieses Haustier kann fliegen"],
    "grid_size": 10
}
```

Das Plugin wird dann ein Kreuzworträtsel basierend auf den bereitgestellten Wörtern und Hinweisen erstellen.

ChatGPT erkennt, dass wir in der verfügbaren Plugin-Liste das Puzzle-Constructor-Plugin aktiviert haben. Wir merken uns die Begriffe wie „words", „clues", „grid_size" und werden diese in den Prompts verwenden.

Kannst Du bitte zum mathematischen Bereich „Lineare Algebra und analytische Geometrie" eine Liste aus 40 relativ kurzen „words" und eine liste der zugehörigen „clues" erstellen. Danach bitte ein Kreuzworträtsel erstellen. In der „words" -Liste sollten Begriffe vorkommen wie z.B.: Ebene, Vektor, Projektion, Abstand, Schnittpunkt, Quadrant, Skalarprodukt, ...

Natürlich, hier sind 40 Wörter und zugehörige Hinweise aus dem Bereich der linearen Algebra und analytischen Geometrie:

1. „Ebene": „Ein zweidimensionaler Raum in der Geometrie"
2. „Vektor": „Ein mathematisches Objekt mit Richtung und Betrag"
3. „Projektion": „Die Abbildung eines Punktes oder einer Figur auf eine andere Oberfläche"
4. „Abstand": „Die kürzeste Entfernung zwischen zwei Punkten"
5. „Schnittpunkt": „Ein Punkt, an dem sich zwei Linien oder Kurven kreuzen"
6. „Quadrant": „Eine der vier Regionen, in die die x-y-Ebene geteilt ist"
7. „Skalarprodukt": „Eine Operation, die zwei Vektoren in eine Zahl umwandelt"
8. „Matrix": „Ein rechteckiges Array von Zahlen"
9. „Determinante": „Eine spezielle Zahl, die aus einer Matrix berechnet wird"
10. „Eigenwert": „Ein spezieller Skalar, der in Zusammenhang mit linearen Systemen von Gleichungen steht"
11. „Eigenvektor": „Ein Vektor, der seine Richtung nicht ändert, wenn eine lineare Transformation angewendet wird"
12. „Basis": „Eine Menge von Vektoren, die den gesamten Raum aufspannen"
13. „Dimension": „Die Anzahl der Basisvektoren in einem Raum"
14. „Orthogonal": „Zwei Vektoren sind orthogonal, wenn ihr Skalarprodukt null ist"
15. „Norm": „Die Länge eines Vektors"

16. „Linearkombination": „Eine Kombination von Vektoren mit Skalaren multipliziert und addiert"
17. „LineareAbhängigkeit": „Eine Situation, in der ein Vektor als Linearkombination anderer Vektoren ausgedrückt werden kann"
18. „LineareUnabhängigkeit": „Eine Situation, in der kein Vektor als Linearkombination anderer Vektoren ausgedrückt werden kann"
19. „Koordinaten": „Zahlen, die den Punkt im Raum bestimmen"
20. „Ursprung": „Der Punkt, an dem alle Koordinatenachsen aufeinandertreffen"
21. „Gerade": „Eine Linie, die durch zwei Punkte verläuft"
22. „Kreis": „Eine Menge von Punkten, die alle den gleichen Abstand von einem bestimmten Punkt haben"
23. „Ellipse": „Eine Menge von Punkten, bei denen die Summe der Abstände zu zwei festen Punkten konstant ist"
24. „Parabel": „Die Menge aller Punkte, die den gleichen Abstand zu einem Punkt und einer Linie haben"
25. „Hyperbel": „Eine Menge von Punkten, bei denen der Unterschied der Abstände zu zwei festen Punkten konstant ist"
26. „Kegelschnitt": „Eine Kurve, die durch die Schnittstelle einer Ebene und eines Kegels entsteht"
27. „Raum": „Ein Satz von Punkten, die eine Struktur bilden"
28. „Punkt": „Ein genauer Ort oder Position in einem Raum"
29. „Linie": „Eine gerade Strecke, die sich in beide Richtungen bis ins Un

Used Puzzle Constructor ⌄

Es tut mir leid, aber es scheint, dass es ein Problem mit der Erstellung des Kreuzworträtsels gibt. Es könnte sein, dass einige der Hinweise zu lang sind oder dass das Plugin Schwierigkeiten hat, ein Rätsel zu erstellen, das alle bereitgestellten Wörter enthält.

Eine Möglichkeit, dieses Problem zu umgehen, könnte darin bestehen, die Liste der Wörter zu reduzieren oder kürzere Wörter zu verwenden. Alternativ könnten wir versuchen, die Größe des Rätsels zu erhöhen, um mehr Platz für die Wörter zu schaffen. Bitte lassen Sie mich wissen, wie Sie fortfahren möchten.

Die Suchwörter passen zum Thema und die Clues sind meist sinnvoll. Zu den Suchwörtern
z.B. 10 bzw. 14 würde man eher einen anderen Clue sich überlegen. Die obige Liste wurde zu unserer Überraschung von ChatGPT innerhalb einer Minute erstellt. Leider kommen in der Liste als Suchbegriffe „ LineareAbhängiugkeit" oder „ LineareUnabhängigkeit" vor, siehe rot markierten Text. Beim 29. Wort bricht die Liste mitten im Satz ab. Es wird gleichzeitig der Plugin aufgerufen. Die Generierung des Puzzles mittels des Plugins dauerte mehrere Minuten, bevor die Fehlermeldung ausgegeben wurde. Wissend, dass die langen Wörter eine Zusammenstellung eines Kreuzworträtsels erschweren, erleichtern wir die Aufgabenstellung mit dem nächsten Prompt.

Entferne 10 der längsten Wörter.

Um die zehn längsten Wörter aus der Liste zu entfernen, sortieren wir die Wörter nach ihrer Länge und entfernen die zehn längsten. Hier sind die Wörter und Hinweise, nachdem wir die zehn längsten Wörter entfernt haben:

1. „Ebene": „Ein zweidimensionaler Raum in der Geometrie":
2. „Vektor": „Ein mathematisches Objekt mit Richtung und Betrag":
3. „Projektion": „Die Abbildung eines Punktes oder einer Figur auf eine andere Oberfläche":
4. „Abstand": „Die kürzeste Entfernung zwischen zwei Punkten":
5. „Schnittpunkt": „Ein Punkt, an dem sich zwei Linien oder Kurven kreuzen":
6. „Quadrant": „Eine der vier Regionen, in die die x-y-Ebene geteilt ist":
7. „Matrix": „Ein rechteckiges Array von Zahlen":
8. „Eigenwert": „Ein spezieller Skalar, der in Zusammenhang mit linearen Systemen von Gleichungen steht":
9. „Basis": „Eine Menge von Vektoren, die den gesamten Raum aufspannen":
10. „Dimension": „Die Anzahl der Basisvektoren in einem Raum":
11. „Orthogonal": „Zwei Vektoren sind orthogonal, wenn ihr Skalarprodukt null ist":
12. „Norm": „Die Länge eines Vektors":
13. „Koordinaten": „Zahlen, die den Punkt im Raum bestimmen":
14. „Ursprung": „Der Punkt, an dem alle Koordinatenachsen aufeinandertreffen":
15. „Gerade": „Eine Linie, die durch zwei Punkte verläuft":
16. „Kreis": „Eine Menge von Punkten, die alle den gleichen Abstand von einem bestimmten Punkt haben":
17. „Ellipse": „Eine Menge von Punkten, bei denen die Summe der Abstände zu zwei festen Punkten konstant ist":
18. „Parabel": „Die Menge aller Punkte, die den gleichen Abstand zu einem Punkt und einer Linie haben":
19. „Hyperbel": „Eine Menge von Punkten, bei denen der Unterschied der Abstände zu zwei festen Punkten konstant ist":
20. „Kegelschnitt": „Eine Kurve, die durch die Schnittstelle einer Ebene und eines Kegels entsteht":
21. „Raum": „Ein Satz von Punkten, die eine Struktur bilden":
22. „Punkt": „Ein genauer Ort oder Position in einem Raum":
23. „Linie": „Eine gerade Strecke, die sich in beide Richtungen bis ins Unendliche erstreckt":
24. „Kurve": „Eine Linie, die sich nicht gerade erstreckt":
25. „Fläche": „Die Menge aller Punkte in einer Ebene, die innerhalb einer geschlossenen Kurve liegen":
26. „Volumen": „Die Menge des Raumes, der von einem Körper oder einer Form eingenommen wird":
27. „Winkel": „Die Menge der Drehung zwischen zwei Linien, die einen gemeinsamen Punkt haben":
28. „Gleichung": „Eine Aussage, dass zwei Ausdrücke gleich sind":

29. „Unbekannte": „Ein Wert, der in einer Gleichung oder einem Problem

ChatGPT reduziert die Liste (z.B. sind die rot markierten Wörter nicht mehr dabei) und *gibt eine Liste von 29 Suchwörtern aus. Ob ChatGPT die neuen Suchwörter nach dem aktuellen Prompt oder nach dem vorletzten generierte, ist uns ein Rätsel. Leider kann das Plugin immer noch nicht ein Kreuzworträtsel ausgeben. Wir stellen fest, dass ChatGPT den Parameter grid_size auf 20 gesetzt hat, d.h. für das Rätsel wurde ein 20×20-Feld zur Verfügung gestellt, und gewähren mit dem nächsten Prompt dem Plugin mehr Freiraum zum Platzieren der Suchwörter.*

Du kannst gerne grid_size auf 30 setzen.

Used Puzzle Constructor ⌄

Hier ist das Kreuzworträtsel, das auf der Grundlage der bereitgestellten Wörter und Hinweise erstellt wurde:
Und hier sind die Hinweise:

1. Down: Ein zweidimensionaler Raum in der Geometrie.
2. Across: Ein mathematisches Objekt mit Richtung und Betrag.
3. Across: Die Abbildung eines Punktes oder einer Figur auf eine andere Oberfläche.
4. Across: Die kürzeste Entfernung zwischen zwei Punkten.
5. Across: Ein Punkt, an dem sich zwei Linien oder Kurven kreuzen.
6. Down: Ein rechteckiges Array von Zahlen.
7. Across: Ein spezieller Skalar, der in Zusammenhang mit linearen Systemen von Gleichungen steht.
8. Down: Eine Menge von Vektoren, die den gesamten Raum aufspannen.
9. Down: Die Anzahl der Basisvektoren in einem Raum.
10. Down: Zwei Vektoren sind orthogonal, wenn ihr Skalarprodukt null ist.
11. Across: Die Länge eines Vektors.
12. Down: Zahlen, die den Punkt im Raum bestimmen.
13. Across: Der Punkt, an dem alle Koordinatenachsen aufeinandertreffen.
14. Across: Eine Linie, die durch zwei Punkte verläuft.
15. Down: Eine Menge von Punkten, die alle den gleichen Abstand von einem bestimmten Punkt haben.
16. Across: Eine Menge von Punkten, bei denen die Summe der Abstände zu zwei festen Punkten konstant ist.
17. Down: Die Menge aller Punkte, die den gleichen Abstand zu einem Punkt und einer Linie haben.
18. Down: Eine Menge von Punkten, bei denen der Unterschied der Abstände zu zwei festen Punkten konstant ist.
19. Across: Eine Kurve, die durch die Schnittstelle einer Ebene und eines Kegels entsteht.
20. Down: Ein Satz von Punkten, die eine Struktur bilden.
21. Down: Ein genauer Ort oder Position in einem Raum.

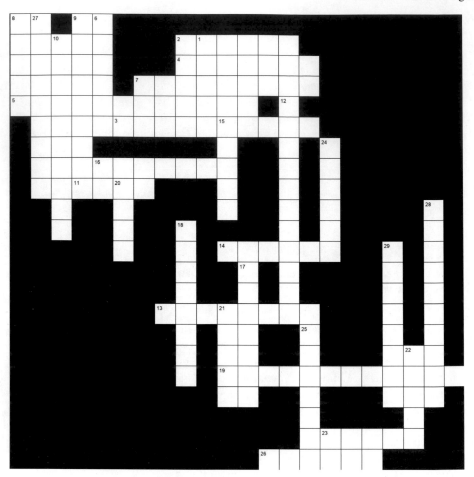

22. Down: Eine gerade Strecke, die sich in beide Richtungen bis ins Unendliche erstreckt.
23. Across: Eine Linie, die sich nicht gerade erstreckt.
24. Down: Die Menge aller Punkten in einer Ebene, die innerhalb einer geschlossenen Kurve liegen.
25. Down: Die Menge des Raumes, der von einem Körper oder einer Form eingenommen wird.
26. Across: Die Menge der Drehung zwischen zwei Linien, die einen gemeinsamen Punkt haben.
27. Down: Eine Aussage, dass zwei Ausdrücke gleich sind.
28. Down: Ein Wert, der in einer Gleichung oder einem Problem gesucht wird.
29. Down: Eine der vier Regionen, in die die x-y-Ebene geteilt ist.

Ich hoffe, dies ist hilfreich für Ihre Studierenden!

 Uns fällt auf, dass die Nummerierung der Wörter in der Liste von ChatGPT sich von der Nummerierung des Plugins unterscheidet. D.h. die Liste von ChatGPT kann man als

Lösung nicht unmittelbar verwenden. Da das Plugin nicht in der Lage ist, das erstellte Kreuzworträtsel auszufüllen, bitten wir ChatGPT darum, eine Lösungsliste zu erstellen.

Erstelle eine Liste mit Lösungen. Die Liste soll aus folgenden Komponenten bestehen: 1. Nummer der Frage; 2. „horizontal" anstatt „Acsoss" bzw. „vertikal" anstatt „Down"; 3. Lösungswort ohne Anführungszeichen.

Hier ist die Liste der Lösungen, die Sie angefordert haben:
1 vertikal: Ebene
2 horizontal: Vektor
3 horizontal: Projektion
4 horizontal: Abstand
5 horizontal: Schnittpunkt
6 vertikal: Matrix
7 horizontal: Eigenwert
8 vertikal: Basis
9 vertikal: Dimension
10 vertikal: Orthogonal
11 horizontal: Norm
12 vertikal: Koordinaten
13 horizontal: Ursprung
14 horizontal: Gerade
15 vertikal: Kreis
16 horizontal: Ellipse
17 vertikal: Parabel
18 vertikal: Hyperbel
19 horizontal: Kegelschnitt
20 vertikal: Raum
21 vertikal: Punkt
22 vertikal: Linie
23 horizontal: Kurve
24 vertikal: Fläche
25 vertikal: Volumen
26 horizontal: Winkel
27 vertikal: Gleichung
28 vertikal: Unbekannte
29 vertikal: Quadrant

Bitte beachten Sie, dass die Nummern der Fragen der Reihenfolge entsprechen, in der die Wörter und Hinweise in der ursprünglichen Liste angegeben wurden.

Wie gewünscht, erhalten wir die Lösungsliste mit der richtigen Nummerierung. Bei dieser Aufgabenstellung kommt ChatGPT ohne des Plugins zurecht.

Letztendlich ist es uns nach mehreren Schwierigkeiten gelungen, ein Kreuzworträtsel mit den vorliegenden Werkzeugen aufzustellen. Mit der obigen Erfahrung ließen sich die weiteren Kreuzworträtseln schneller generieren.

Literaturverzeichnis

1. BlogMojo: Puzzle Constructor https://www.blogmojo.de/chatgpt-plugin/puzzle-constructor/ (Abgerufen am: 11.08.2023)
2. Eliot, G.: Brief Hiostory of Crossword Puzzles, http://www.crosswordtournament.com/more/wynne.html (Abgerufen am: 21.08.2023)

◇ ◇ ◇

Anhang A
Stolpersteine

Entschlossenheit bringt jedes Hindernis
zu Fall.

Leonardo da Vinci (1452-1519),
italienisches Universalgenie, Maler,
Bildhauer, Baumeister, Zeichner und
Naturforscher

In diesem Kapitel listen wir mathematische Aufgaben auf, die vom Autor in einem einzigen Prompt eingegeben und von ChatGPT nicht vollständig richtig gelöst werden konnten. Manchmal handelt es sich um Aufgaben aus Literatur, die unverändert übernommen wurden. Die Referenzen geben wir ggf. für die Leser im Prompt mit an. Jede Aufgabe ist mit einem Hinweis auf die Problemstelle versehen.

Siehe 3. Testaufgabe im Abschnitt 4.2
Berechnen Sie die Schnittgerade der beiden gegebenen Ebenen E_1 und E_2.

$$E_1: \begin{pmatrix} x \\ y \\ z \end{pmatrix} = \begin{pmatrix} 5 \\ -1 \\ 4 \end{pmatrix} + s \begin{pmatrix} 1 \\ 2 \\ 3 \end{pmatrix} + t \begin{pmatrix} -3 \\ 0 \\ -3 \end{pmatrix} \quad (s, t \in \mathbb{R})$$

$$E_2: \begin{pmatrix} x \\ y \\ z \end{pmatrix} = \begin{pmatrix} 2 \\ 1 \\ 2 \end{pmatrix} + u \begin{pmatrix} 3 \\ 1 \\ 5 \end{pmatrix} + v \begin{pmatrix} 0 \\ -1 \\ 1 \end{pmatrix} \quad (u, v \in \mathbb{R})$$

Gebe Deine Berechnung als LaTeX-Quelltext aus. Beginne mit documentclass.

ChatGPT kann diese Aufgabe trotz Prompt-Tuning nicht lösen und gibt das offen zu. Das dabei aufgestellte LGS wurde dann explizit (also ohne des geometrischen Kontextes) als eine neue Aufgabe gestellt, siehe den folgenden Prompt.

Vgl. Testaufgabe im Abschnitt 4.2:
Löse folgendes lineare Gleichungssystem für die Unbekannten s, t, u, v:

$$s - 3t - 3u = -3$$
$$2s - u + v = 2$$
$$3s - 3t - 5u - v = -2$$

Weder das Lösen mittels des Einsetzverfahrens noch mit dem Gauß-Algorithmus kann für dieses 3×4-LGS von ChatGPT richtig umgesetzt werden. Durch Hinzunahme des Plugins WolframAlpha gelingt es aber der KI, den Lösungsweg anzugeben, siehe Dokumentation im Abschnitt 16.1.

Siehe Abschnitt 16.2:
Gesucht ist ein Polynom 3. Grades mit folgenden Eigenschaften:

$$p(-2) = -2, \quad p(2) = 2, \quad p'(-2) = 0 \quad und \quad p'(2) = 0.$$

Berechne das Polynom und gebe die Zwischenberechnungen aus.

Diese Aufgabe ist aus einem Mathematikbuch für 10. Klasse eines allgemeinbildenen Gymnasiums. Die vier linearen Gleichungen stellt ChatGPT noch richtig auf, aber schon im ersten Schritt beim Auflösen des 4×4-Systems kommt es zu einem Fehler: Die Summe aus der ersten und der zweiten Gleichung stimmte nicht.

Siehe Abschnitt 4.3:
In der xy-Ebene sind die Punkte

$$A(1; 0), \quad B(5; 1), \quad C(3; 5) \quad und \quad D(0; 3)$$

gegeben. Berechnen Sie den Flächeninhalt des Vierecks ABCD mit Hilfe des Kreuzprodukts. Beachte, dass das Kreuzprodukt im $\mathbb{R}^2$ nicht definiert ist. Du musst Dir also was einfallen lassen.

Ohne des blau markierten Textes im obigen Prompt versuchte ChatGPT das Kreuzprodukt im $\mathbb{R}^2$ anzuwenden, was jedoch falsch ist. Diesen Fehler machen auch manche Studierende. Nach dem Hinzufügen des Hinweises kommt ChatGPT auf die richtige Idee, die gegebene Situation in $\mathbb{R}^3$ einzubetten und erst dann das Kreuzprodukt zu benutzen.

Siehe Abschnitt 4.5:
Gebe eine 2×2-Matrix, die reell, vollbesetzt ist und einen einzigen Eigenwert 2 hat.

Diese Aufgabe konnte weder ausschließlich durch ChatGPT noch in Kombination mit dem Wolfram-Plugin bewältigt werden.

Siehe Abschnitt 4.7, Abgewandelte Aufgabe aus [3]:
Eine Ameise sitzt außen auf einem zylindrischen Glas und möchte zu einem Tropfen Honig krabbeln. Der befindet sich allerdings auf der Innenseite des Glases und insbesondere nicht auf dem Glasboden. Wie verläuft der kürzeste Weg?

Im Lösungsvorschlag gab es Anzeichen für richtige Idee. Allerdings war die Gesamtleitung von ChatGPT bei dieser Aufgabe als unzureichend zu bewerten.

Siehe Abschnitt 5.2:
Bestimmen Sie mittels der Lagrange'schen Multiplikatorenregel das Minimum der Funktion $f : \mathbb{R}^2 \to \mathbb{R}$, gegeben durch

$$f(x, y) = \cos(x) + y^2,$$

unter der Nebenbedingung $h(x, y) := (x - \pi)^2 + y^2 - \pi^2 = 0$.

Diese Aufgabe ist aus einer Klausur zur Vorlesung „Mathematische Algorithmen" eines Masterstudiengangs an der Hochschule Karlsruhe.
Die Lagrange-Funktion $L(x, y, \lambda) = f(x, y) + \lambda h(x, y)$ sowie das Gleichungssystem $\nabla L(x, y, \lambda) = \mathbf{0}$ wurde richtig aufgestellt. Beim Auflösen des nichtlinearen Systems kommt ChatGPT jedoch ins Schleudern und liefert nach mehrmaligen Versuchen höchstens eine der vier Lösungen. Das Aktivieren des Wolfram-Plugins ergab zwar das richtige Endergebnis, die Zwischenberechnungen beim Auflösen des nichtlinearen Gleichungssystems blieben jedoch trotz Aufforderung entweder aus oder sie waren fehlerhaft.
Auch für die einfachere Funktion $f(x, y) = y^2$ bei derselben Nebenbedingung liefert ChatGPT keine Lösung.

Beispiel aus [2, S. 496]:
Löse die DGL $y''(x) + y(x) = \cos(x)$, $x \in \mathbb{R}$ mittels der charakteristischen Gleichung.

Die homogene Lösung wurde richtig bestimmt. Bei der Variation der Konstanten ging jedoch die Berechnung schief. Mit der Unterstützung des Wolfram-Plugins, siehe Abschnitt 16.3, gelingt es ChatGPT, eine ausführlichere und korrekte Beschreibung der Zwischenschritte anzugeben. Im letzten Schritt, bei der Bestimmung der Koeffizienten der Ansatzfunktion, fehlt aber immer noch die Zwischenberechnung.

Aufgabe aus [2, Aufgabe 13.9]:
Bestimmen Sie die allgemeine Lösung der linearen Differenzialgleichung erster Ordnung

$$u'(x) + \cos(x)u(x) = \frac{1}{2}\sin(2x), \quad x \in (0, \pi).$$

Tipp: Löse zunächst die homogene Gleichung mittels Separation.

Mit dem Tipp kam ChatGPT in den Berechnungen weiter, bei der Variation der Konstanten versagte es jedoch.

Siehe Abschnitt 5.3, Aufgabe aus [3, Aufgabe 14.30]:
Bestimmen Sie die Lösung des Anfangswertproblems

$$\begin{cases} x'(t) + y(t) = \sin(2t) \\ y'(t) - x(t) = \cos(2t) \end{cases}$$

mit den Anfangswerten $x(0) = 1$ und $y(0) = 0$.

Die Lösung des homogenen Systems wurde von ChatGPT richtig bestimmt, siehe die Dokumentation im Abschnitt 5.3 des vorliegenden Werks. Die Berechnung der partikulären Lösung lief allerdings schief.

Siehe Prompt im Abschnitt 14.2:
Seien $\mathbf{x}, \mathbf{y} \in \mathbb{R}^n$ und

$$E(w_1, w_2) = \frac{1}{2}\|\mathbf{y} - \boldsymbol{\phi}(\mathbf{x}, w_1, w_2)\|_2^2,$$

mit

$$\boldsymbol{\phi}(\mathbf{x}, w_1, w_2) = (w_1 + x_1 w_2, \ w_1 + x_2 w_2, \ ..., \ w_1 + x_n w_2)^\top.$$

Seien $\mathbf{x} = (-1, 0, 1, 2)^\top$ und $\mathbf{y} = (1, 1, 2, 2)^\top$. Schreibe ein MATLAB-Skript zur graphischen Darstellung der Funktion $E(w_1, w_2)$ im Bereich $(w_1, w_2) \in [-3, 3] \times [-3, 3]$.

Zum Generieren eines fehlerfreien MATLAB-Quelltextes musste der obige Prompt um folgende Hilfestellung erweitert werden:
Die Funktion E sollte mittels for*-Schleifen für jedes Paar* (w_1, w_2) *ausgewertet werden.*

Siehe Kommentar am Ende des Abschnitts 10.2:
Erstelle die Erreichbarkeitsmatrix zu einem gegebenen Graph aus fünf Knoten.

Die Definition der Erreichbarkeitsmatrix hat ChatGPT fehlerfrei wiedergegeben. Die auf-
gestellte Matrix war jedoch fehlerbehaftet und ähnelte stark der zugehörigen Adjazenzmatrix.

◇ ◇ ◇

Anhang B
Prompt-Tipps

> Der wahre Kunstrichter folgert keine
> Regeln aus seinem Geschmacke, sondern
> hat seinen Geschmack nach den Regeln
> gebildet, welche die Natur der Sache
> erfordert.
>
> Gotthold Ephraim Lessing (1729-1781),
> deutscher Schriftsteller, Kritiker und
> Philosoph der Aufklärung

Prompts sind die Art und Weise, wie Benutzer mit ChatGPT und ähnlichen Modellen kommunizieren, um Informationen, Erklärungen, kreative Texte und andere Arten von Antworten zu erhalten. Sie dienen als Ausgangspunkt oder Anstoß für das KI-Sprachmodell, um relevante und kohärente Ausgaben zu generieren. Zum praktischen Nachschlagen wurden in diesem Anhang alle Prompt-Tipps aus dem Buch in derselben Reihenfolge zusammengetragen.

Prompt-Tipp: Die Aufforderung „Verwende LaTeX." allein reicht nicht aus. Wirkungsvoller ist der Satz „Gebe Deine Antwort als LaTeX-Code aus." Durch die Aufforderung „Beginne den LaTeX-Code mit documentclass." liefert ChatGPT seine Antwort sicherlich als LaTeX-Code.

Prompt-Tipp: Möchte man, dass im Verlauf eines Chats eine Notation oder Ausgabeform (z.B. LaTeX-Code) eingehalten wird, so reicht es oft aus, dies der KI einmalig zu Beginn des Austauschs mitzuteilen.

Prompt-Tipp: Anstatt eines einzigen langen Prompts, der alle Anweisungen beinhaltet, sollte man eher eine Sequenz von kürzeren Prompts verwenden.

Prompt-Tipp: In einem Prompt dürfen LATEX-Quelltexte vorkommen und sie werden von ChatGPT weitgehend richtig interpretiert.

Prompt-Tipp: Möchte man in einer Antwort von ChatGPT eine andere Notation verwenden, so lässt sich dies mit einem Prompt umsetzen, etwa:
Gebe Deine obige Berechnung nochmals wieder, verwende jedoch dabei für die Vektoren stets einen Zeilenvektor, der dann transponiert wird. Beispiel: $\mathbf{v} = (a, b, c)^{\top}$. *Achte dabei darauf, dass die Komponenten durch Kommata getrennt sind.*

Prompt-Tipp: Falls Sie mathematisch akkuratere Lösungen auf Deutsch anstreben, können Sie zunächst Ihre Prompts auf Englisch formulieren und anschließend die englischsprachige Antwort von ChatGPT erneut, jedoch auf Deutsch, ausgeben lassen.

Prompt-Tipp: Die Rückmeldungen an ChatGPT innerhalb eines Chats mit der Bewertung seiner Antworten verbessern gewöhnlicherweise die Qualität der darauffolgenden Antworten.

Prompt-Tipp: Eine wiederholte Eingabe desselben Prompts führt zu abgewandelten Antworten von ChatGPT. Durch eine zuvor abgegebene Bewertung der Ausgabe von ChatGPT kann darüber hinaus seine erneute Ausgabe verbessert werden.

Prompt-Tipp: Die von ChatGPT verlangten Strukturen sollten sich von den aus den vorherigen Antworten nicht zu stark unterscheiden. Siehe dazu die 10×10-Matrizen im Abschnitt 8.1, die der KI Schwierigkeiten bereiteten, im Vergleich zu den $2 \times n$-Matrizen im Abschnitt 8.2, die ChatGPT problemlos aufstellen konnte.

Prompt-Tipp: Mit ganzen Zahlen kommt ChatGPT besser als mit Dezimal-, Brüchen oder irrationalen Zahlen zurecht.

Prompt-Tipp: Unterbricht ChatGPT seine Antwort aufgrund der beschränkten Zeichenkettenlänge, so kann man ihn zur Fortsetzung auffordern, etwa: „Setze Deine Ausgabe fort." oder „Setze ab Stelle ... fort."

> Prompt-Tipp: Kommulativ ist ein Prompt und die entsprechende Antwort von ChatGPT auf 4096 Tokens beschränkt. Ein Token kann so kurz wie ein einzelnes Zeichen oder so lang wie ein Wort sein. Längere Texte müssen entsprechend aufgeteilt sein.

> Prompt-Tipp: In einem Prompt dürfen Quelltexte von Programmiersprachen mit übergeben und im Arbeitsauftrag ein Bezug darauf genommen werden.

> Prompt-Tipp: Innerhalb eines Chats sollte man das Thema nicht wechseln.

> Prompt-Tipp: In einem Prompt dürfen TikZ-Quelltexte mit übergeben werden und im Arbeitsauftrag ein Bezug darauf genommen werden. Dadurch wird es möglich, dem ChatGPT auch *Skizzen* als Gesprächsgrundlage zu überreichen.

> Prompt-Tipp: Beim Erstellen eines Prompts zum Generieren eines Quelltextes sollte man nach Möglichkeit konkrete und wichtige a-priori Informationen bzw. Hinweise dem ChatGPT mit auf den Weg geben.

> Prompt-Tipp: Durch die Aktivierung des WolframAlpha-Plugins vergrößert man die Menge der mit ChatGPT lösbaren Probleme. Der Einsatz von Plugins ist nur im Falle einer konstenpflichtigen Version „ChatGPT PLUS" möglich.

> Prompt-Tipp: Durch eine Aufforderung, dass ChatGPT eine bestimmte Rolle einnehmen soll, z.B. sich wie ein Mathelehrer zu verhalten, kann man die Qualität und die Form der Konversation steuern.

◇ ◇ ◇

Schreibe im Stil von Goethe ein Dankesgedicht an die interessierten Leser, die es geschafft haben, bis zur letzten Seite des Werks dem Gespräch zwischen Mathematik und dem generativ pre-trainierten Transformer (GPT) zu lauschen. Wünsche ihnen Gelingen und große Freude beim Experimentieren und Verwenden der künstlichen Intelligenz (KI) sowohl im privaten als auch im beruflichen Leben.
Schlage auch einen Titel vor.

Dank an die treuen Geister des Wissens

In des Wissens lichtem Saale,
Wo Mathematik und KI sich vereinen,
Habt ihr, Leser, ohne zu ermatten,
Dem Gespräch gelauscht, das wir verfeinern.

Vom Anfang bis zum letzten Blatte,
Wo Transformer sich entfaltet,
Seid ihr treu an meiner Seite
Durch des Wissens weite Weite.

Möge euch beim Experimentieren,
Mit der KI, die wir hier zelebrieren,
Stets Gelingen an der Hand sein,
Freude bringen, fern von allem Leid sein.

Im Privaten wie im Berufesstreben,
Möge KI euch stets zur Seite schweben.
Mit Dank und Achtung, tief und rein,
Möcht' ich euch für eure Treue dankbar sein.

So zieht nun fort, mit Wissen reich beladen,
Und nutzt die KI, in Freude und im Wohlbehagen.
Möge sie euch leiten, Tag für Tag,
Wie sie es in diesem Werke tat.

◇ ◇ ◇

Sachverzeichnis

© Der/die Herausgeber bzw. der/die Autor(en), exklusiv lizenziert an
Springer-Verlag GmbH, DE, ein Teil von Springer Nature 2023
A. Helfrich-Schkarbanenko, *Mathematik und ChatGPT*,
https://doi.org/10.1007/978-3-662-68209-8

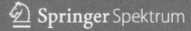

Printed in the United States
by Baker & Taylor Publisher Services